2026학년도 수능 대비

수능 기출의 미래

수학영역 수학Ⅰ

All New

정답과 풀이는 EBS*i* 사이트(www.ebs*i*.co.kr)에서 내려받으실 수 있습니다.

교재 내용 문의	교재 및 강의 내용 문의는 EBS*i* 사이트 (www.ebs*i*.co.kr)의 학습 Q&A 서비스를 이용하시기 바랍니다.
교재 정오표 공지	발행 이후 발견된 정오 사항을 EBS*i* 사이트 정오표 코너에서 알려 드립니다. **교재 ▶ 교재 자료실 ▶ 교재 정오표**
교재 정정 신청	공지된 정오 내용 외에 발견된 정오 사항이 있다면 EBS*i* 사이트를 통해 알려 주세요. **교재 ▶ 교재 정정 신청**

EBS

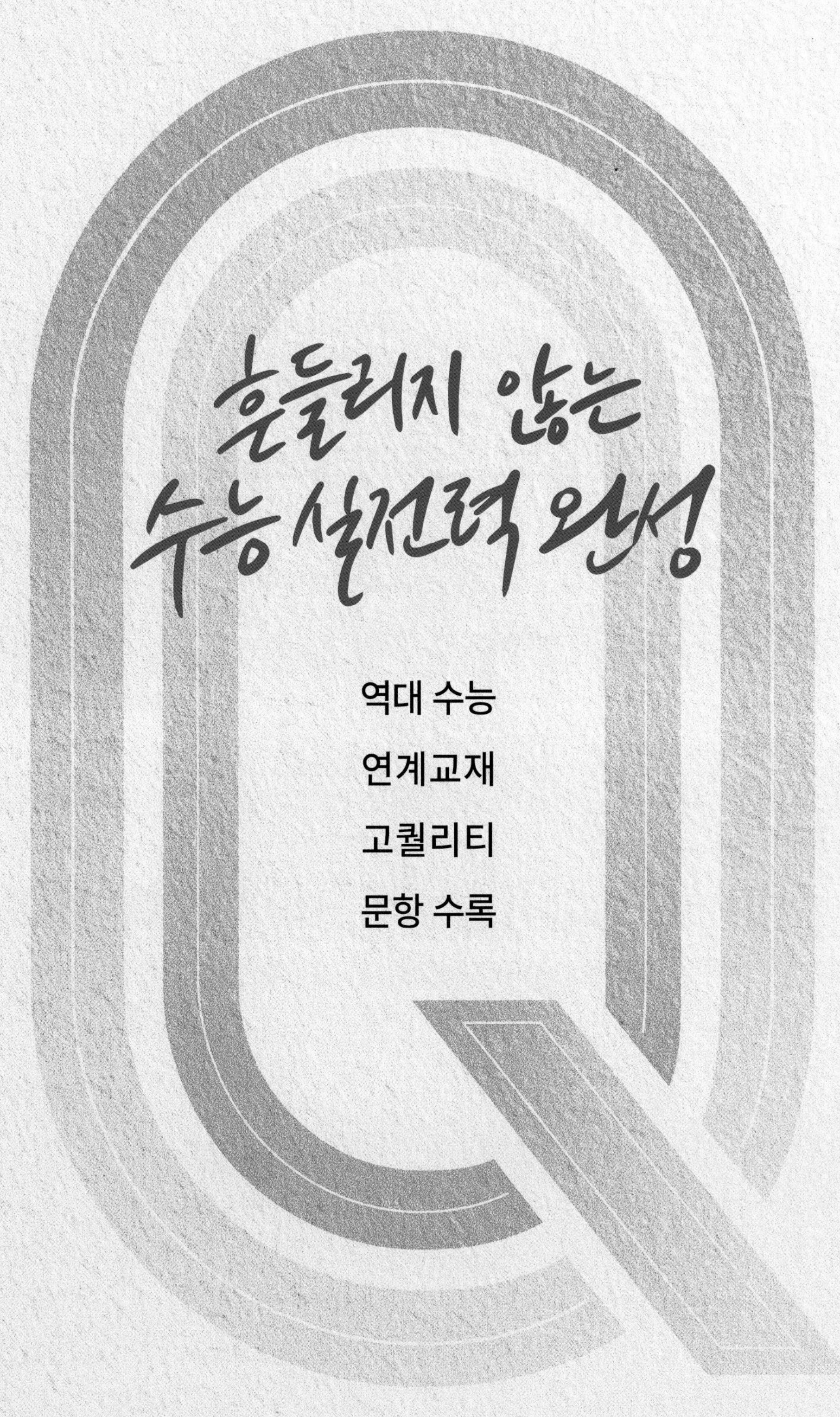

14회분 수록

미니모의고사로 만나는 수능연계 우수 문항집

수능특강Q 미니모의고사

국 어	Start / Jump / Hyper
수 학	수학Ⅰ / 수학Ⅱ / 확률과 통계 / 미적분
영 어	Start / Jump / Hyper
사회탐구	사회 · 문화
과학탐구	생명과학Ⅰ / 지구과학Ⅰ

2026학년도 수능 대비

수능 기출의 미래

수학영역 수학Ⅰ

All New

수능 기출의 미래

수학영역 수학 I

기출 풀어 유형 잡고,
수능 기출의 미래로 2026 수능 가자!!

매해 반복 출제되는 개념과 번갈아 출제되는 개념들을 익히기 위해서는 다년간의 기출문제를 꼼꼼히 풀어 봐야 합니다.
다년간 수능 및 모의고사에 출제된 기출문제를 풀다 보면 스스로 과목별, 영역별 유형을 익힐 수 있기 때문입니다.

최신 수능, 모의평가, 학력평가 기출문제를 엄선하여 실은
EBS **수능 기출의 미래로 2026학년도 수능을 준비**하세요.

수능 준비의 시작과 마무리! **수능 기출의 미래**가 책임집니다.

수능 유형별 기출문제

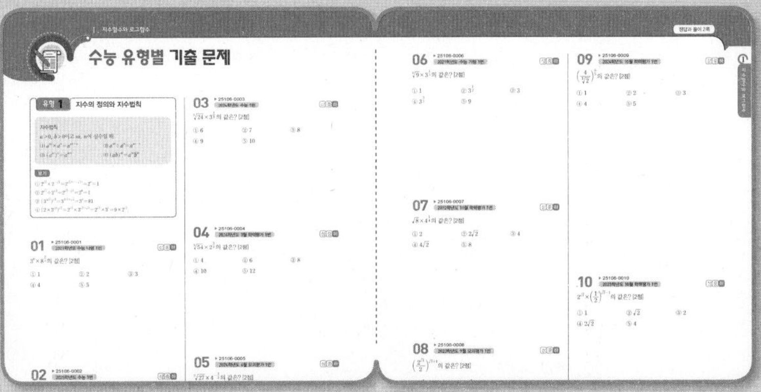

최신 기출문제로 단원별 유형을 확인하고 수능을 준비할 수 있도록 구성하였습니다. 매해 반복 출제되는 유형과 개념을 심화 학습할 수 있습니다.

도전 1등급 문제

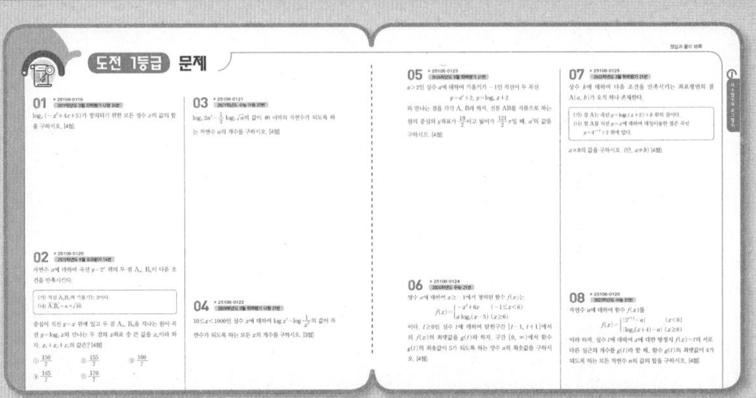

난도 있는 문제를 집중 심화 연습하면서 1등급을 완성합니다. 개념이 확장된 문제, 복합 유형을 다룬 문제를 수록하였습니다.

정답과 풀이

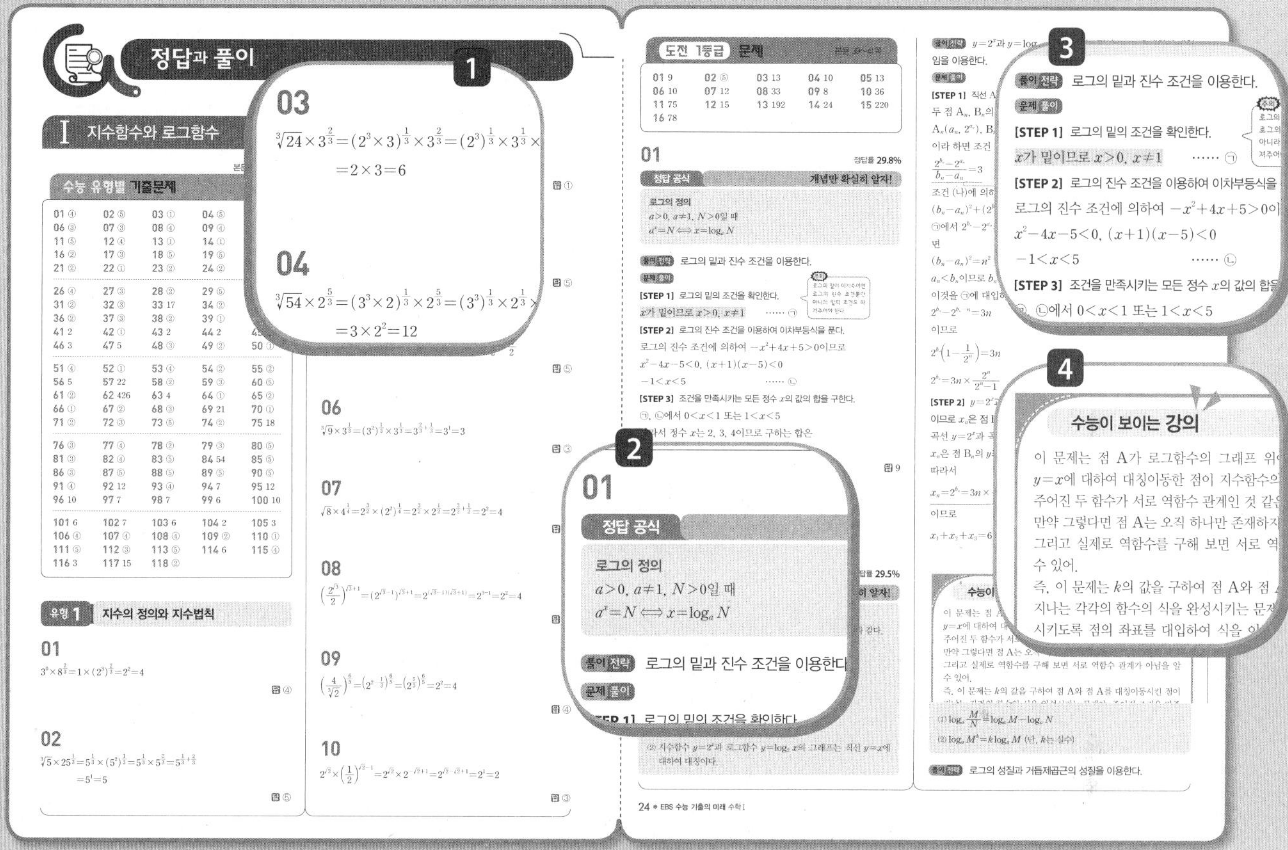

1 군더더기 없이 꼭 필요한 풀이만!

유형별 기출문제 풀이는 복잡하지 않고 꼭 필요한 핵심 내용의 풀이만 담았습니다. 더욱 쉽고 빠르게 풀이를 이해할 수 있도록 하였습니다.

2 정답 공식

문제를 푸는 데 핵심이 되는 개념과 관련된 공식을 정리하여, 문제 풀이에 적용할 수 있도록 하였습니다.

3 1등급 문제 풀이의 단계별 전략과 첨삭 설명!

풀이 전략을 통해 문제를 한 번 더 점검한 후, 단계별로 제시된 친절한 풀이와 첨삭 지도를 통해 이해가 어려운 부분을 보충 설명하였습니다.

4 수능이 보이는 강의

문제와 풀이에 관련된 기본 개념과 이전에 배웠던 개념을 다시 체크하고 다질 수 있도록 정리하였습니다.

수능 기출의 미래

수학영역 수학 I

I 지수함수와 로그함수

II 삼각함수

수열

별책 정답과 풀이

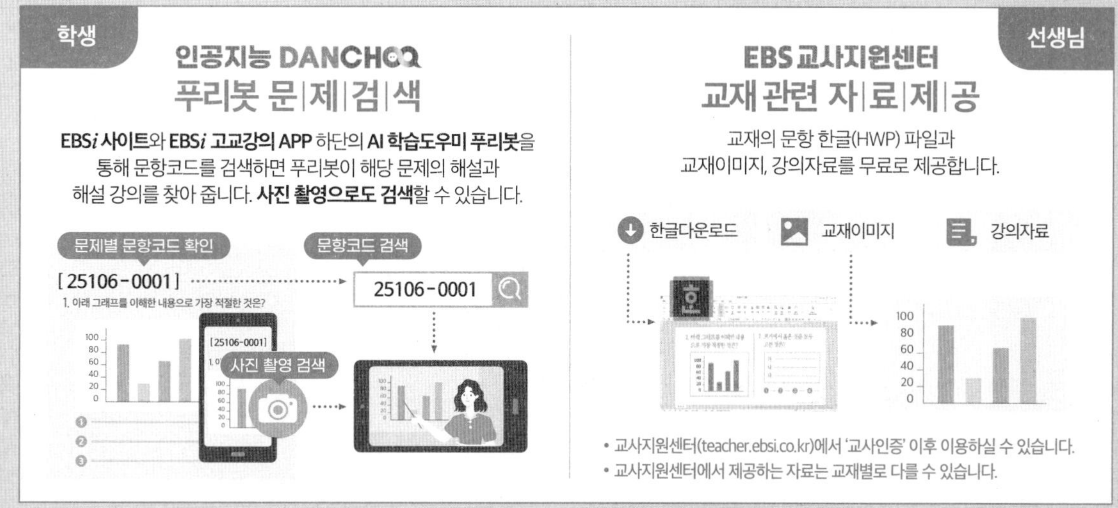

학생
인공지능 DANCHOQ
푸리봇 문|제|검|색
EBSi 사이트와 EBSi 고교강의 APP 하단의 AI 학습도우미 푸리봇을 통해 문항코드를 검색하면 푸리봇이 해당 문제의 해설과 해설 강의를 찾아 줍니다. 사진 촬영으로도 검색할 수 있습니다.
문제별 문항코드 확인
문항코드 검색
[25106-0001]
25106-0001
사진 촬영 검색
선생님
EBS 교사지원센터
교재 관련 자|료|제|공
교재의 문항 한글(HWP) 파일과 교재이미지, 강의자료를 무료로 제공합니다.
한글다운로드
교재이미지
강의자료
• 교사지원센터(teacher.ebsi.co.kr)에서 '교사인증' 이후 이용하실 수 있습니다.
• 교사지원센터에서 제공하는 자료는 교재별로 다를 수 있습니다.

지수함수와 로그함수

2025 수능 출제 분석

- 지수법칙을 이용하여 식의 값을 구하는 문제가 출제되었다.
- 로그의 정의와 성질을 이용하여 미지수의 값을 구하는 문제가 출제되었다.
- 지수함수의 그래프를 이해하고 제시된 함수의 합성함수에 대한 함숫값을 구하는 문제가 출제되었다.
- 진수에 미지수가 포함된 방정식의 해를 구하는 문제가 출제되었다.

2026 수능 예측

1. 로그의 정의와 성질을 이용하여 식을 정리하여 그 값을 구하는 문제가 출제될 수 있으므로 로그에 대한 공식을 정리해 두는 것이 좋다.
2. 2025 수능에서는 일대일함수 개념을 적용한 문제가 출제되었으므로 2026 수능에서도 마찬가지로 고1 개념을 적용하여 푸는 문제가 출제될 수 있다. 고1 수학 개념이 수능에서도 중요해진다고 보여지므로 고1 개념 정리를 다시 한번 이해하도록 한다.
3. 밑의 범위에 따라 지수함수 또는 로그함수의 그래프를 해석하는 문제가 출제될 수 있고, 이때에는 밑의 범위에 주의하며 그래프를 증가 또는 감소하도록 주어진 함수의 그래프를 조건에 맞도록 그리는 연습을 하도록 한다.

한눈에 보는 출제 빈도

연도 \ 핵심 주제		유형 1 지수의 정의와 지수법칙	유형 2 로그의 정의와 성질	유형 3 지수, 로그를 활용한 실생활 문제	유형 4 지수함수의 뜻과 그래프	유형 5 로그함수의 뜻과 그래프	유형 6 방정식에의 활용	유형 7 부등식에의 활용	유형 8 지수함수와 로그함수를 활용한 외적문제
2025 학년도	수능	1	1		1		1		
	9월 모평	1	1		1		1		
	6월 모평	1			1	1	1		
2024 학년도	수능	1	1			1	1		
	9월 모평	1	1		1		1		
	6월 모평	1				2		1	
2023 학년도	수능	1				1	1		
	9월 모평	2			1		1		
	6월 모평	1	1				1		
2022 학년도	수능	1	2				1		
	9월 모평	1	1			1			
	6월 모평	2	1			1			
2021 학년도	수능	2	1			1		1	
	9월 모평	1	3				2		
	6월 모평	2	2		2	1			
2020 학년도	수능	1					1		
	9월 모평	1	1						
	6월 모평	1	1					1	

수능 유형별 기출문제

유형 1 지수의 정의와 지수법칙

지수법칙

$a>0$, $b>0$이고 m, n이 실수일 때

(1) $a^m \times a^n = a^{m+n}$　　(2) $a^m \div a^n = a^{m-n}$

(3) $(a^m)^n = a^{mn}$　　(4) $(ab)^m = a^m b^m$

보기

① $2^{\sqrt{2}} \times 2^{-\sqrt{2}} = 2^{\sqrt{2}+(-\sqrt{2})} = 2^0 = 1$

② $2^{\sqrt{2}} \div 2^{\sqrt{2}} = 2^{\sqrt{2}-\sqrt{2}} = 2^0 = 1$

③ $(3^{2\sqrt{2}})^{\sqrt{2}} = 3^{2\sqrt{2}\times\sqrt{2}} = 3^4 = 81$

④ $(2\times 3^{\sqrt{2}})^{\sqrt{2}} = 2^{\sqrt{2}} \times 3^{\sqrt{2}\times\sqrt{2}} = 2^{\sqrt{2}} \times 3^2 = 9\times 2^{\sqrt{2}}$

01
▸ 25106-0001
2021학년도 수능 나형 1번　상중하

$3^0 \times 8^{\frac{2}{3}}$의 값은? [2점]

① 1　② 2　③ 3　④ 4　⑤ 5

02
▸ 25106-0002
2025학년도 수능 1번　상중하

$\sqrt[3]{5} \times 25^{\frac{1}{3}}$의 값은? [2점]

① 1　② 2　③ 3　④ 4　⑤ 5

03
▸ 25106-0003
2024학년도 수능 1번　상중하

$\sqrt[3]{24} \times 3^{\frac{2}{3}}$의 값은? [2점]

① 6　② 7　③ 8　④ 9　⑤ 10

04
▸ 25106-0004
2024학년도 3월 학력평가 1번　상중하

$\sqrt[3]{54} \times 2^{\frac{5}{3}}$의 값은? [2점]

① 4　② 6　③ 8　④ 10　⑤ 12

05
▸ 25106-0005
2024학년도 6월 모의평가 1번　상중하

$\sqrt[3]{27} \times 4^{-\frac{1}{2}}$의 값은? [2점]

① $\frac{1}{2}$　② $\frac{3}{4}$　③ 1　④ $\frac{5}{4}$　⑤ $\frac{3}{2}$

06

▸ 25106-0006
2021학년도 수능 가형 1번

상중하

$\sqrt[3]{9}\times 3^{\frac{1}{3}}$의 값은? [2점]

① 1 ② $3^{\frac{1}{2}}$ ③ 3
④ $3^{\frac{3}{2}}$ ⑤ 9

07

▸ 25106-0007
2022학년도 10월 학력평가 1번

상중하

$\sqrt{8}\times 4^{\frac{1}{4}}$의 값은? [2점]

① 2 ② $2\sqrt{2}$ ③ 4
④ $4\sqrt{2}$ ⑤ 8

08

▸ 25106-0008
2023학년도 9월 모의평가 1번

상중하

$\left(\frac{2^{\sqrt{3}}}{2}\right)^{\sqrt{3}+1}$의 값은? [2점]

① $\frac{1}{16}$ ② $\frac{1}{4}$ ③ 1
④ 4 ⑤ 16

09

▸ 25106-0009
2024학년도 10월 학력평가 1번

상중하

$\left(\frac{4}{\sqrt[3]{2}}\right)^{\frac{6}{5}}$의 값은? [2점]

① 1 ② 2 ③ 3
④ 4 ⑤ 5

10

▸ 25106-0010
2023학년도 10월 학력평가 1번

상중하

$2^{\sqrt{2}}\times\left(\frac{1}{2}\right)^{\sqrt{2}-1}$의 값은? [2점]

① 1 ② $\sqrt{2}$ ③ 2
④ $2\sqrt{2}$ ⑤ 4

11
▶ 25106-0011
2024학년도 9월 모의평가 1번

상중하

$3^{1-\sqrt{5}} \times 3^{1+\sqrt{5}}$의 값은? [2점]

① $\frac{1}{9}$ ② $\frac{1}{3}$ ③ 1
④ 3 ⑤ 9

12
▶ 25106-0012
2022학년도 6월 모의평가 1번

상중하

$2^{\sqrt{3}} \times 2^{2-\sqrt{3}}$의 값은? [2점]

① $\sqrt{2}$ ② 2 ③ $2\sqrt{2}$
④ 4 ⑤ $4\sqrt{2}$

13
▶ 25106-0013
2023학년도 6월 모의평가 1번

상중하

$(-\sqrt{2})^4 \times 8^{-\frac{2}{3}}$의 값은? [2점]

① 1 ② 2 ③ 3
④ 4 ⑤ 5

14
▶ 25106-0014
2022학년도 9월 모의평가 1번

상중하

$\frac{1}{\sqrt[4]{3}} \times 3^{-\frac{7}{4}}$의 값은? [2점]

① $\frac{1}{9}$ ② $\frac{1}{3}$ ③ 1
④ 3 ⑤ 9

15
▶ 25106-0015
2022학년도 3월 학력평가 1번

상중하

$(3\sqrt{3})^{\frac{1}{3}} \times 3^{\frac{3}{2}}$의 값은? [2점]

① 1 ② $\sqrt{3}$ ③ 3
④ $3\sqrt{3}$ ⑤ 9

16
▸ 25106-0016
2021학년도 9월 모의평가 가형 1번/나형 1번
상중하

$\sqrt[3]{2}\times 2^{\frac{2}{3}}$의 값은? [2점]

① 1 ② 2 ③ 4 ④ 8 ⑤ 16

17
▸ 25106-0017
2020학년도 9월 모의평가 나형 1번
상중하

$3^3\div 81^{\frac{1}{2}}$의 값은? [2점]

① 1 ② 2 ③ 3 ④ 4 ⑤ 5

18
▸ 25106-0018
2021학년도 6월 모의평가 가형 1번/나형 1번
상중하

$\sqrt[3]{8}\times 4^{\frac{3}{2}}$의 값은? [2점]

① 1 ② 2 ③ 4 ④ 8 ⑤ 16

19
▸ 25106-0019
2020학년도 6월 모의평가 나형 1번
상중하

$5^0\times 25^{\frac{1}{2}}$의 값은? [2점]

① 1 ② 2 ③ 3 ④ 4 ⑤ 5

20
▸ 25106-0020
2020학년도 3월 학력평가 가형 1번
상중하

$8^{\frac{4}{3}}\times 2^{-2}$의 값은? [2점]

① 1 ② 2 ③ 3 ④ 4 ⑤ 5

21 ▸25106-0021 2020학년도 수능 나형 1번 상중하

16×2^{-3}의 값은? [2점]

① 1 ② 2 ③ 4 ④ 8 ⑤ 16

22 ▸25106-0022 2023학년도 3월 학력평가 1번 상중하

$\sqrt[3]{8}\times \frac{2^{\sqrt{2}}}{2^{1+\sqrt{2}}}$의 값은? [2점]

① 1 ② 2 ③ 4 ④ 8 ⑤ 16

23 ▸25106-0023 2025학년도 9월 모의평가 1번 상중하

$\frac{\sqrt[4]{32}}{\sqrt[8]{4}}$의 값은? [2점]

① $\sqrt{2}$ ② 2 ③ $2\sqrt{2}$ ④ 4 ⑤ $4\sqrt{2}$

24 ▸25106-0024 2022학년도 수능 1번 상중하

$(2^{\sqrt{3}}\times 4)^{\sqrt{3}-2}$의 값은? [2점]

① $\frac{1}{4}$ ② $\frac{1}{2}$ ③ 1 ④ 2 ⑤ 4

25 ▸25106-0025 2023학년도 수능 1번 상중하

$\left(\frac{4}{2^{\sqrt{2}}}\right)^{2+\sqrt{2}}$의 값은? [2점]

① $\frac{1}{4}$ ② $\frac{1}{2}$ ③ 1 ④ 2 ⑤ 4

26

▸ 25106-0026

2025학년도 6월 모의평가 1번

상 중 하

$\left(\dfrac{5}{\sqrt[3]{25}}\right)^{\frac{3}{2}}$의 값은? [2점]

① $\dfrac{1}{5}$ ② $\dfrac{\sqrt{5}}{5}$ ③ 1

④ $\sqrt{5}$ ⑤ 5

27

▸ 25106-0027

2019학년도 3월 학력평가 나형 7번

상 중 하

10 이하의 자연수 a에 대하여 $\left(a^{\frac{2}{3}}\right)^{\frac{1}{2}}$의 값이 자연수가 되도록 하는 모든 a의 값의 합은? [3점]

① 5 ② 7 ③ 9

④ 11 ⑤ 13

28

▸ 25106-0028

2020학년도 3월 학력평가 가형 18번

상 중 하

다음은 $1 \le |m| < n \le 10$을 만족시키는 두 정수 m, n에 대하여 m의 n제곱근 중에서 실수인 것이 존재하도록 하는 순서쌍 (m, n)의 개수를 구하는 과정이다.

> (i) $m>0$인 경우
> n의 값에 관계없이 m의 n제곱근 중에서 실수인 것이 존재한다. 그러므로 $m>0$인 순서쌍 (m, n)의 개수는 (가) 이다.
>
> (ii) $m<0$인 경우
> n이 홀수이면 m의 n제곱근 중에서 실수인 것이 항상 존재한다. 한편, n이 짝수이면 m의 n제곱근 중에서 실수인 것은 존재하지 않는다. 그러므로 $m<0$인 순서쌍 (m, n)의 개수는 (나) 이다.
>
> (i), (ii)에 의하여 m의 n제곱근 중에서 실수인 것이 존재하도록 하는 순서쌍 (m, n)의 개수는 (가) + (나) 이다.

위의 (가), (나)에 알맞은 수를 각각 p, q라 할 때, $p+q$의 값은? [4점]

① 70 ② 65 ③ 60

④ 55 ⑤ 50

29

▸ 25106-0029

2019학년도 10월 학력평가 나형 8번

상 중 하

$m \le 135$, $n \le 9$인 두 자연수 m, n에 대하여 $\sqrt[3]{2m} \times \sqrt{n^3}$의 값이 자연수일 때, $m+n$의 최댓값은? [3점]

① 97 ② 102 ③ 107

④ 112 ⑤ 117

30

▸ 25106-0030

2021학년도 6월 모의평가 가형 12번

상중하

자연수 n이 $2\leq n\leq 11$일 때, $-n^2+9n-18$의 n제곱근 중에서 음의 실수가 존재하도록 하는 모든 n의 값의 합은? [3점]

① 31 ② 33 ③ 35 ④ 37 ⑤ 39

31

▸ 25106-0031

2023학년도 9월 모의평가 11번

상중하

함수 $f(x)=-(x-2)^2+k$에 대하여 다음 조건을 만족시키는 자연수 n의 개수가 2일 때, 상수 k의 값은? [4점]

> $\sqrt{3}^{f(n)}$의 네제곱근 중 실수인 것을 모두 곱한 것이 -9이다.

① 8 ② 9 ③ 10 ④ 11 ⑤ 12

32

▸ 25106-0032

2019학년도 3월 학력평가 나형 15번

상중하

자연수 n에 대하여 $n(n-4)$의 세제곱근 중 실수인 것의 개수를 $f(n)$이라 하고, $n(n-4)$의 네제곱근 중 실수인 것의 개수를 $g(n)$이라 하자. $f(n)>g(n)$을 만족시키는 모든 n의 값의 합은? [4점]

① 4 ② 5 ③ 6 ④ 7 ⑤ 8

33

▸ 25106-0033

2018학년도 3월 학력평가 나형 25번

상중하

두 실수 a, b에 대하여

$$2^a+2^b=2,\ 2^{-a}+2^{-b}=\frac{9}{4}$$

일 때, 2^{a+b}의 값은 $\frac{q}{p}$이다. $p+q$의 값을 구하시오.

(단, p와 q는 서로소인 자연수이다.) [3점]

유형 2 로그의 정의와 성질

로그의 성질

$a>0$, $a\neq1$, $M>0$, $N>0$일 때

(1) $\log_a 1=0$, $\log_a a=1$

(2) $\log_a MN=\log_a M+\log_a N$

(3) $\log_a \frac{M}{N}=\log_a M-\log_a N$

(4) $\log_a M^k=k\log_a M$ (단, k는 실수)

보기

① $\log_2 1=0$, $\log_2 2=1$

② $\log_2 6=\log_2 (2\times3)=\log_2 2+\log_2 3=1+\log_2 3$

③ $\log_2 \frac{3}{2}=\log_2 3-\log_2 2=\log_2 3-1$

④ $\log_2 8=\log_2 2^3=3\times\log_2 2=3\times1=3$

34

▸ 25106-0034

2021학년도 3월 학력평가 1번

상중하

$\log_8 16$의 값은? [2점]

① $\frac{7}{6}$ ② $\frac{4}{3}$ ③ $\frac{3}{2}$

④ $\frac{5}{3}$ ⑤ $\frac{11}{6}$

35

▸ 25106-0035

2021학년도 10월 학력평가 1번

상중하

$\log_3 x=3$일 때, x의 값은? [2점]

① 1 ② 3 ③ 9

④ 27 ⑤ 81

36

▸ 25106-0036

2020학년도 10월 학력평가 가형 2번

상중하

$\log_3 54+\log_9 \frac{1}{36}$의 값은? [2점]

① 1 ② 2 ③ 3

④ 4 ⑤ 5

37

▸ 25106-0037

2019학년도 10월 학력평가 나형 1번

상중하

$\log_2 24-\log_2 3$의 값은? [2점]

① 1 ② 2 ③ 3

④ 4 ⑤ 5

38

▸25106-0038

2020학년도 10월 학력평가 나형 1번

상중하

$\log_2 \sqrt{8}$의 값은? [2점]

① 1　② $\frac{3}{2}$　③ 2　④ $\frac{5}{2}$　⑤ 3

39

▸25106-0039

2021학년도 9월 모의평가 가형 11번

상중하

1보다 큰 세 실수 a, b, c가

$$\log_a b = \frac{\log_b c}{2} = \frac{\log_c a}{4}$$

를 만족시킬 때, $\log_a b + \log_b c + \log_c a$의 값은? [3점]

① $\frac{7}{2}$　② 4　③ $\frac{9}{2}$　④ 5　⑤ $\frac{11}{2}$

40

▸25106-0040

2022학년도 6월 모의평가 16번

상중하

$\log_4 \frac{2}{3} + \log_4 24$의 값을 구하시오. [3점]

41

▸25106-0041

2022학년도 9월 모의평가 16번

상중하

$\log_2 100 - 2\log_2 5$의 값을 구하시오. [3점]

42

▸ 25106-0042
2019학년도 3월 학력평가 나형 1번

상 중 하

$\log_6 2+\log_6 3$의 값은? [2점]

① 1　② 2　③ 3　④ 4　⑤ 5

43

▸ 25106-0043
2021학년도 수능 나형 24번

상 중 하

$\log_3 72-\log_3 8$의 값을 구하시오. [3점]

44

▸ 25106-0044
2021학년도 9월 모의평가 나형 24번

상 중 하

$\log_5 40+\log_5 \dfrac{5}{8}$의 값을 구하시오. [3점]

45

▸ 25106-0045
2023학년도 3월 학력평가 16번

상 중 하

$\log_2 96-\dfrac{1}{\log_6 2}$의 값을 구하시오. [3점]

46

▶ 25106-0046

2022학년도 수능 16번

상중하

$\log_2 120-\frac{1}{\log_{15} 2}$의 값을 구하시오. [3점]

47

▶ 25106-0047

2022학년도 10월 학력평가 16번

상중하

$\log_2 96+\log_{\frac{1}{4}} 9$의 값을 구하시오. [3점]

48

▶ 25106-0048

2021학년도 6월 모의평가 가형 6번

상중하

두 양수 a, b에 대하여 좌표평면 위의 두 점 $(2, \log_4 a)$, $(3, \log_2 b)$를 지나는 직선이 원점을 지날 때, $\log_a b$의 값은? (단, $a\neq1$) [3점]

① $\frac{1}{4}$ ② $\frac{1}{2}$ ③ $\frac{3}{4}$ ④ 1 ⑤ $\frac{5}{4}$

49

▶ 25106-0049

2020학년도 6월 모의평가 나형 8번

상중하

$\log_2 5=a$, $\log_5 3=b$일 때, $\log_5 12$를 a, b로 옳게 나타낸 것은? [3점]

① $\frac{1}{a}+b$ ② $\frac{2}{a}+b$ ③ $\frac{1}{a}+2b$ ④ $a+\frac{1}{b}$ ⑤ $2a+\frac{1}{b}$

50
▸ 25106-0050
2025학년도 수능 8번
상 중 하

두 실수 $a=2\log\frac{1}{\sqrt{10}}+\log_2 20$, $b=\log 2$에 대하여 $a\times b$의 값은? [3점]

① 1　② 2　③ 3　④ 4　⑤ 5

51
▸ 25106-0051
2024학년도 9월 모의평가 7번
상 중 하

두 실수 a, b가

$$3a+2b=\log_3 32,\ ab=\log_9 2$$

를 만족시킬 때, $\frac{1}{3a}+\frac{1}{2b}$의 값은? [3점]

① $\frac{1}{12}$　② $\frac{5}{6}$　③ $\frac{5}{4}$　④ $\frac{5}{3}$　⑤ $\frac{25}{12}$

52
▸ 25106-0052
2025학년도 9월 모의평가 8번
상 중 하

$a>2$인 상수 a에 대하여 두 수 $\log_2 a$, $\log_a 8$의 합과 곱이 각각 4, k일 때, $a+k$의 값은? [3점]

① 11　② 12　③ 13　④ 14　⑤ 15

53
▸ 25106-0053
2024학년도 수능 9번
상 중 하

수직선 위의 두 점 $\mathrm{P}(\log_5 3)$, $\mathrm{Q}(\log_5 12)$에 대하여 선분 PQ를 $m:(1-m)$으로 내분하는 점의 좌표가 1일 때, 4^m의 값은? (단, m은 $0<m<1$인 상수이다.) [4점]

① $\frac{7}{6}$　② $\frac{4}{3}$　③ $\frac{3}{2}$　④ $\frac{5}{3}$　⑤ $\frac{11}{6}$

54 ▸ 25106-0054
2019학년도 3월 학력평가 나형 10번 상중하

$\log 1.44=a$일 때, $2\log 12$를 a로 나타낸 것은? [3점]

① $a+1$ ② $a+2$ ③ $a+3$
④ $a+4$ ⑤ $a+5$

55 ▸ 25106-0055
2021학년도 6월 모의평가 나형 11번 상중하

좌표평면 위의 두 점 $(2, \log_4 2)$, $(4, \log_2 a)$를 지나는 직선이 원점을 지날 때, 양수 a의 값은? [3점]

① 1 ② 2 ③ 3
④ 4 ⑤ 5

56 ▸ 25106-0056
2022학년도 3월 학력평가 16번 상중하

$\dfrac{\log_5 72}{\log_5 2}-4\log_2 \dfrac{\sqrt{6}}{2}$의 값을 구하시오. [3점]

57 ▸ 25106-0057
2019학년도 3월 학력평가 나형 22번 상중하

$a=9^{11}$일 때, $\dfrac{1}{\log_a 3}$의 값을 구하시오. [3점]

58 ▸ 25106-0058
2022학년도 수능 13번 상중하

두 상수 a, b $(1<a<b)$에 대하여 좌표평면 위의 두 점 $(a, \log_2 a)$, $(b, \log_2 b)$를 지나는 직선의 y절편과 두 점 $(a, \log_4 a)$, $(b, \log_4 b)$를 지나는 직선의 y절편이 같다. 함수 $f(x)=a^{bx}+b^{ax}$에 대하여 $f(1)=40$일 때, $f(2)$의 값은? [4점]

① 760　② 800　③ 840　④ 880　⑤ 920

59 ▸ 25106-0059
2024학년도 3월 학력평가 9번 상중하

좌표평면 위의 두 점 $(0, 0)$, $(\log_2 9, k)$를 지나는 직선이 직선 $(\log_4 3)x+(\log_9 8)y-2=0$에 수직일 때, 3^k의 값은? (단, k는 상수이다.) [4점]

① 16　② 32　③ 64　④ 128　⑤ 256

60 ▸ 25106-0060
2020학년도 3월 학력평가 나형 8번 상중하

$a>1$인 실수 a에 대하여 직선 $y=-x$가 곡선 $y=a^x$과 만나는 점의 좌표를 $(p, -p)$, 곡선 $y=a^{2x}$과 만나는 점의 좌표를 $(q, -q)$라 할 때, $\log_a pq=-8$이다. $p+2q$의 값은? [3점]

① 0　② -2　③ -4　④ -6　⑤ -8

61 ▸ 25106-0061
2018학년도 3월 학력평가 나형 12번 상중하

$\frac{1}{\log_4 18}+\frac{2}{\log_9 18}$의 값은? [3점]

① 1　② 2　③ 3　④ 4　⑤ 5

62

▸ 25106-0062

2023학년도 6월 모의평가 21번

상중하

자연수 n에 대하여 $4\log_{64}\left(\frac{3}{4n+16}\right)$의 값이 정수가 되도록 하는 1000 이하의 모든 n의 값의 합을 구하시오. [4점]

63

▸ 25106-0063

2019학년도 10월 학력평가 나형 23번

상중하

1이 아닌 두 양수 a, b가 $\log_a b=3$을 만족시킬 때, $\log\frac{b}{a}\times\log_a 100$의 값을 구하시오. [3점]

64

▸ 25106-0064

2021학년도 9월 모의평가 나형 17번

상중하

$\angle A=90°$이고 $\overline{AB}=2\log_2 x$, $\overline{AC}=\log_4\frac{16}{x}$인 삼각형 ABC의 넓이를 $S(x)$라 하자. $S(x)$가 $x=a$에서 최댓값 M을 가질 때, $a+M$의 값은? (단, $1<x<16$) [4점]

① 6 ② 7 ③ 8

④ 9 ⑤ 10

유형 3 지수, 로그를 활용한 실생활 문제

상용로그의 실생활에의 활용

상용로그와 관련된 실생활 문제는 다음의 순서로 해결한다.

(1) 문제의 상황을 수학적 언어로 표현한다.

(2) 상용로그표 및 상용로그의 성질을 이용하여 해결한다.

보기

외부 자극의 세기 I에 따른 감각의 세기 S가 $S=\frac{1}{5}\log I$일 때, 외부 자극의 세기를 10에서 1000으로 올리면 감각의 세기는 몇 배가 되는지 알아보자.

$I=10$일 때, 감각의 세기를 S_1이라 하면

$S_1=\frac{1}{5}\log 10=\frac{1}{5}$

$I=1000$일 때, 감각의 세기를 S_2라 하면

$S_2=\frac{1}{5}\log 1000=\frac{3}{5}$

따라서 외부 자극의 세기를 10에서 1000으로 올리면 감각의 세기는 $\frac{1}{5}$에서 $\frac{3}{5}$으로 3배가 된다.

65 ▸ 25106-0065
2016학년도 9월 모의평가 A형 16번 상중하

고속철도의 최고소음도 $L(\text{dB})$을 예측하는 모형에 따르면 한 지점에서 가까운 선로 중앙 지점까지의 거리를 $d(\text{m})$, 열차가 가까운 선로 중앙 지점을 통과할 때의 속력을 $v(\text{km/h})$라 할 때, 다음과 같은 관계식이 성립한다고 한다.

$$L=80+28\log\frac{v}{100}-14\log\frac{d}{25}$$

가까운 선로 중앙 지점 P까지의 거리가 75 m인 한 지점에서 속력이 서로 다른 두 열차 A, B의 최고소음도를 예측하고자 한다. 열차 A가 지점 P를 통과할 때의 속력이 열차 B가 지점 P를 통과할 때의 속력의 0.9배일 때, 두 열차 A, B의 예측 최고소음도를 각각 L_A, L_B라 하자. L_B-L_A의 값은? [4점]

① $14-28\log 3$　② $28-56\log 3$　③ $28-28\log 3$　④ $56-84\log 3$　⑤ $56-56\log 3$

유형 4 지수함수의 뜻과 그래프

지수함수의 그래프

지수함수 $y=a^x$ $(a>0,\ a\neq1)$에서

(1) $a>1$일 때, $x_1<x_2 \Rightarrow a^{x_1}<a^{x_2}$ ← 증가하는 함수

(2) $0<a<1$일 때, $x_1<x_2 \Rightarrow a^{x_1}>a^{x_2}$ ← 감소하는 함수

(3) $x_1\neq x_2 \Rightarrow a^{x_1}\neq a^{x_2}$ ← 일대일함수

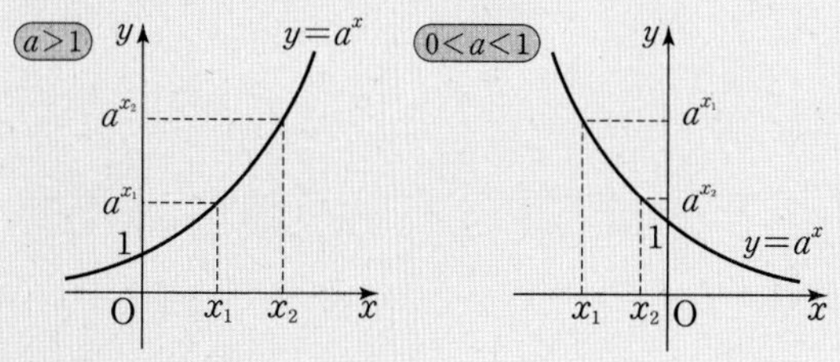

보기

두 수 $\sqrt{8}$, $\sqrt[3]{16}$의 크기를 비교해 보자.

$\sqrt{8}=\sqrt{2^3}=2^{\frac{3}{2}}$, $\sqrt[3]{16}=\sqrt[3]{2^4}=2^{\frac{4}{3}}$

함수 $y=2^x$에서 밑이 1보다 크므로 x의 값이 증가하면 y의 값도 증가한다.

따라서 $\frac{4}{3}<\frac{3}{2}$에서 $2^{\frac{4}{3}}<2^{\frac{3}{2}}$이므로

$\sqrt[3]{16}<\sqrt{8}$

66 ▸ 25106-0066
2021학년도 10월 학력평가 6번 상중하

곡선 $y=6^{-x}$ 위의 두 점 $\text{A}(a,\ 6^{-a})$, $\text{B}(a+1,\ 6^{-a-1})$에 대하여 선분 AB는 한 변의 길이가 1인 정사각형의 대각선이다. 6^{-a}의 값은? [3점]

① $\frac{6}{5}$　② $\frac{7}{5}$　③ $\frac{8}{5}$　④ $\frac{9}{5}$　⑤ 2

67
▸ 25106-0067
2018학년도 3월 학력평가 가형 11번
상중하

닫힌구간 $[-1, 2]$에서 함수 $f(x)=\left(\frac{3}{a}\right)^x$의 최댓값이 4가 되도록 하는 모든 양수 a의 값의 곱은? [3점]

① 16 ② 18 ③ 20
④ 22 ⑤ 24

68
▸ 25106-0068
2021학년도 6월 모의평가 나형 9번
상중하

닫힌구간 $[-1, 3]$에서 함수 $f(x)=2^{|x|}$의 최댓값과 최솟값의 합은? [3점]

① 5 ② 7 ③ 9
④ 11 ⑤ 13

69
▸ 25106-0069
2019학년도 3월 학력평가 가형 25번
상중하

닫힌구간 $[2, 3]$에서 함수 $f(x)=\left(\frac{1}{3}\right)^{2x-a}$의 최댓값은 27, 최솟값은 m이다. $a\times m$의 값을 구하시오. (단, a는 상수이다.) [3점]

70
▸ 25106-0070
2020학년도 10월 학력평가 나형 13번
상중하

실수 t에 대하여 직선 $x=t$가 곡선 $y=3^{2-x}+8$과 만나는 점을 A, x축과 만나는 점을 B라 하자. 직선 $x=t+1$이 x축과 만나는 점을 C, 곡선 $y=3^{x-1}$과 만나는 점을 D라 하자. 사각형 ABCD가 직사각형일 때, 이 사각형의 넓이는? [3점]

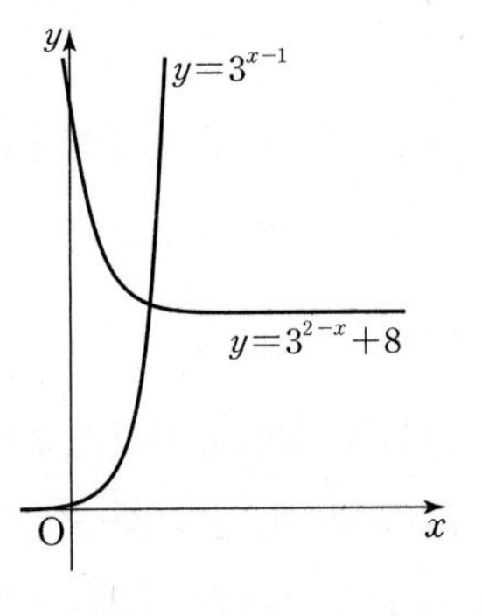

① 9 ② 10 ③ 11
④ 12 ⑤ 13

71

▶ 25106-0071
2024학년도 9월 모의평가 14번
상중하

두 자연수 a, b에 대하여 함수

$$f(x)=\begin{cases} 2^{x+a}+b & (x\le -8) \\ -3^{x-3}+8 & (x>-8) \end{cases}$$

이 다음 조건을 만족시킬 때, $a+b$의 값은? [4점]

> 집합 $\{f(x)\,|\,x\le k\}$의 원소 중 정수인 것의 개수가 2가 되도록 하는 모든 실수 k의 값의 범위는 $3\le k<4$이다.

① 11 ② 13 ③ 15
④ 17 ⑤ 19

72

▶ 25106-0072
2021학년도 3월 학력평가 13번
상중하

함수

$$f(x)=\begin{cases} 2^{x} & (x<3) \\ \left(\frac{1}{4}\right)^{x+a}-\left(\frac{1}{4}\right)^{3+a}+8 & (x\ge 3) \end{cases}$$

에 대하여 곡선 $y=f(x)$ 위의 점 중에서 y좌표가 정수인 점의 개수가 23일 때, 정수 a의 값은? [4점]

① -7 ② -6 ③ -5
④ -4 ⑤ -3

73

▶ 25106-0073
2021학년도 6월 모의평가 가형 18번/나형 21번
상중하

두 곡선 $y=2^x$과 $y=-2x^2+2$가 만나는 두 점을 $(x_1,\ y_1)$, $(x_2,\ y_2)$라 하자. $x_1<x_2$일 때, 〈보기〉에서 옳은 것만을 있는 대로 고른 것은? [4점]

보기

ㄱ. $x_2>\frac{1}{2}$

ㄴ. $y_2-y_1<x_2-x_1$

ㄷ. $\frac{\sqrt{2}}{2}<y_1y_2<1$

① ㄱ ② ㄱ, ㄴ ③ ㄱ, ㄷ
④ ㄴ, ㄷ ⑤ ㄱ, ㄴ, ㄷ

74

▶ 25106-0074
2023학년도 10월 학력평가 13번
상중하

그림과 같이 두 상수 a $(a>1)$, k에 대하여 두 함수

$$y=a^{x+1}+1,\ y=a^{x-3}-\frac{7}{4}$$

의 그래프와 직선 $y=-2x+k$가 만나는 점을 각각 P, Q라 하자. 점 Q를 지나고 x축에 평행한 직선이 함수 $y=-a^{x+4}+\frac{3}{2}$의 그래프와 점 R에서 만나고 $\overline{PR}=\overline{QR}=5$일 때, $a+k$의 값은? [4점]

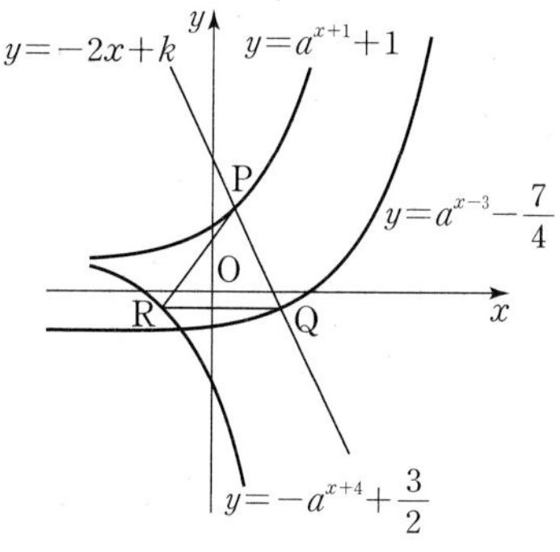

① $\frac{13}{2}$ ② $\frac{27}{4}$ ③ 7
④ $\frac{29}{4}$ ⑤ $\frac{15}{2}$

75

▸ 25106-0075

2021학년도 10월 학력평가 18번

상 중 하

그림과 같이 3 이상의 자연수 n에 대하여 두 곡선 $y=n^x$, $y=2^x$이 직선 $x=1$과 만나는 점을 각각 A, B라 하고, 두 곡선 $y=n^x$, $y=2^x$이 직선 $x=2$와 만나는 점을 각각 C, D라 하자. 사다리꼴 ABDC의 넓이가 18 이하가 되도록 하는 모든 자연수 n의 값의 합을 구하시오. [3점]

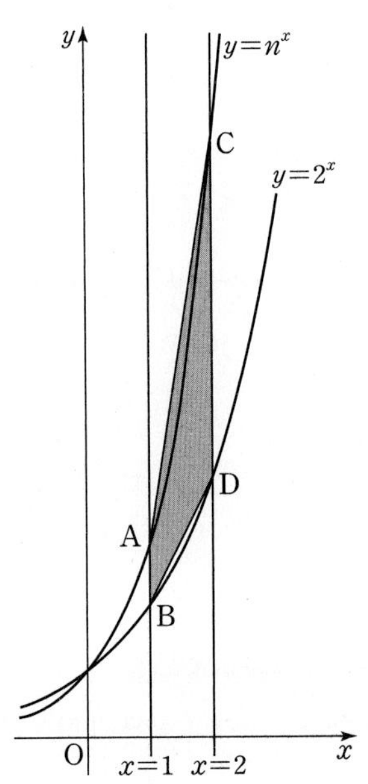

76

▸ 25106-0076

2025학년도 6월 모의평가 12번

상 중 하

그림과 같이 곡선 $y=1-2^{-x}$ 위의 제1사분면에 있는 점 A를 지나고 y축에 평행한 직선이 곡선 $y=2^x$과 만나는 점을 B라 하자. 점 A를 지나고 x축에 평행한 직선이 곡선 $y=2^x$과 만나는 점을 C, 점 C를 지나고 y축에 평행한 직선이 곡선 $y=1-2^{-x}$과 만나는 점을 D라 하자. $\overline{AB}=2\overline{CD}$일 때, 사각형 ABCD의 넓이는? [4점]

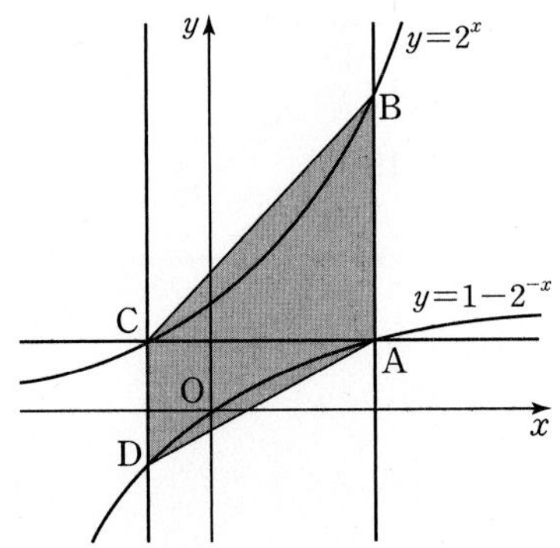

① $\frac{5}{2}\log_2 3-\frac{5}{4}$ ② $3\log_2 3-\frac{3}{2}$ ③ $\frac{7}{2}\log_2 3-\frac{7}{4}$

④ $4\log_2 3-2$ ⑤ $\frac{9}{2}\log_2 3-\frac{9}{4}$

유형 5 로그함수의 뜻과 그래프

로그함수의 그래프

로그함수 $y=\log_a x$ $(a>0,\ a\neq1)$에서

(1) $a>1$일 때,

$0<x_1<x_2 \Rightarrow \log_a x_1<\log_a x_2$ ← 증가하는 함수

(2) $0<a<1$일 때,

$0<x_1<x_2 \Rightarrow \log_a x_1>\log_a x_2$ ← 감소하는 함수

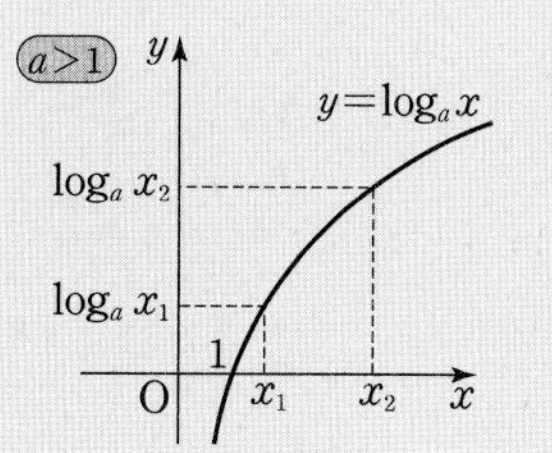

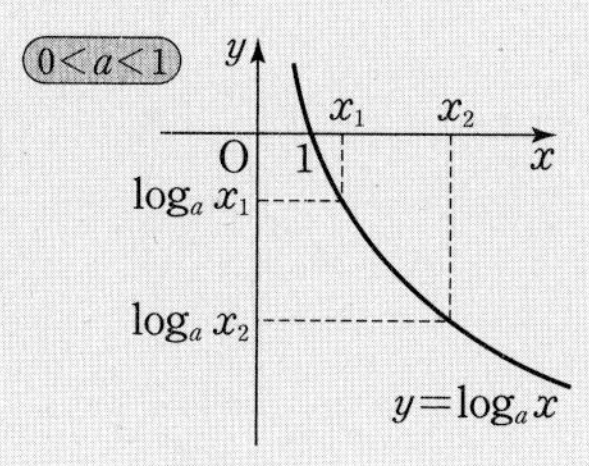

보기

두 수 $\log_2 6$, $\frac{1}{2}\log_2 25$의 크기를 비교해 보자.

$\frac{1}{2}\log_2 25=\frac{1}{2}\log_2 5^2=\log_2 5$

함수 $y=\log_2 x$에서 밑이 1보다 크므로 x의 값이 증가하면 y의 값도 증가한다.

따라서 $6>5$에서 $\log_2 6>\log_2 5$이므로

$\log_2 6>\frac{1}{2}\log_2 25$

77 ▸ 25106-0077
2021학년도 6월 모의평가 가형 9번 상중하

함수

$$f(x)=2\log_{\frac{1}{2}}(x+k)$$

가 닫힌구간 $[0,\ 12]$에서 최댓값 -4, 최솟값 m을 갖는다. $k+m$의 값은? (단, k는 상수이다.) [3점]

① -1 ② -2 ③ -3
④ -4 ⑤ -5

78 ▸ 25106-0078
2022학년도 6월 모의평가 10번 상중하

$n\geq2$인 자연수 n에 대하여 두 곡선

$$y=\log_n x,\ y=-\log_n(x+3)+1$$

이 만나는 점의 x좌표가 1보다 크고 2보다 작도록 하는 모든 n의 값의 합은? [4점]

① 30 ② 35 ③ 40
④ 45 ⑤ 50

79 ▸ 25106-0079
2024학년도 6월 모의평가 7번 상중하

상수 a $(a>2)$에 대하여 함수 $y=\log_2(x-a)$의 그래프의 점근선이 두 곡선 $y=\log_2\frac{x}{4}$, $y=\log_{\frac{1}{2}}x$와 만나는 점을 각각 A, B라 하자. $\overline{\text{AB}}=4$일 때, a의 값은? [3점]

① 4 ② 6 ③ 8
④ 10 ⑤ 12

80
▸ 25106-0080
2023학년도 3월 학력평가 8번
상중하

두 점 A$(m,\ m+3)$, B$(m+3,\ m-3)$에 대하여 선분 AB를 $2:1$로 내분하는 점이 곡선 $y=\log_4(x+8)+m-3$ 위에 있을 때, 상수 m의 값은? [3점]

① 4　② $\frac{9}{2}$　③ 5　④ $\frac{11}{2}$　⑤ 6

81
▸ 25106-0081
2021학년도 10월 학력평가 8번
상중하

2보다 큰 상수 k에 대하여 두 곡선 $y=|\log_2(-x+k)|$, $y=|\log_2 x|$가 만나는 세 점 P, Q, R의 x좌표를 각각 x_1, x_2, x_3이라 하자. $x_3-x_1=2\sqrt{3}$일 때, x_1+x_3의 값은?

(단, $x_1<x_2<x_3$) [3점]

① $\frac{7}{2}$　② $\frac{15}{4}$　③ 4　④ $\frac{17}{4}$　⑤ $\frac{9}{2}$

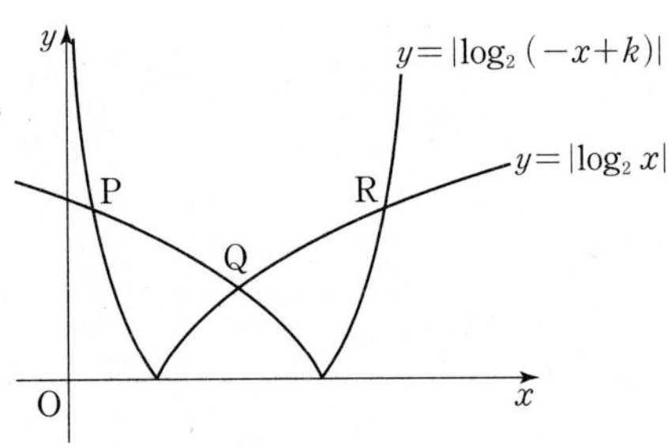

82
▸ 25106-0082
2019학년도 10월 학력평가 가형 14번
상중하

곡선 $y=\log_{\sqrt{2}}(x-a)$와 직선 $y=\frac{1}{2}x$가 만나는 점 중 한 점을 A라 하고, 점 A를 지나고 기울기가 -1인 직선이 곡선 $y=(\sqrt{2})^x+a$와 만나는 점을 B라 하자. 삼각형 OAB의 넓이가 6일 때, 상수 a의 값은?

(단, $0<a<4$이고, O는 원점이다.) [4점]

① $\frac{1}{2}$　② 1　③ $\frac{3}{2}$　④ 2　⑤ $\frac{5}{2}$

83
▸ 25106-0083
2020학년도 3월 학력평가 가형 14번
상중하

함수 $y=\log_3|2x|$의 그래프와 함수 $y=\log_3(x+3)$의 그래프가 만나는 서로 다른 두 점을 각각 A, B라 하자. 점 A를 지나고 직선 AB와 수직인 직선이 y축과 만나는 점을 C라 할 때, 삼각형 ABC의 넓이는?

(단, 점 A의 x좌표는 점 B의 x좌표보다 작다.) [4점]

① $\frac{13}{2}$　② 7　③ $\frac{15}{2}$　④ 8　⑤ $\frac{17}{2}$

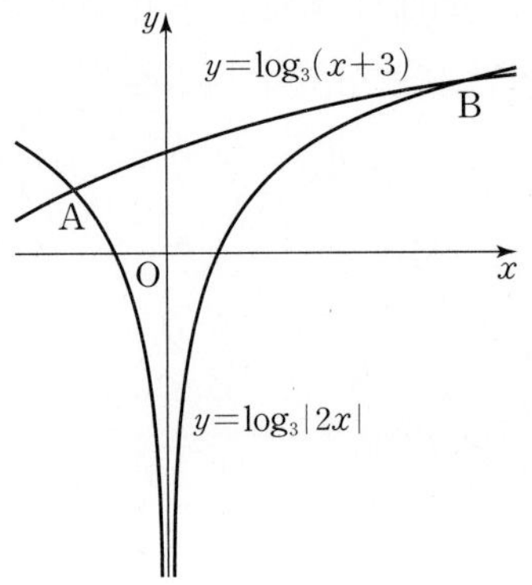

84

▸ 25106-0084
2019학년도 3월 학력평가 가형 27번 상중하

그림과 같이 직선 $y=2$가 두 곡선 $y=\log_2 4x$, $y=\log_2 x$와 만나는 점을 각각 A, B라 하고, 직선 $y=k\,(k>2)$가 두 곡선 $y=\log_2 4x$, $y=\log_2 x$와 만나는 점을 각각 C, D라 하자. 점 B를 지나고 y축과 평행한 직선이 직선 CD와 만나는 점을 E라 하면 점 E는 선분 CD를 $1:2$로 내분한다. 사각형 ABDC의 넓이를 S라 할 때, $12S$의 값을 구하시오. [4점]

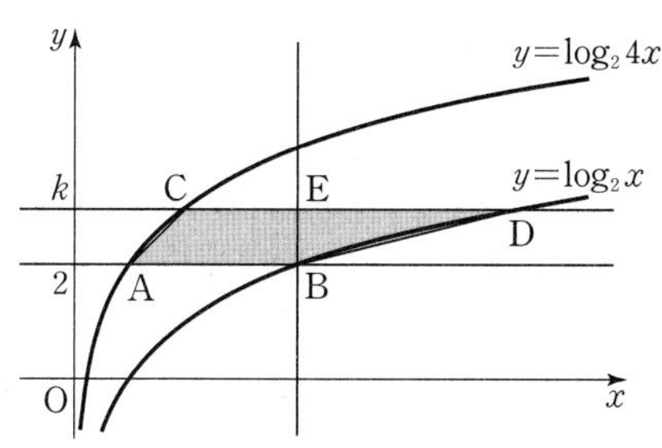

85

▸ 25106-0085
2020학년도 10월 학력평가 가형 15번 상중하

그림과 같이 좌표평면에서 곡선 $y=a^x\,(0<a<1)$ 위의 점 P가 제2사분면에 있다. 점 P를 직선 $y=x$에 대하여 대칭이동시킨 점 Q와 곡선 $y=-\log_a x$ 위의 점 R에 대하여 $\angle PQR=45°$이다. $\overline{PR}=\frac{5\sqrt{2}}{2}$이고 직선 PR의 기울기가 $\frac{1}{7}$일 때, 상수 a의 값은? [4점]

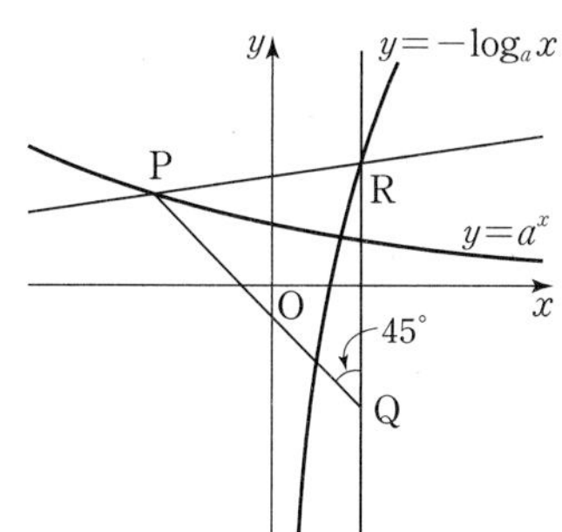

① $\frac{\sqrt{2}}{3}$ ② $\frac{\sqrt{3}}{3}$ ③ $\frac{2}{3}$ ④ $\frac{\sqrt{5}}{3}$ ⑤ $\frac{\sqrt{6}}{3}$

86

▸ 25106-0086
2021학년도 수능 가형 13번/나형 18번 상중하

$\frac{1}{4}<a<1$인 실수 a에 대하여 직선 $y=1$이 두 곡선 $y=\log_a x$, $y=\log_{4a} x$와 만나는 점을 각각 A, B라 하고, 직선 $y=-1$이 두 곡선 $y=\log_a x$, $y=\log_{4a} x$와 만나는 점을 각각 C, D라 하자. 〈보기〉에서 옳은 것만을 있는 대로 고른 것은? [3점]

보기

ㄱ. 선분 AB를 $1:4$로 외분하는 점의 좌표는 $(0,\ 1)$이다.
ㄴ. 사각형 ABCD가 직사각형이면 $a=\frac{1}{2}$이다.
ㄷ. $\overline{AB}<\overline{CD}$이면 $\frac{1}{2}<a<1$이다.

① ㄱ ② ㄷ ③ ㄱ, ㄴ ④ ㄴ, ㄷ ⑤ ㄱ, ㄴ, ㄷ

87

▸ 25106-0087
2020학년도 10월 학력평가 나형 21번 상중하

두 곡선 $y=2^{-x}$과 $y=|\log_2 x|$가 만나는 두 점을 $(x_1,\ y_1)$, $(x_2,\ y_2)$라 하자. $x_1<x_2$일 때, 〈보기〉에서 옳은 것만을 있는 대로 고른 것은? [4점]

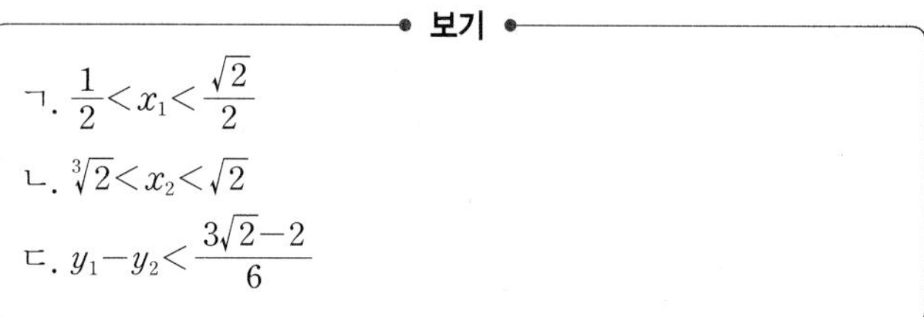

보기

ㄱ. $\frac{1}{2}<x_1<\frac{\sqrt{2}}{2}$
ㄴ. $\sqrt[3]{2}<x_2<\sqrt{2}$
ㄷ. $y_1-y_2<\frac{3\sqrt{2}-2}{6}$

① ㄱ ② ㄱ, ㄴ ③ ㄱ, ㄷ ④ ㄴ, ㄷ ⑤ ㄱ, ㄴ, ㄷ

88

▸ 25106-0088
2022학년도 10월 학력평가 10번
상 중 하

$a>1$인 실수 a에 대하여 두 곡선

$$y=-\log_2(-x),\ y=\log_2(x+2a)$$

가 만나는 두 점을 A, B라 하자. 선분 AB의 중점이 직선 $4x+3y+5=0$ 위에 있을 때, 선분 AB의 길이는? [4점]

① $\frac{3}{2}$ ② $\frac{7}{4}$ ③ 2 ④ $\frac{9}{4}$ ⑤ $\frac{5}{2}$

89

▸ 25106-0089
2022학년도 3월 학력평가 11번
상 중 하

그림과 같이 두 상수 a, k에 대하여 직선 $x=k$가 두 곡선 $y=2^{x-1}+1$, $y=\log_2(x-a)$와 만나는 점을 각각 A, B라 하고, 점 B를 지나고 기울기가 -1인 직선이 곡선 $y=2^{x-1}+1$과 만나는 점을 C라 하자. $\overline{AB}=8$, $\overline{BC}=2\sqrt{2}$일 때, 곡선 $y=\log_2(x-a)$가 x축과 만나는 점 D에 대하여 사각형 ACDB의 넓이는? (단, $0<a<k$) [4점]

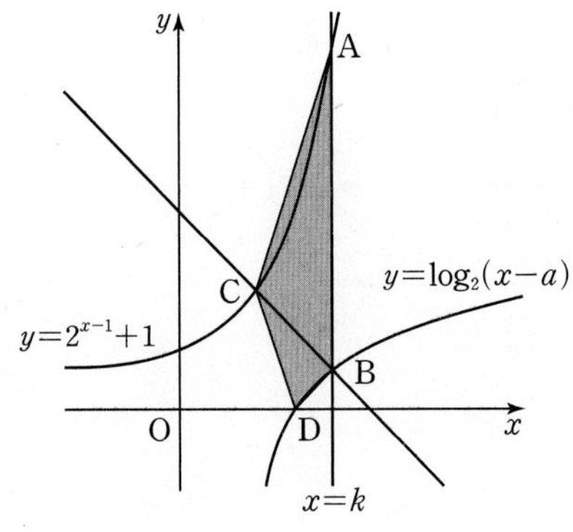

① 14 ② 13 ③ 12 ④ 11 ⑤ 10

90

▸ 25106-0090
2020학년도 3월 학력평가 나형 16번
상 중 하

그림과 같이 자연수 m에 대하여 두 함수 $y=3^x$, $y=\log_2 x$의 그래프와 직선 $y=m$이 만나는 점을 각각 A_m, B_m이라 하자. 선분 A_mB_m의 길이 중 자연수인 것을 작은 수부터 크기순으로 나열하여 a_1, a_2, a_3, $\cdots$이라 할 때, a_3의 값은? [4점]

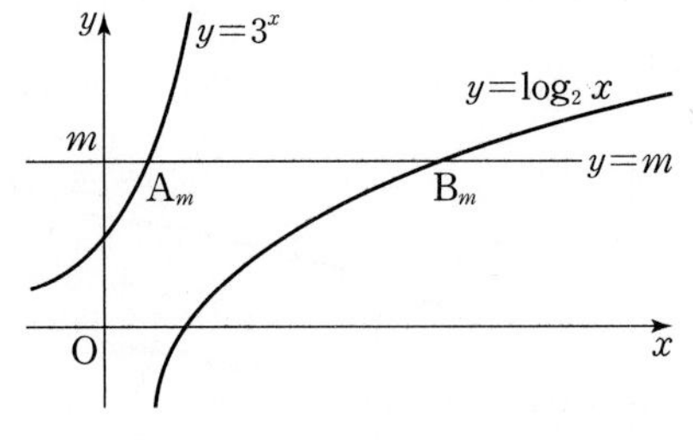

① 502 ② 504 ③ 506 ④ 508 ⑤ 510

91

▸ 25106-0091
2025학년도 6월 모의평가 14번
상 중 하

다음 조건을 만족시키는 모든 자연수 k의 값의 합은? [4점]

> $\log_2\sqrt{-n^2+10n+75}-\log_4(75-kn)$의 값이 양수가 되도록 하는 자연수 n의 개수가 12이다.

① 6 ② 7 ③ 8 ④ 9 ⑤ 10

92
▸ 25106-0092
2023학년도 3월 학력평가 21번
상 중 하

그림과 같이 1보다 큰 두 실수 a, k에 대하여 직선 $y=k$가 두 곡선 $y=2\log_a x+k$, $y=a^{x-k}$과 만나는 점을 각각 A, B라 하고, 직선 $x=k$가 두 곡선 $y=2\log_a x+k$, $y=a^{x-k}$과 만나는 점을 각각 C, D라 하자. $\overline{AB}\times\overline{CD}=85$이고 삼각형 CAD의 넓이가 35일 때, $a+k$의 값을 구하시오. [4점]

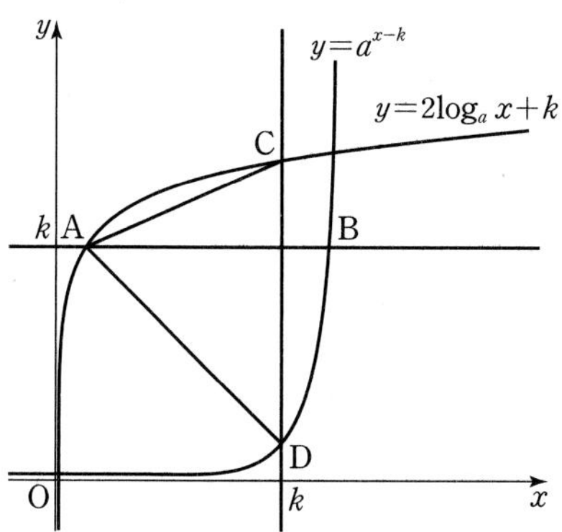

유형 6 방정식에의 활용

1. 지수가 포함된 방정식의 풀이
 (1) $a^{f(x)}=a^{g(x)}$의 꼴 : 방정식 $f(x)=g(x)$를 푼다.
 (2) $a^{f(x)}=b^{f(x)}$의 꼴 : $a=b$ 또는 $f(x)=0$을 푼다.
 (3) a^x 꼴이 반복되는 지수방정식 : $a^x=t$로 치환하여 t에 대한 방정식을 푼다.
2. 로그가 포함된 방정식의 풀이
 (1) $\log f(x)=\log g(x)$의 꼴 : 방정식 $f(x)=g(x)$, $f(x)>0$, $g(x)>0$을 푼다.
 (2) $\log_a f(x)=b$의 꼴 : 방정식 $f(x)=a^b$을 푼다.
 (3) 밑이 같지 않은 로그방정식 : 로그의 밑의 변환 공식을 이용하여 밑을 통일한 다음에 푼다.
 (4) $\log_a x$ 꼴이 반복되는 로그방정식 : $\log_a x=t$로 치환하여 푼다.

보기

① 지수가 포함된 방정식 $(2x+1)^{x-1}=5^{x-1}$을 풀어 보자.
지수가 같은 경우이므로 $2x+1=5$ 또는 $x-1=0$
따라서 $x=2$ 또는 $x=1$

② 로그가 포함된 방정식 $\log_2(x^2-3)=\log_2 2x$를 풀어 보자.
로그의 밑이 같은 경우이므로 $x^2-3=2x$
$x^2-2x-3=0$, $(x+1)(x-3)=0$
$x=-1$ 또는 $x=3$
이때 진수의 조건에서 $x^2-3>0$이고 $2x>0$이므로 $x>\sqrt{3}$
따라서 구하는 해는 $x=3$

93
▸ 25106-0093
2019학년도 10월 학력평가 가형 6번
상 중 하

x에 대한 방정식

$$4^x-k\times 2^{x+1}+16=0$$

이 오직 하나의 실근 α를 가질 때, $k+\alpha$의 값은?
(단, k는 상수이다.) [3점]

① 3 ② 4 ③ 5
④ 6 ⑤ 7

94
▸ 25106-0094
2025학년도 수능 16번
상중하

방정식

$$\log_2(x-3)=\log_4(3x-5)$$

를 만족시키는 실수 x의 값을 구하시오. [3점]

95
▸ 25106-0095
2021학년도 9월 모의평가 가형 24번
상중하

방정식

$$\log_2 x=1+\log_4(2x-3)$$

을 만족시키는 모든 실수 x의 값의 곱을 구하시오. [3점]

96
▸ 25106-0096
2023학년도 수능 16번
상중하

방정식

$$\log_2(3x+2)=2+\log_2(x-2)$$

를 만족시키는 실수 x의 값을 구하시오. [3점]

97
▸ 25106-0097
2025학년도 6월 모의평가 16번
상중하

방정식 $\log_2(x+1)-5=\log_{\frac{1}{2}}(x-3)$을 만족시키는 실수 x의 값을 구하시오. [3점]

98
▸ 25106-0098
2025학년도 9월 모의평가 16번
상중하

방정식

$$\log_3(x+2)-\log_{\frac{1}{3}}(x-4)=3$$

을 만족시키는 실수 x의 값을 구하시오. [3점]

99
▸ 25106-0099
2024학년도 9월 모의평가 16번
상중하

방정식 $\log_2(x-1)=\log_4(13+2x)$를 만족시키는 실수 x의 값을 구하시오. [3점]

100 ▸ 25106-0100
2023학년도 10월 학력평가 16번 상중하

방정식

$$\log_2(x-2)=1+\log_4(x+6)$$

을 만족시키는 실수 x의 값을 구하시오. [3점]

101 ▸ 25106-0101
2023학년도 6월 모의평가 16번 상중하

방정식 $\log_2(x+2)+\log_2(x-2)=5$를 만족시키는 실수 x의 값을 구하시오. [3점]

102 ▸ 25106-0102
2023학년도 9월 모의평가 16번 상중하

방정식 $\log_3(x-4)=\log_9(x+2)$를 만족시키는 실수 x의 값을 구하시오. [3점]

103 ▸ 25106-0103
2024학년도 10월 학력평가 16번 상중하

방정식 $\left(\frac{1}{3}\right)^x=27^{x-8}$을 만족시키는 실수 x의 값을 구하시오.
[3점]

104 ▸ 25106-0104
2024학년도 수능 16번 상중하

방정식 $3^{x-8}=\left(\frac{1}{27}\right)^x$을 만족시키는 실수 x의 값을 구하시오.
[3점]

105 ▸ 25106-0105

2024학년도 3월 학력평가 16번 상중하

방정식 $4^x=\left(\frac{1}{2}\right)^{x-9}$을 만족시키는 실수 x의 값을 구하시오. [3점]

106 ▸ 25106-0106

2020학년도 3월 학력평가 나형 2번 상중하

방정식 $\left(\frac{1}{4}\right)^{-x}=64$를 만족시키는 실수 x의 값은? [2점]

① -3 ② $-\frac{1}{3}$ ③ $\frac{1}{3}$ ④ 3 ⑤ 9

107 ▸ 25106-0107

2021학년도 9월 모의평가 가형 13번/나형 15번 상중하

곡선 $y=2^{ax+b}$과 직선 $y=x$가 서로 다른 두 점 A, B에서 만날 때, 두 점 A, B에서 x축에 내린 수선의 발을 각각 C, D라 하자. $\overline{\mathrm{AB}}=6\sqrt{2}$이고 사각형 ACDB의 넓이가 30일 때, $a+b$의 값은? (단, a, b는 상수이다.) [3점]

① $\frac{1}{6}$ ② $\frac{1}{3}$ ③ $\frac{1}{2}$ ④ $\frac{2}{3}$ ⑤ $\frac{5}{6}$

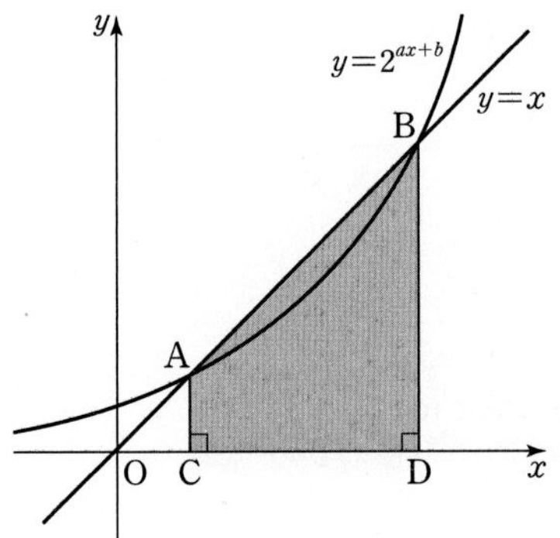

108 ▸ 25106-0108

2022학년도 수능 9번 상중하

직선 $y=2x+k$가 두 함수

$$y=\left(\frac{2}{3}\right)^{x+3}+1,\ y=\left(\frac{2}{3}\right)^{x+1}+\frac{8}{3}$$

의 그래프와 만나는 점을 각각 P, Q라 하자. $\overline{\mathrm{PQ}}=\sqrt{5}$일 때, 상수 k의 값은? [4점]

① $\frac{31}{6}$ ② $\frac{16}{3}$ ③ $\frac{11}{2}$ ④ $\frac{17}{3}$ ⑤ $\frac{35}{6}$

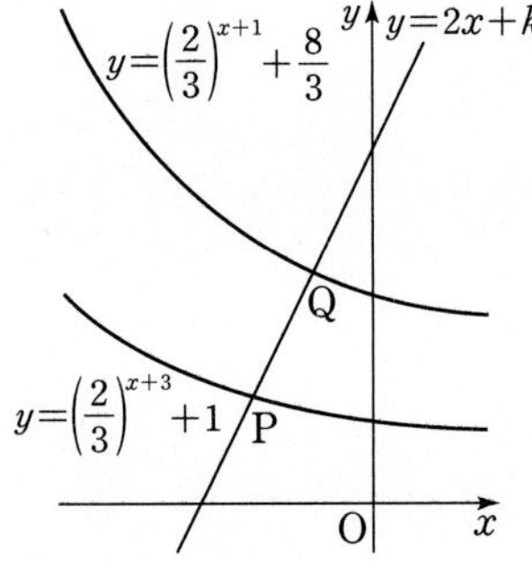

109 ▸ 25106-0109
2020학년도 수능 가형 15번 상중하

지수함수 $y=a^x$ $(a>1)$의 그래프와 직선 $y=\sqrt{3}$이 만나는 점을 A라 하자. 점 B$(4, 0)$에 대하여 직선 OA와 직선 AB가 서로 수직이 되도록 하는 모든 a의 값의 곱은?

(단, O는 원점이다.) [4점]

① $3^{\frac{1}{3}}$ ② $3^{\frac{2}{3}}$ ③ 3
④ $3^{\frac{4}{3}}$ ⑤ $3^{\frac{5}{3}}$

110 ▸ 25106-0110
2024학년도 10월 학력평가 9번 상중하

좌표평면 위에 두 점 A$(4, \log_3 a)$, B$\left(\log_2 2\sqrt{2}, \log_3 \frac{3}{2}\right)$이 있다. 선분 AB를 $3:1$로 외분하는 점이 직선 $y=4x$ 위에 있을 때, 양수 a의 값은? [4점]

① $\frac{3}{8}$ ② $\frac{7}{16}$ ③ $\frac{1}{2}$
④ $\frac{9}{16}$ ⑤ $\frac{5}{8}$

유형 7 부등식에의 활용

1. 지수가 포함된 부등식의 풀이

(1) 밑을 같게 할 수 있는 경우
주어진 부등식을 $a^{f(x)}>a^{g(x)}$ 꼴로 변형한 후
① $a>1$일 때, 부등식 $f(x)>g(x)$를 푼다.
② $0<a<1$일 때, 부등식 $f(x)<g(x)$를 푼다.

(2) a^x 꼴이 반복되는 경우
$a^x=t$로 치환하여 t에 대한 부등식을 푼다.
이때 $a^x>0$이므로 $t>0$임에 주의한다.

2. 로그가 포함된 부등식 $\log_a f(x)<\log_a g(x)$

(1) $a>1$일 때, 부등식 $0<f(x)<g(x)$를 푼다.
(2) $0<a<1$일 때, 부등식 $0<g(x)<f(x)$를 푼다.
(3) $\log_a x$ 꼴이 반복되는 로그부등식: $\log_a x=t$로 치환하여 푼다.

보기

① 지수가 포함된 부등식 $\left(\frac{1}{5}\right)^{x-1}\le 25$를 풀어 보자.
$\left(\frac{1}{5}\right)^{x-1}\le 25$에서 $5^{1-x}\le 5^2$
이때 밑이 1보다 크므로 $1-x\le 2$에서 $x\ge -1$

② 로그가 포함된 부등식 $\log_{0.3} x\ge 2$를 풀어 보자.
$\log_{0.3} x\ge 2$에서 $\log_{0.3} x\ge \log_{0.3} 0.3^2$
이때 밑이 0보다 크고 1보다 작으므로 $x\le 0.09$
진수의 조건에서 $x>0$이므로 구하는 부등식의 해는
$0<x\le 0.09$

111 ▸ 25106-0111
2021학년도 수능 가형 5번/나형 7번 상중하

부등식 $\left(\frac{1}{9}\right)^x<3^{21-4x}$을 만족시키는 자연수 x의 개수는? [3점]

① 6 ② 7 ③ 8
④ 9 ⑤ 10

112

▸ 25106-0112

2020학년도 10월 학력평가 가형 8번

상중하

부등식 $\log_2(x^2-7x)-\log_2(x+5)\le 1$을 만족시키는 모든 정수 x의 값의 합은? [3점]

① 22 ② 24 ③ 26 ④ 28 ⑤ 30

113

▸ 25106-0113

2020학년도 3월 학력평가 가형 6번

상중하

부등식 $\log_{18}(n^2-9n+18)<1$을 만족시키는 모든 자연수 n의 값의 합은? [3점]

① 14 ② 15 ③ 16 ④ 17 ⑤ 18

114

▸ 25106-0114

2021학년도 3월 학력평가 17번

상중하

모든 실수 x에 대하여 이차부등식

$$3x^2-2(\log_2 n)x+\log_2 n>0$$

이 성립하도록 하는 자연수 n의 개수를 구하시오. [3점]

115

▸ 25106-0115

2019학년도 3월 학력평가 가형 10번

상중하

부등식

$$\log_2(x^2-1)+\log_2 3\le 5$$

를 만족시키는 정수 x의 개수는? [3점]

① 1 ② 2 ③ 3 ④ 4 ⑤ 5

116

▸ 25106-0116
2024학년도 6월 모의평가 16번
상중하

부등식 $2^{x-6} \leq \left(\frac{1}{4}\right)^x$을 만족시키는 모든 자연수 x의 값의 합을 구하시오. [3점]

117

▸ 25106-0117
2020학년도 6월 모의평가 가형 24번
상중하

이차함수 $y=f(x)$의 그래프와 직선 $y=x-1$이 그림과 같을 때, 부등식

$$\log_3 f(x)+\log_{\frac{1}{3}}(x-1) \leq 0$$

을 만족시키는 모든 자연수 x의 값의 합을 구하시오.

(단, $f(0)=f(7)=0$, $f(4)=3$) [3점]

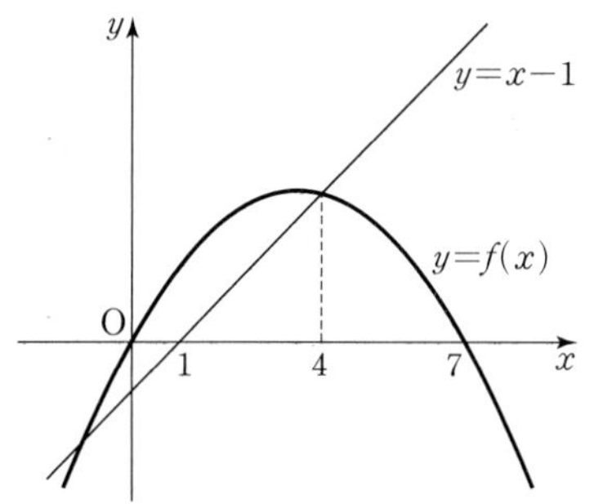

유형 8 지수함수와 로그함수를 활용한 외적문제

지수함수와 로그함수를 활용한 외적문제는 지수가 포함된 방정식, 부등식과 로그가 포함된 방정식, 부등식의 풀이 방법을 정확히 알고 있어야 풀 수 있는 문제가 대부분이다. 또한 지수함수와 로그함수의 그래프 위의 점을 활용하여 관계식을 끌어내는 문제가 출제되므로 그래프의 성질을 확실히 알아야 한다.

보기

어느 실험실에서 유전자 연구를 위하여 100마리의 대장균을 배양했을 때, x시간 후 대장균의 수 $N(x)$는 $N(x)=100\times 2^x$이다.
이 실험실에서 배양한 대장균의 수가 1600이 되었을 때는 몇 시간 후인지 구해 보자.
x시간 후 대장균의 수가 1600이 되었으므로
$1600=100\times 2^x$, $16=2^x$, $x=4$
따라서 4시간 후 대장균의 수가 1600이 된다.

118

▸ 25106-0118
2018학년도 3월 학력평가 가형 8번
상중하

최대 충전 용량이 Q_0 ($Q_0>0$)인 어떤 배터리를 완전히 방전시킨 후 t시간 동안 충전한 배터리의 충전 용량을 $Q(t)$라 할 때, 다음 식이 성립한다고 한다.

$$Q(t)=Q_0\left(1-2^{-\frac{t}{a}}\right)$$

(단, a는 양의 상수이다.)

$\frac{Q(4)}{Q(2)}=\frac{3}{2}$일 때, a의 값은?

(단, 배터리의 충전 용량의 단위는 mAh이다.) [3점]

① $\frac{3}{2}$ ② 2 ③ $\frac{5}{2}$
④ 3 ⑤ $\frac{7}{2}$

도전 1등급 문제

01

▸ 25106-0119

2019학년도 3월 학력평가 나형 26번

$\log_x(-x^2+4x+5)$가 정의되기 위한 모든 정수 x의 값의 합을 구하시오. [4점]

02

▸ 25106-0120

2025학년도 9월 모의평가 14번

자연수 n에 대하여 곡선 $y=2^x$ 위의 두 점 A_n, B_n이 다음 조건을 만족시킨다.

(가) 직선 A_nB_n의 기울기는 3이다.
(나) $\overline{A_nB_n}=n\times\sqrt{10}$

중심이 직선 $y=x$ 위에 있고 두 점 A_n, B_n을 지나는 원이 곡선 $y=\log_2 x$와 만나는 두 점의 x좌표 중 큰 값을 x_n이라 하자. $x_1+x_2+x_3$의 값은? [4점]

① $\frac{150}{7}$ ② $\frac{155}{7}$ ③ $\frac{160}{7}$ ④ $\frac{165}{7}$ ⑤ $\frac{170}{7}$

03

▸ 25106-0121

2021학년도 수능 가형 27번

$\log_4 2n^2-\frac{1}{2}\log_2\sqrt{n}$의 값이 40 이하의 자연수가 되도록 하는 자연수 n의 개수를 구하시오. [4점]

04

▸ 25106-0122

2020학년도 3월 학력평가 나형 25번

$10\le x<1000$인 실수 x에 대하여 $\log x^3-\log\frac{1}{x^2}$의 값이 자연수가 되도록 하는 모든 x의 개수를 구하시오. [3점]

05

▶ 25106-0123
2024학년도 3월 학력평가 21번

$a>2$인 실수 a에 대하여 기울기가 -1인 직선이 두 곡선

$$y=a^x+2,\ y=\log_a x+2$$

와 만나는 점을 각각 A, B라 하자. 선분 AB를 지름으로 하는 원의 중심의 y좌표가 $\frac{19}{2}$이고 넓이가 $\frac{121}{2}\pi$일 때, a^2의 값을 구하시오. [4점]

06

▶ 25106-0124
2024학년도 수능 21번

양수 a에 대하여 $x\geq-1$에서 정의된 함수 $f(x)$는

$$f(x)=\begin{cases} -x^2+6x & (-1\leq x<6) \\ a\log_4(x-5) & (x\geq6) \end{cases}$$

이다. $t\geq0$인 실수 t에 대하여 닫힌구간 $[t-1,\ t+1]$에서의 $f(x)$의 최댓값을 $g(t)$라 하자. 구간 $[0,\ \infty)$에서 함수 $g(t)$의 최솟값이 5가 되도록 하는 양수 a의 최솟값을 구하시오. [4점]

07

▶ 25106-0125
2022학년도 3월 학력평가 21번

상수 k에 대하여 다음 조건을 만족시키는 좌표평면의 점 $\mathrm{A}(a,\ b)$가 오직 하나 존재한다.

> (가) 점 A는 곡선 $y=\log_2(x+2)+k$ 위의 점이다.
> (나) 점 A를 직선 $y=x$에 대하여 대칭이동한 점은 곡선 $y=4^{x+k}+2$ 위에 있다.

$a\times b$의 값을 구하시오. (단, $a\neq b$) [4점]

08

▶ 25106-0126
2023학년도 수능 21번

자연수 n에 대하여 함수 $f(x)$를

$$f(x)=\begin{cases} |3^{x+2}-n| & (x<0) \\ |\log_2(x+4)-n| & (x\geq0) \end{cases}$$

이라 하자. 실수 t에 대하여 x에 대한 방정식 $f(x)=t$의 서로 다른 실근의 개수를 $g(t)$라 할 때, 함수 $g(t)$의 최댓값이 4가 되도록 하는 모든 자연수 n의 값의 합을 구하시오. [4점]

09
▸ 25106-0127
2022학년도 10월 학력평가 21번

그림과 같이 $a>1$인 실수 a에 대하여 두 곡선

$$y=a^{-2x}-1,\ y=a^{x}-1$$

이 있다. 곡선 $y=a^{-2x}-1$과 직선 $y=-\sqrt{3}x$가 서로 다른 두 점 O, A에서 만난다. 점 A를 지나고 직선 OA에 수직인 직선이 곡선 $y=a^{x}-1$과 제1사분면에서 만나는 점을 B라 하자. $\overline{\mathrm{OA}}:\overline{\mathrm{OB}}=\sqrt{3}:\sqrt{19}$일 때, 선분 AB의 길이를 구하시오.

(단, O는 원점이다.) [4점]

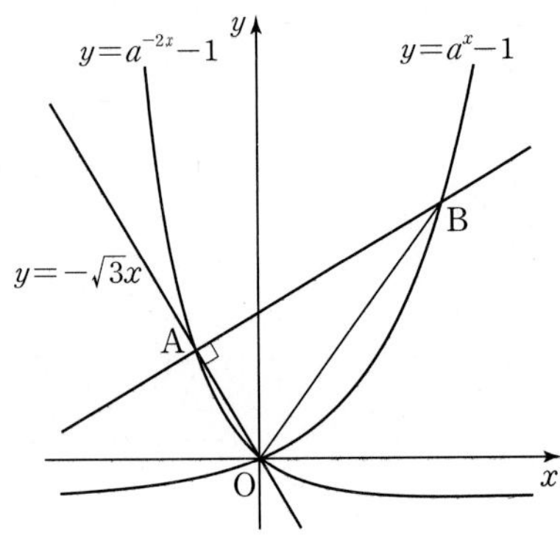

10
▸ 25106-0128
2025학년도 수능 20번

곡선 $y=\left(\frac{1}{5}\right)^{x-3}$과 직선 $y=x$가 만나는 점의 x좌표를 k라 하자. 실수 전체의 집합에서 정의된 함수 $f(x)$가 다음 조건을 만족시킨다.

> $x>k$인 모든 실수 x에 대하여
> $f(x)=\left(\frac{1}{5}\right)^{x-3}$이고 $f(f(x))=3x$이다.

$f\left(\frac{1}{k^3\times5^{3k}}\right)$의 값을 구하시오. [4점]

11
▸ 25106-0129
2020학년도 9월 모의평가 나형 28번

네 양수 a, b, c, k가 다음 조건을 만족시킬 때, k^2의 값을 구하시오. [4점]

> (가) $3^a=5^b=k^c$
> (나) $\log c=\log(2ab)-\log(2a+b)$

12
▸ 25106-0130
2024학년도 10월 학력평가 21번

두 자연수 a, b에 대하여 함수 $f(x)$는

$$f(x)=\begin{cases}\dfrac{4}{x-3}+a & (x<2)\\ |5\log_2 x-b| & (x\geq2)\end{cases}$$

이다. 실수 t에 대하여 x에 대한 방정식 $f(x)=t$의 서로 다른 실근의 개수를 $g(t)$라 하자. 함수 $g(t)$가 다음 조건을 만족시킬 때, $a+b$의 최솟값을 구하시오. [4점]

> (가) 함수 $g(t)$의 치역은 $\{0, 1, 2\}$이다.
> (나) $g(t)=2$인 자연수 t의 개수는 6이다.

13
▸ 25106-0131
2022학년도 9월 모의평가 21번

$a>1$인 실수 a에 대하여 직선 $y=-x+4$가 두 곡선

$$y=a^{x-1},\ y=\log_a(x-1)$$

과 만나는 점을 각각 A, B라 하고, 곡선 $y=a^{x-1}$이 y축과 만나는 점을 C라 하자. $\overline{\mathrm{AB}}=2\sqrt{2}$일 때, 삼각형 ABC의 넓이는 S이다. $50\times S$의 값을 구하시오. [4점]

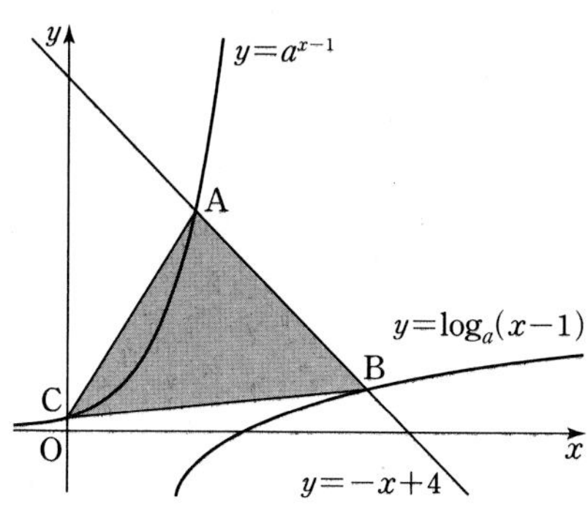

14
▸ 25106-0132
2022학년도 6월 모의평가 21번

다음 조건을 만족시키는 최고차항의 계수가 1인 이차함수 $f(x)$가 존재하도록 하는 모든 자연수 n의 값의 합을 구하시오. [4점]

> (가) x에 대한 방정식 $(x^n-64)f(x)=0$은 서로 다른 두 실근을 갖고, 각각의 실근은 중근이다.
> (나) 함수 $f(x)$의 최솟값은 음의 정수이다.

15
▸ 25106-0133
2023학년도 9월 모의평가 21번

그림과 같이 곡선 $y=2^x$ 위에 두 점 $\mathrm{P}(a,\ 2^a)$, $\mathrm{Q}(b,\ 2^b)$이 있다. 직선 PQ의 기울기를 m이라 할 때, 점 P를 지나며 기울기가 $-m$인 직선이 x축, y축과 만나는 점을 각각 A, B라 하고, 점 Q를 지나며 기울기가 $-m$인 직선이 x축과 만나는 점을 C라 하자.

$$\overline{\mathrm{AB}}=4\,\overline{\mathrm{PB}},\ \overline{\mathrm{CQ}}=3\overline{\mathrm{AB}}$$

일 때, $90\times(a+b)$의 값을 구하시오. (단, $0<a<b$) [4점]

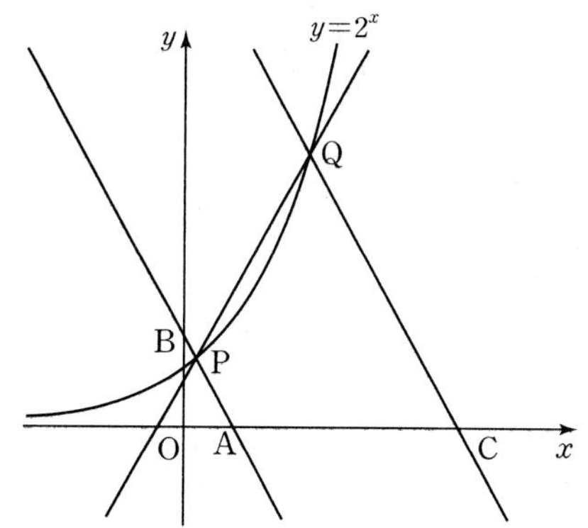

16
▸ 25106-0134
2017학년도 6월 모의평가 나형 30번

다음 조건을 만족시키는 20 이하의 모든 자연수 n의 값의 합을 구하시오. [4점]

> $\log_2(na-a^2)$과 $\log_2(nb-b^2)$은 같은 자연수이고
> $0<b-a\le\frac{n}{2}$인 두 실수 a, b가 존재한다.

삼각함수

유형 1 삼각함수의 정의

유형 2 삼각함수의 그래프

유형 3 삼각함수의 방정식, 부등식에의 활용

유형 4 사인법칙과 코사인법칙

2025 수능 출제 분석

- 삼각함수의 성질을 이용하여 삼각함수의 값을 구하는 문제가 출제되었다.
- 삼각함수가 포함된 부등식을 해결할 수 있는지를 묻는 문제가 출제되었다.
- 사인법칙, 코사인법칙 및 외접원의 반지름의 길이를 활용하여 삼각형의 넓이를 구하는 문제가 출제되었다.

2026 수능 예측

1. 삼각함수의 관계를 이용하여 삼각함수의 값을 구하는 문제가 자주 출제된다. 이때 주어진 각의 범위를 잘 파악해서 구하고자 하는 삼각함수의 값의 부호에 주의하여 풀도록 한다.
2. 도형을 활용한 문제가 출제될 수 있으므로 제시된 조건을 잘 살펴보도록 한다. 조건이 직접적으로 사용되도록 주어지지 않더라도 조건 사이의 관계 및 제시 이유를 잘 파악하면 비교적 쉽게 문제를 해결할 수 있다.
3. 사인법칙과 코사인법칙을 적절히 사용하여 도형에서의 길이 및 넓이 등을 구하는 다양한 형태의 문제가 출제될 수 있다.

한눈에 보는 출제 빈도

연도 \ 핵심 주제		유형 1 삼각함수의 정의	유형 2 삼각함수의 그래프	유형 3 삼각함수의 방정식, 부등식에의 활용	유형 4 사인법칙과 코사인법칙
2025 학년도	수능	1	1		1
	9월 모평	1		1	1
	6월 모평	1	1		1
2024 학년도	수능	1		1	1
	9월 모평	1		1	1
	6월 모평		2		1
2023 학년도	수능	1	1		1
	9월 모평	1	1		1
	6월 모평	1	1		1
2022 학년도	수능	1	1		1
	9월 모평	1	1		1
	6월 모평	1		1	1
2021 학년도	수능	1	1	1	1
	9월 모평	1	1		2
	6월 모평		1	1	1
2020 학년도	수능			1	
	9월 모평				
	6월 모평				

수능 유형별 기출문제

유형 1 삼각함수의 정의

동경 OP가 나타내는 일반각의 크기 θ에 대하여 삼각함수를 다음과 같이 정의한다.

$\sin\theta=\frac{y}{r}$,

$\cos\theta=\frac{x}{r}$,

$\tan\theta=\frac{y}{x}$ $(x\neq0)$

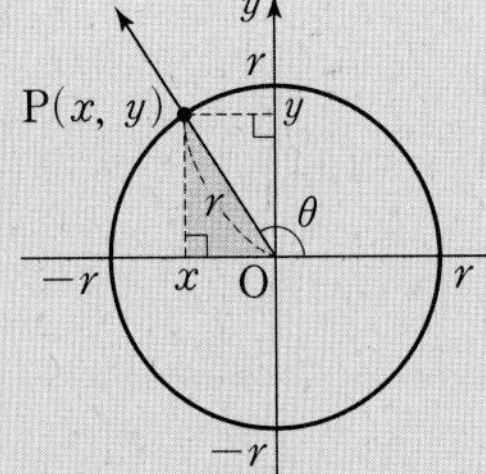

보기

원점 O와 점 P(−1, 2)를 지나는 동경 OP가 나타내는 각의 크기를 θ라 할 때,

$\sin\theta=\frac{2}{\sqrt{5}}=\frac{2\sqrt{5}}{5}$,

$\cos\theta=-\frac{1}{\sqrt{5}}=-\frac{\sqrt{5}}{5}$,

$\tan\theta=-2$

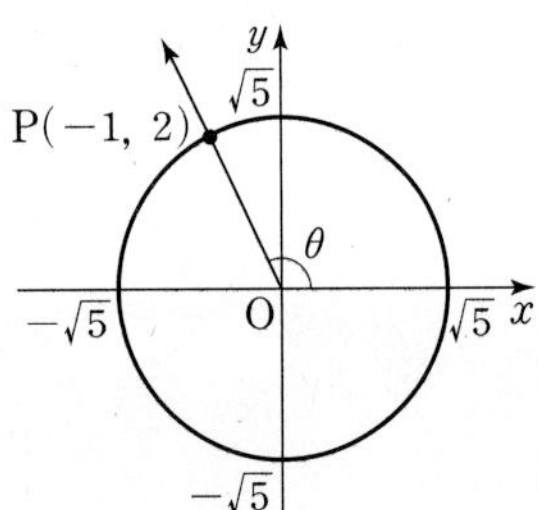

01 ▸25106-0135
2021학년도 수능 가형 3번 상중하

$\frac{\pi}{2}<\theta<\pi$인 θ에 대하여 $\sin\theta=\frac{\sqrt{21}}{7}$일 때, $\tan\theta$의 값은? [2점]

① $-\frac{\sqrt{3}}{2}$ ② $-\frac{\sqrt{3}}{4}$ ③ 0
④ $\frac{\sqrt{3}}{4}$ ⑤ $\frac{\sqrt{3}}{2}$

02 ▸25106-0136
2023학년도 6월 모의평가 3번 상중하

$\frac{\pi}{2}<\theta<\pi$인 θ에 대하여 $\cos^2\theta=\frac{4}{9}$일 때, $\sin^2\theta+\cos\theta$의 값은? [3점]

① $-\frac{4}{9}$ ② $-\frac{1}{3}$ ③ $-\frac{2}{9}$
④ $-\frac{1}{9}$ ⑤ 0

03 ▸25106-0137
2022학년도 6월 모의평가 3번 상중하

$\pi<\theta<\frac{3}{2}\pi$인 θ에 대하여 $\tan\theta=\frac{12}{5}$일 때, $\sin\theta+\cos\theta$의 값은? [3점]

① $-\frac{17}{13}$ ② $-\frac{7}{13}$ ③ 0
④ $\frac{7}{13}$ ⑤ $\frac{17}{13}$

04

▶ 25106-0138

2024학년도 수능 3번

상중하

$\frac{3}{2}\pi<\theta<2\pi$인 θ에 대하여 $\sin(-\theta)=\frac{1}{3}$일 때, $\tan\theta$의 값은? [3점]

① $-\frac{\sqrt{2}}{2}$ ② $-\frac{\sqrt{2}}{4}$ ③ $-\frac{1}{4}$

④ $\frac{1}{4}$ ⑤ $\frac{\sqrt{2}}{4}$

05

▶ 25106-0139

2024학년도 3월 학력평가 3번

상중하

$\cos\theta>0$이고 $\sin\theta+\cos\theta\tan\theta=-1$일 때, $\tan\theta$의 값은? [3점]

① $-\sqrt{3}$ ② $-\frac{\sqrt{3}}{3}$ ③ $\frac{\sqrt{3}}{3}$

④ 1 ⑤ $\sqrt{3}$

06

▶ 25106-0140

2024학년도 9월 모의평가 3번

상중하

$\frac{3}{2}\pi<\theta<2\pi$인 θ에 대하여 $\cos\theta=\frac{\sqrt{6}}{3}$일 때, $\tan\theta$의 값은? [3점]

① $-\sqrt{2}$ ② $-\frac{\sqrt{2}}{2}$ ③ 0

④ $\frac{\sqrt{2}}{2}$ ⑤ $\sqrt{2}$

07

▶ 25106-0141

2025학년도 수능 6번

상중하

$\cos\left(\frac{\pi}{2}+\theta\right)=-\frac{1}{5}$일 때, $\frac{\sin\theta}{1-\cos^2\theta}$의 값은? [3점]

① -5 ② $-\sqrt{5}$ ③ 0

④ $\sqrt{5}$ ⑤ 5

08 ▸ 25106-0142

2023학년도 수능 5번

상중하

$\tan\theta<0$이고 $\cos\left(\frac{\pi}{2}+\theta\right)=\frac{\sqrt{5}}{5}$일 때, $\cos\theta$의 값은? [3점]

① $-\frac{2\sqrt{5}}{5}$ ② $-\frac{\sqrt{5}}{5}$ ③ 0

④ $\frac{\sqrt{5}}{5}$ ⑤ $\frac{2\sqrt{5}}{5}$

09 ▸ 25106-0143

2025학년도 9월 모의평가 6번

상중하

$\frac{\pi}{2}<\theta<\pi$인 θ에 대하여 $\cos(\pi+\theta)=\frac{2\sqrt{5}}{5}$일 때,

$\sin\theta+\cos\theta$의 값은? [3점]

① $-\frac{2\sqrt{5}}{5}$ ② $-\frac{\sqrt{5}}{5}$ ③ 0

④ $\frac{\sqrt{5}}{5}$ ⑤ $\frac{2\sqrt{5}}{5}$

10 ▸ 25106-0144

2023학년도 9월 모의평가 3번

상중하

$\sin(\pi-\theta)=\frac{5}{13}$이고 $\cos\theta<0$일 때, $\tan\theta$의 값은? [3점]

① $-\frac{12}{13}$ ② $-\frac{5}{12}$ ③ 0

④ $\frac{5}{12}$ ⑤ $\frac{12}{13}$

11 ▸ 25106-0145

2021학년도 9월 모의평가 나형 3번

상중하

$\cos^2\left(\frac{\pi}{6}\right)+\tan^2\left(\frac{2\pi}{3}\right)$의 값은? [2점]

① $\frac{3}{2}$ ② $\frac{9}{4}$ ③ 3

④ $\frac{15}{4}$ ⑤ $\frac{9}{2}$

12
▸ 25106-0146
2020학년도 10월 학력평가 가형 24번
상중하

$\sin\left(\frac{\pi}{2}+\theta\right)\tan(\pi-\theta)=\frac{3}{5}$일 때, $30(1-\sin\theta)$의 값을 구하시오. [3점]

13
▸ 25106-0147
2022학년도 3월 학력평가 5번
상중하

$\frac{\pi}{2}<\theta<\pi$인 θ에 대하여 $\cos\theta\tan\theta=\frac{1}{2}$일 때, $\cos\theta+\tan\theta$의 값은? [3점]

① $-\frac{5\sqrt{3}}{6}$ ② $-\frac{2\sqrt{3}}{3}$ ③ $-\frac{\sqrt{3}}{2}$
④ $-\frac{\sqrt{3}}{3}$ ⑤ $-\frac{\sqrt{3}}{6}$

14
▸ 25106-0148
2022학년도 10월 학력평가 5번
상중하

$\frac{\pi}{2}<\theta<\pi$인 θ에 대하여 $\sin\theta=2\cos(\pi-\theta)$일 때, $\cos\theta\tan\theta$의 값은? [3점]

① $-\frac{2\sqrt{5}}{5}$ ② $-\frac{\sqrt{5}}{5}$ ③ $\frac{1}{5}$
④ $\frac{\sqrt{5}}{5}$ ⑤ $\frac{2\sqrt{5}}{5}$

15
▸ 25106-0149
2024학년도 10월 학력평가 3번
상중하

$\frac{3}{2}\pi<\theta<2\pi$인 θ에 대하여 $\sin^2\theta=\frac{4}{5}$일 때, $\frac{\tan\theta}{\cos\theta}$의 값은? [3점]

① $-3\sqrt{5}$ ② $-2\sqrt{5}$ ③ $-\sqrt{5}$
④ $\sqrt{5}$ ⑤ $2\sqrt{5}$

16
▸ 25106-0150
2020학년도 3월 학력평가 나형 3번 상중하

θ가 제3사분면의 각이고 $\cos\theta=-\frac{4}{5}$일 때, $\tan\theta$의 값은? [2점]

① $-\frac{4}{3}$ ② $-\frac{3}{4}$ ③ 0
④ $\frac{3}{4}$ ⑤ $\frac{4}{3}$

17
▸ 25106-0151
2022학년도 수능 7번 상중하

$\pi<\theta<\frac{3}{2}\pi$인 θ에 대하여 $\tan\theta-\frac{6}{\tan\theta}=1$일 때, $\sin\theta+\cos\theta$의 값은? [3점]

① $-\frac{2\sqrt{10}}{5}$ ② $-\frac{\sqrt{10}}{5}$ ③ 0
④ $\frac{\sqrt{10}}{5}$ ⑤ $\frac{2\sqrt{10}}{5}$

18
▸ 25106-0152
2023학년도 10월 학력평가 5번 상중하

$\pi<\theta<\frac{3}{2}\pi$인 θ에 대하여

$$\frac{1}{1-\cos\theta}+\frac{1}{1+\cos\theta}=18$$

일 때, $\sin\theta$의 값은? [3점]

① $-\frac{2}{3}$ ② $-\frac{1}{3}$ ③ 0
④ $\frac{1}{3}$ ⑤ $\frac{2}{3}$

19
▸ 25106-0153
2023학년도 3월 학력평가 5번 상중하

$\cos(\pi+\theta)=\frac{1}{3}$이고 $\sin(\pi+\theta)>0$일 때, $\tan\theta$의 값은? [3점]

① $-2\sqrt{2}$ ② $-\frac{\sqrt{2}}{4}$ ③ 1
④ $\frac{\sqrt{2}}{4}$ ⑤ $2\sqrt{2}$

20
▸ 25106-0154
2022학년도 9월 모의평가 6번 상중하

$\frac{\pi}{2}<\theta<\pi$인 θ에 대하여 $\frac{\sin\theta}{1-\sin\theta}-\frac{\sin\theta}{1+\sin\theta}=4$일 때, $\cos\theta$의 값은? [3점]

① $-\frac{\sqrt{3}}{3}$ ② $-\frac{1}{3}$ ③ 0 ④ $\frac{1}{3}$ ⑤ $\frac{\sqrt{3}}{3}$

21
▸ 25106-0155
2020학년도 3월 학력평가 가형 23번 상중하

중심각의 크기가 1라디안이고 둘레의 길이가 24인 부채꼴의 넓이를 구하시오. [3점]

22
▸ 25106-0156
2021학년도 3월 학력평가 11번 상중하

그림과 같이 두 점 O, O′을 각각 중심으로 하고 반지름의 길이가 3인 두 원 O, O'이 한 평면 위에 있다. 두 원 O, O'이 만나는 점을 각각 A, B라 할 때, $\angle\text{AOB}=\frac{5}{6}\pi$이다.

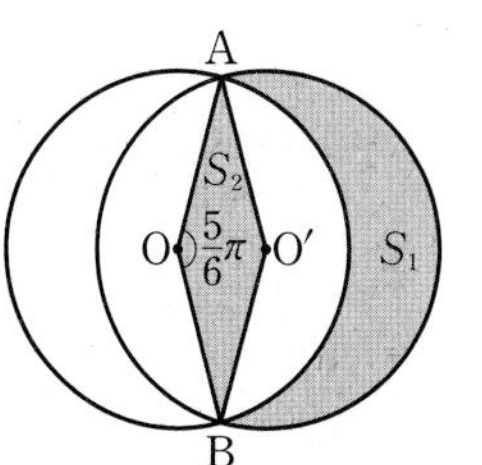

원 O의 외부와 원 O'의 내부의 공통부분의 넓이를 S_1, 마름모 AOBO′의 넓이를 S_2라 할 때, S_1-S_2의 값은? [4점]

① $\frac{5}{4}\pi$ ② $\frac{4}{3}\pi$ ③ $\frac{17}{12}\pi$ ④ $\frac{3}{2}\pi$ ⑤ $\frac{19}{12}\pi$

23
▸ 25106-0157
2020학년도 3월 학력평가 가형 26번 상중하

좌표평면에서 제1사분면에 점 P가 있다. 점 P를 직선 $y=x$에 대하여 대칭이동한 점을 Q라 하고, 점 Q를 원점에 대하여 대칭이동한 점을 R이라 할 때, 세 동경 OP, OQ, OR이 나타내는 각을 각각 α, β, γ라 하자. $\sin\alpha=\frac{1}{3}$일 때, $9(\sin^2\beta+\tan^2\gamma)$의 값을 구하시오.

(단, O는 원점이고, 시초선은 x축의 양의 방향이다.) [4점]

유형 2 삼각함수의 그래프

1. $y=\sin x$의 그래프

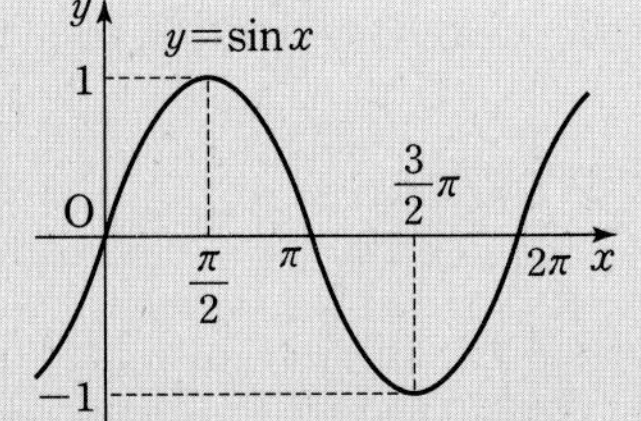

주기: 2π
치역: $\{y|-1\le y\le 1\}$
원점에 대하여 대칭

2. $y=\cos x$의 그래프

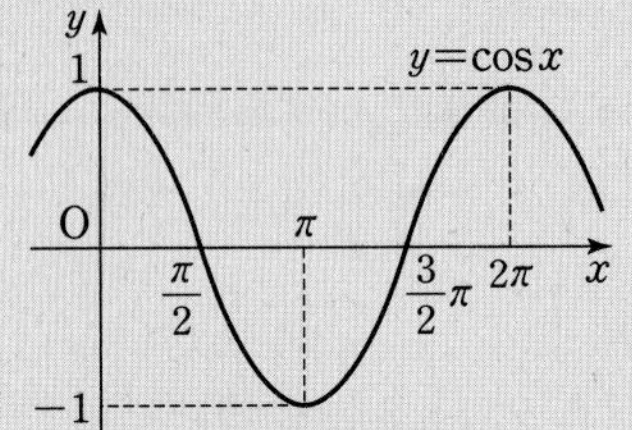

주기: 2π
치역: $\{y|-1\le y\le 1\}$
y축에 대하여 대칭

3. $y=\tan x$의 그래프

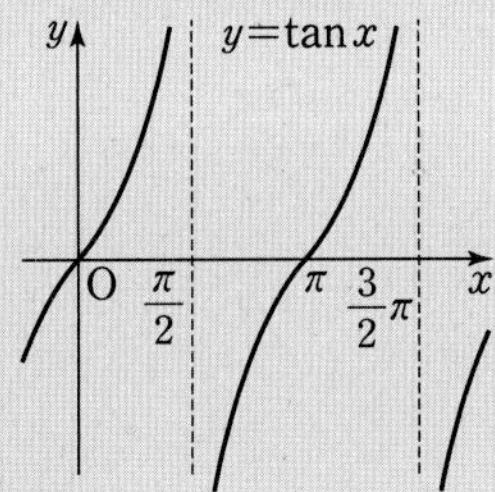

주기: π
점근선: $x=n\pi+\frac{\pi}{2}$ (n은 정수)
원점에 대하여 대칭

보기

삼각함수 $y=2\sin 2x$의 그래프의 주기와 치역을 구해 보자.
$f(x)=2\sin 2x$라 하면
$f(x)=2\sin(2x+2\pi)=2\sin 2(x+\pi)=f(x+\pi)$
이므로 주기는 π이고, $-1\le \sin 2x\le 1$에서
$-2\le 2\sin 2x\le 2$이므로 치역은 $\{y|-2\le y\le 2\}$이다.

24 ▸ 25106-0158
2021학년도 수능 나형 4번 상중하

함수 $f(x)=4\cos x+3$의 최댓값은? [3점]

① 6 ② 7 ③ 8
④ 9 ⑤ 10

25 ▸ 25106-0159
2021학년도 10월 학력평가 3번 상중하

함수 $y=\tan\left(\pi x+\frac{\pi}{2}\right)$의 주기는? [3점]

① $\frac{1}{2}$ ② $\frac{\pi}{4}$ ③ 1
④ $\frac{3}{2}$ ⑤ $\frac{\pi}{2}$

26 ▸ 25106-0160
2021학년도 6월 모의평가 나형 22번 상중하

함수 $f(x)=5\sin x+1$의 최댓값을 구하시오. [3점]

27
▸ 25106-0161
2023학년도 6월 모의평가 7번
상중하

닫힌구간 $[0, \pi]$에서 정의된 함수 $f(x)=-\sin 2x$가 $x=a$에서 최댓값을 갖고 $x=b$에서 최솟값을 갖는다. 곡선 $y=f(x)$ 위의 두 점 $(a, f(a))$, $(b, f(b))$를 지나는 직선의 기울기는? [3점]

① $\frac{1}{\pi}$　② $\frac{2}{\pi}$　③ $\frac{3}{\pi}$
④ $\frac{4}{\pi}$　⑤ $\frac{5}{\pi}$

28
▸ 25106-0162
2024학년도 6월 모의평가 6번
상중하

$\cos\theta<0$이고 $\sin(-\theta)=\frac{1}{7}\cos\theta$일 때, $\sin\theta$의 값은? [3점]

① $-\frac{3\sqrt{2}}{10}$　② $-\frac{\sqrt{2}}{10}$　③ 0
④ $\frac{\sqrt{2}}{10}$　⑤ $\frac{3\sqrt{2}}{10}$

29
▸ 25106-0163
2025학년도 6월 모의평가 6번
상중하

$\pi<\theta<\frac{3}{2}\pi$인 θ에 대하여 $\sin\left(\theta-\frac{\pi}{2}\right)=\frac{3}{5}$일 때, $\sin\theta$의 값은? [3점]

① $-\frac{4}{5}$　② $-\frac{3}{5}$　③ $\frac{3}{5}$
④ $\frac{3}{4}$　⑤ $\frac{4}{5}$

30
▸ 25106-0164
2023학년도 수능 9번
상중하

함수

$$f(x)=a-\sqrt{3}\tan 2x$$

가 닫힌구간 $\left[-\frac{\pi}{6}, b\right]$에서 최댓값 7, 최솟값 3을 가질 때, $a\times b$의 값은? (단, a, b는 상수이다.) [4점]

① $\frac{\pi}{2}$　② $\frac{5\pi}{12}$　③ $\frac{\pi}{3}$
④ $\frac{\pi}{4}$　⑤ $\frac{\pi}{6}$

31
▸ 25106-0165
2022학년도 3월 학력평가 8번
상중하

그림과 같이 양의 실수 a에 대하여 곡선 $y=2\cos ax\left(0\le x\le \frac{2\pi}{a}\right)$와 직선 $y=1$이 만나는 두 점을 각각 A, B라 하자. $\overline{AB}=\frac{8}{3}$일 때, a의 값은? [3점]

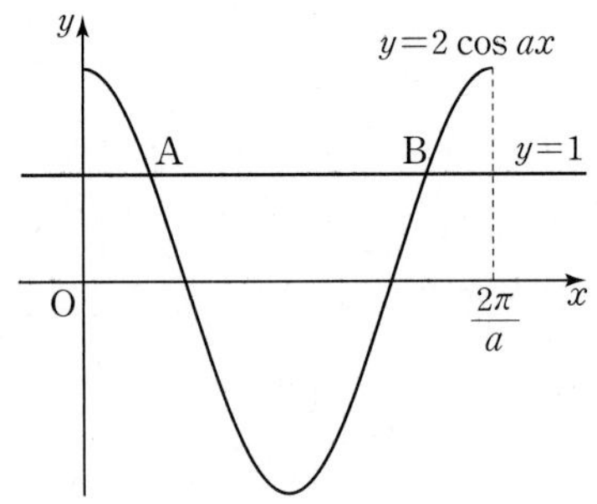

① $\frac{\pi}{3}$ ② $\frac{5\pi}{12}$ ③ $\frac{\pi}{2}$
④ $\frac{7\pi}{12}$ ⑤ $\frac{2\pi}{3}$

32
▸ 25106-0166
2020학년도 10월 학력평가 나형 7번
상중하

$0\le x<2\pi$일 때, 두 함수 $y=\sin x$와 $y=\cos\left(x+\frac{\pi}{2}\right)+1$의 그래프가 만나는 모든 점의 x좌표의 합은? [3점]

① $\frac{\pi}{2}$ ② π ③ $\frac{3}{2}\pi$
④ 2π ⑤ $\frac{5}{2}\pi$

33
▸ 25106-0167
2023학년도 9월 모의평가 9번
상중하

닫힌구간 $[0, 12]$에서 정의된 두 함수

$$f(x)=\cos\frac{\pi x}{6},\ g(x)=-3\cos\frac{\pi x}{6}-1$$

이 있다. 곡선 $y=f(x)$와 직선 $y=k$가 만나는 두 점의 x좌표를 α_1, α_2라 할 때, $|\alpha_1-\alpha_2|=8$이다. 곡선 $y=g(x)$와 직선 $y=k$가 만나는 두 점의 x좌표를 β_1, β_2라 할 때, $|\beta_1-\beta_2|$의 값은? (단, k는 $-1<k<1$인 상수이다.) [4점]

① 3 ② $\frac{7}{2}$ ③ 4
④ $\frac{9}{2}$ ⑤ 5

34

▶ 25106-0168

2022학년도 9월 모의평가 10번

상중하

두 양수 a, b에 대하여 곡선 $y=a\sin b\pi x\left(0\le x\le\frac{3}{b}\right)$이 직선 $y=a$와 만나는 서로 다른 두 점을 A, B라 하자.

삼각형 OAB의 넓이가 5이고 직선 OA의 기울기와 직선 OB의 기울기의 곱이 $\frac{5}{4}$일 때, $a+b$의 값은? (단, O는 원점이다.) [4점]

① 1 ② 2 ③ 3 ④ 4 ⑤ 5

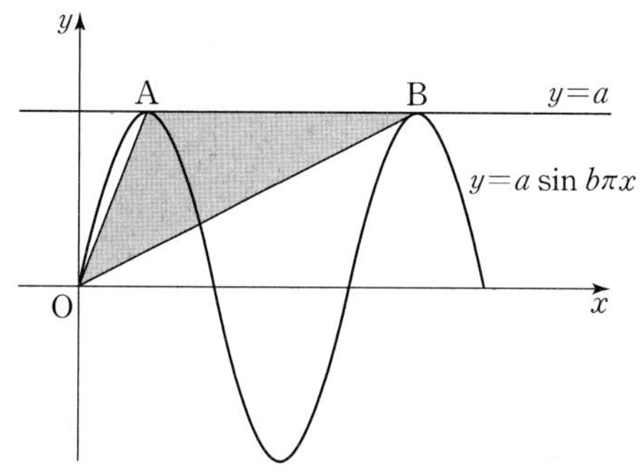

35

▶ 25106-0169

2022학년도 수능 11번

상중하

양수 a에 대하여 집합 $\left\{x \,\middle|\, -\frac{a}{2}<x\le a,\ x\ne\frac{a}{2}\right\}$에서 정의된 함수

$$f(x)=\tan\frac{\pi x}{a}$$

가 있다. 그림과 같이 함수 $y=f(x)$의 그래프 위의 세 점 O, A, B를 지나는 직선이 있다. 점 A를 지나고 x축에 평행한 직선이 함수 $y=f(x)$의 그래프와 만나는 점 중 A가 아닌 점을 C라 하자. 삼각형 ABC가 정삼각형일 때, 삼각형 ABC의 넓이는? (단, O는 원점이다.) [4점]

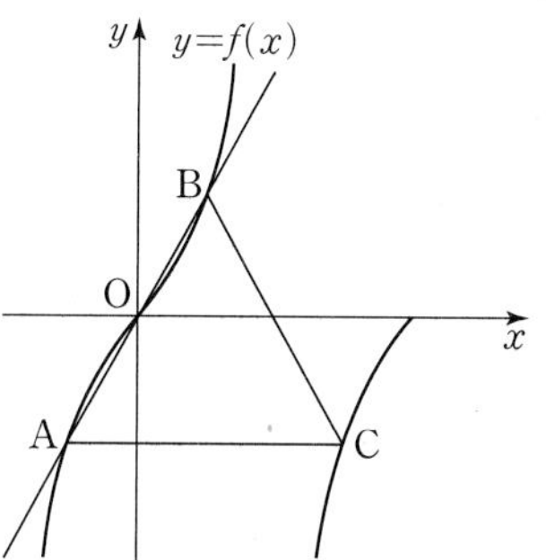

① $\frac{3\sqrt{3}}{2}$ ② $\frac{17\sqrt{3}}{12}$ ③ $\frac{4\sqrt{3}}{3}$ ④ $\frac{5\sqrt{3}}{4}$ ⑤ $\frac{7\sqrt{3}}{6}$

36

▸ 25106-0170

2023학년도 3월 학력평가 13번

상중하

두 함수

$$f(x)=x^2+ax+b,\ g(x)=\sin x$$

가 다음 조건을 만족시킬 때, $f(2)$의 값은?

(단, a, b는 상수이고, $0\le a\le 2$이다.) [4점]

(가) $\{g(a\pi)\}^2=1$

(나) $0\le x\le 2\pi$일 때, 방정식 $f(g(x))=0$의 모든 해의 합은 $\frac{5}{2}\pi$이다.

① 3　　② $\frac{7}{2}$　　③ 4　　④ $\frac{9}{2}$　　⑤ 5

37

▸ 25106-0171

2023학년도 10월 학력평가 11번

상중하

그림과 같이 두 상수 a, b에 대하여 함수

$$f(x)=a\sin\frac{\pi x}{b}+1\ \left(0\le x\le \frac{5}{2}b\right)$$

의 그래프와 직선 $y=5$가 만나는 점을 x좌표가 작은 것부터 차례로 A, B, C라 하자.

$\overline{\mathrm{BC}}=\overline{\mathrm{AB}}+6$이고 삼각형 AOB의 넓이가 $\frac{15}{2}$일 때, a^2+b^2의 값은? (단, $a>4$, $b>0$이고, O는 원점이다.) [4점]

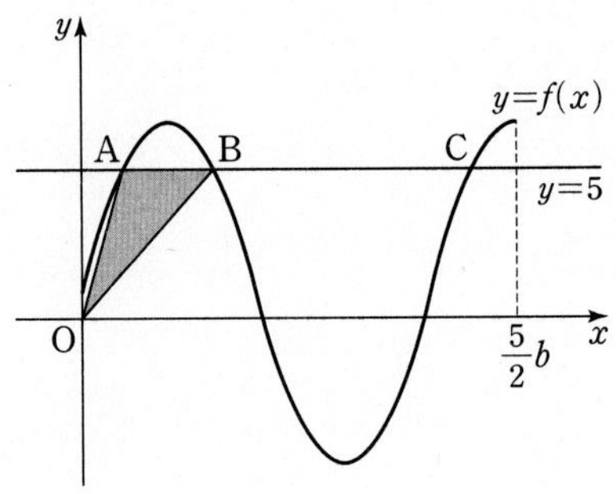

① 68　　② 70　　③ 72　　④ 74　　⑤ 76

38

▸ 25106-0172

2025학년도 수능 10번

상중하

닫힌구간 $[0, 2\pi]$에서 정의된 함수 $f(x)=a\cos bx+3$이 $x=\frac{\pi}{3}$에서 최댓값 13을 갖도록 하는 두 자연수 a, b의 순서쌍 (a, b)에 대하여 $a+b$의 최솟값은? [4점]

① 12　　② 14　　③ 16　　④ 18　　⑤ 20

39

▸ 25106-0173

2020학년도 3월 학력평가 나형 7번

상중하

$0\le x<2\pi$일 때, 두 곡선 $y=\cos\left(x-\frac{\pi}{2}\right)$와 $y=\sin 4x$가 만나는 점의 개수는? [3점]

① 2　　② 4　　③ 6　　④ 8　　⑤ 10

40

▸ 25106-0174

2021학년도 10월 학력평가 11번 상중하

닫힌구간 $[0, 2\pi]$에서 정의된 함수 $f(x)$는

$$f(x)=\begin{cases}\sin x & \left(0\le x\le\frac{k}{6}\pi\right)\\ 2\sin\left(\frac{k}{6}\pi\right)-\sin x & \left(\frac{k}{6}\pi<x\le 2\pi\right)\end{cases}$$

이다. 곡선 $y=f(x)$와 직선 $y=\sin\left(\frac{k}{6}\pi\right)$의 교점의 개수를 a_k라 할 때, $a_1+a_2+a_3+a_4+a_5$의 값은? [4점]

① 6 ② 7 ③ 8 ④ 9 ⑤ 10

41

▸ 25106-0175

2025학년도 9월 모의평가 20번 상중하

닫힌구간 $[0, 2\pi]$에서 정의된 함수

$$f(x)=\begin{cases}\sin x-1 & (0\le x<\pi)\\ -\sqrt{2}\sin x-1 & (\pi\le x\le 2\pi)\end{cases}$$

가 있다. $0\le t\le 2\pi$인 실수 t에 대하여 x에 대한 방정식 $f(x)=f(t)$의 서로 다른 실근의 개수가 3이 되도록 하는 모든 t의 값의 합은 $\frac{q}{p}\pi$이다. $p+q$의 값을 구하시오.

(단, p와 q는 서로소인 자연수이다.) [4점]

42

▸ 25106-0176

2022학년도 10월 학력평가 12번 상중하

양수 a에 대하여 함수

$$f(x)=\left|4\sin\left(ax-\frac{\pi}{3}\right)+2\right|\ \left(0\le x<\frac{4\pi}{a}\right)$$

의 그래프가 직선 $y=2$와 만나는 서로 다른 점의 개수는 n이다. 이 n개의 점의 x좌표의 합이 39일 때, $n\times a$의 값은? [4점]

① $\frac{\pi}{2}$ ② π ③ $\frac{3\pi}{2}$ ④ 2π ⑤ $\frac{5\pi}{2}$

43

▸ 25106-0177

2024학년도 6월 모의평가 19번 상중하

두 자연수 a, b에 대하여 함수

$$f(x)=a\sin bx+8-a$$

가 다음 조건을 만족시킬 때, $a+b$의 값을 구하시오. [3점]

(가) 모든 실수 x에 대하여 $f(x)\ge 0$이다.
(나) $0\le x<2\pi$일 때, x에 대한 방정식 $f(x)=0$의 서로 다른 실근의 개수는 4이다.

유형 3 삼각함수의 방정식, 부등식에의 활용

1. 삼각함수를 포함한 방정식의 풀이
   (1) 방정식 $\sin x=a$ $(0\le x<2\pi)$의 해 구하기
   $0\le x<2\pi$에서 함수 $y=\sin x$의 그래프와 직선 $y=a$의 교점의 x좌표를 구한다.
   (2) 방정식에 코사인함수, 탄젠트함수가 주어진 경우에도 같은 방법으로 푼다.
2. 삼각함수를 포함한 부등식의 풀이
   (1) $\sin x>k$ 꼴의 부등식
   함수 $y=\sin x$의 그래프와 직선 $y=k$의 교점의 x좌표를 이용하여 삼각함수의 그래프가 직선 $y=k$보다 위쪽에 있는 x의 값의 범위를 구한다.
   (2) $\sin x<k$ 꼴의 부등식
   함수 $y=\sin x$의 그래프와 직선 $y=k$의 교점의 x좌표를 이용하여 삼각함수의 그래프가 직선 $y=k$보다 아래쪽에 있는 x의 값의 범위를 구한다.
   (3) 부등식에 코사인함수, 탄젠트함수가 주어진 경우에도 같은 방법으로 푼다.

보기

$0\le x<2\pi$에서 방정식 $\cos x=\frac{\sqrt{2}}{2}$의 해를 구해 보자.

$y=\cos x$의 그래프와 직선 $y=\frac{\sqrt{2}}{2}$의 교점의 x좌표를 각각 α, β라 하자.

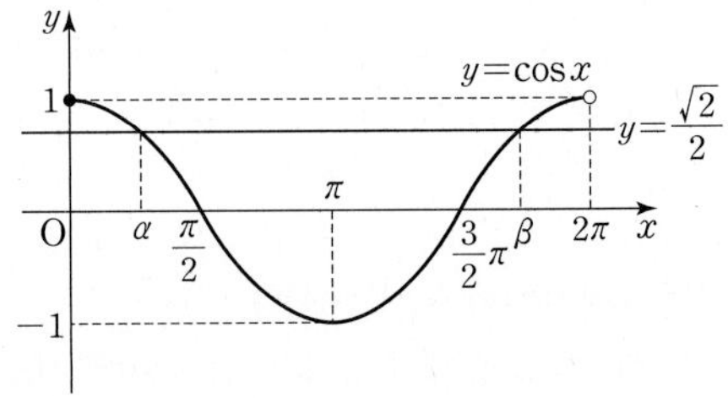

$0\le x<\frac{\pi}{2}$에서 $\cos\frac{\pi}{4}=\frac{\sqrt{2}}{2}$이므로 $\alpha=\frac{\pi}{4}$

이때 $y=\cos x$의 그래프가 직선 $x=\pi$에 대칭이므로

$\beta=2\pi-\frac{\pi}{4}=\frac{7}{4}\pi$

44

▶ 25106-0178
2021학년도 3월 학력평가 3번
상 중 하

$0\le x<2\pi$일 때, 방정식 $\sin 4x=\frac{1}{2}$의 서로 다른 실근의 개수는? [3점]

① 2 ② 4 ③ 6
④ 8 ⑤ 10

45

▶ 25106-0179
2019학년도 수능 가형 11번
상 중 하

$0\le\theta<2\pi$일 때, x에 대한 이차방정식

$$6x^2+(4\cos\theta)x+\sin\theta=0$$

이 실근을 갖지 않도록 하는 모든 θ의 값의 범위는 $\alpha<\theta<\beta$이다. $3\alpha+\beta$의 값은? [3점]

① $\frac{5}{6}\pi$ ② π ③ $\frac{7}{6}\pi$
④ $\frac{4}{3}\pi$ ⑤ $\frac{3}{2}\pi$

46

▸ 25106-0180
2021학년도 수능 나형 16번

상중하

$0\le x<4\pi$일 때, 방정식

$$4\sin^2 x-4\cos\left(\frac{\pi}{2}+x\right)-3=0$$

의 모든 해의 합은? [4점]

① 5π ② 6π ③ 7π
④ 8π ⑤ 9π

47

▸ 25106-0181
2020학년도 10월 학력평가 가형 11번

상중하

$0\le x<2\pi$일 때, 방정식

$$\sin x=\sqrt{3}(1+\cos x)$$

의 모든 해의 합은? [3점]

① $\frac{\pi}{3}$ ② $\frac{2}{3}\pi$ ③ π
④ $\frac{4}{3}\pi$ ⑤ $\frac{5}{3}\pi$

48

▸ 25106-0182
2020학년도 수능 가형 7번

상중하

$0<x<2\pi$일 때, 방정식 $4\cos^2 x-1=0$과 부등식 $\sin x\cos x<0$을 동시에 만족시키는 모든 x의 값의 합은? [3점]

① 2π ② $\frac{7}{3}\pi$ ③ $\frac{8}{3}\pi$
④ 3π ⑤ $\frac{10}{3}\pi$

49

▸ 25106-0183
2021학년도 6월 모의평가 가형 14번

상중하

$0\le\theta<2\pi$일 때, x에 대한 이차방정식

$$x^2-(2\sin\theta)x-3\cos^2\theta-5\sin\theta+5=0$$

이 실근을 갖도록 하는 θ의 최솟값과 최댓값을 각각 α, β라 하자. $4\beta-2\alpha$의 값은? [4점]

① 3π ② 4π ③ 5π
④ 6π ⑤ 7π

50

▸ 25106-0184

2024학년도 9월 모의평가 9번

상중하

$0 \le x \le 2\pi$일 때, 부등식

$$\cos x \le \sin \frac{\pi}{7}$$

를 만족시키는 모든 x의 값의 범위는 $\alpha \le x \le \beta$이다. $\beta-\alpha$의 값은? [4점]

① $\frac{8}{7}\pi$　② $\frac{17}{14}\pi$　③ $\frac{9}{7}\pi$　④ $\frac{19}{14}\pi$　⑤ $\frac{10}{7}\pi$

51

▸ 25106-0185

2024학년도 수능 19번

상중하

함수 $f(x)=\sin \frac{\pi}{4}x$라 할 때, $0<x<16$에서 부등식

$$f(2+x)f(2-x)<\frac{1}{4}$$

을 만족시키는 모든 자연수 x의 값의 합을 구하시오. [3점]

52

▸ 25106-0186

2024학년도 3월 학력평가 20번

상중하

두 함수 $f(x)=2x^2+2x-1$, $g(x)=\cos \frac{\pi}{3}x$에 대하여 $0 \le x < 12$에서 방정식

$$f(g(x))=g(x)$$

를 만족시키는 모든 실수 x의 값의 합을 구하시오. [4점]

53

▸ 25106-0187

2022학년도 6월 모의평가 15번

상중하

$-1 \le t \le 1$인 실수 t에 대하여 x에 대한 방정식

$$\left(\sin \frac{\pi x}{2}-t\right)\left(\cos \frac{\pi x}{2}-t\right)=0$$

의 실근 중에서 집합 $\{x \mid 0 \le x < 4\}$에 속하는 가장 작은 값을 $\alpha(t)$, 가장 큰 값을 $\beta(t)$라 하자. 〈보기〉에서 옳은 것만을 있는 대로 고른 것은? [4점]

보기

ㄱ. $-1 \le t < 0$인 모든 실수 t에 대하여 $\alpha(t)+\beta(t)=5$이다.

ㄴ. $\{t \mid \beta(t)-\alpha(t)=\beta(0)-\alpha(0)\}=\left\{t \,\middle|\, 0 \le t \le \frac{\sqrt{2}}{2}\right\}$

ㄷ. $\alpha(t_1)=\alpha(t_2)$인 두 실수 t_1, t_2에 대하여 $t_2-t_1=\frac{1}{2}$이면 $t_1 \times t_2=\frac{1}{3}$이다.

① ㄱ　② ㄱ, ㄴ　③ ㄱ, ㄷ　④ ㄴ, ㄷ　⑤ ㄱ, ㄴ, ㄷ

유형 4 사인법칙과 코사인법칙

1. 사인법칙

삼각형 ABC의 외접원의 반지름의 길이를 R이라 하면

$$\frac{a}{\sin A}=\frac{b}{\sin B}=\frac{c}{\sin C}=2R$$

2. 코사인법칙

삼각형 ABC에서

(1) $a^2=b^2+c^2-2bc\cos A$

(2) $b^2=c^2+a^2-2ca\cos B$

(3) $c^2=a^2+b^2-2ab\cos C$

보기

삼각형 ABC에서 $A=60^\circ$이고 $a=2$일 때, 이 삼각형의 외접원의 반지름의 길이를 구해 보자.

삼각형 ABC의 외접원의 반지름의 길이를 R이라 하면 사인법칙에 의하여

$\frac{2}{\sin 60^\circ}=2R$에서 $R=\frac{2}{\sqrt{3}}=\frac{2\sqrt{3}}{3}$

54

▸ 25106-0188

2021학년도 수능 가형 10번/나형 28번 상중**하**

$\angle A=\frac{\pi}{3}$이고 $\overline{AB}:\overline{AC}=3:1$인 삼각형 ABC가 있다. 삼각형 ABC의 외접원의 반지름의 길이가 7일 때, 선분 AC의 길이는? [3점]

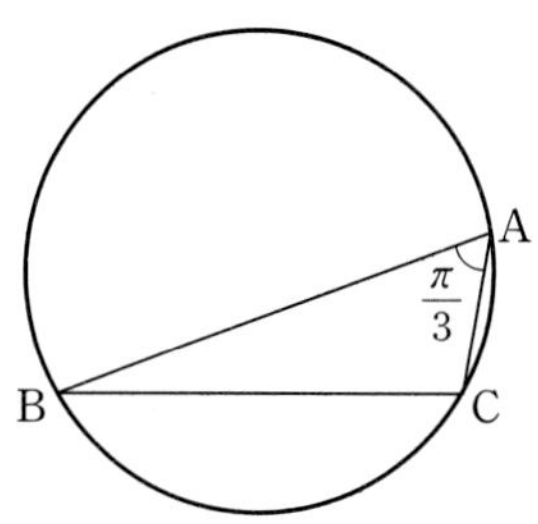

① $2\sqrt{5}$ ② $\sqrt{21}$ ③ $\sqrt{22}$ ④ $\sqrt{23}$ ⑤ $2\sqrt{6}$

55

▸ 25106-0189

2021학년도 9월 모의평가 가형 12번/나형 25번 상**중**하

$\overline{AB}=6$, $\overline{AC}=10$인 삼각형 ABC가 있다. 선분 AC 위에 점 D를 $\overline{AB}=\overline{AD}$가 되도록 잡는다. $\overline{BD}=\sqrt{15}$일 때, 선분 BC의 길이는? [3점]

① $\sqrt{37}$ ② $\sqrt{38}$ ③ $\sqrt{39}$ ④ $2\sqrt{10}$ ⑤ $\sqrt{41}$

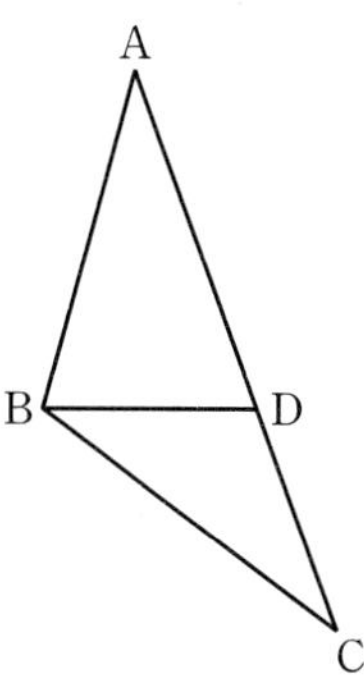

56

▸ 25106-0190

2023학년도 3월 학력평가 11번 상**중**하

그림과 같이 $\angle BAC=60^\circ$, $\overline{AB}=2\sqrt{2}$, $\overline{BC}=2\sqrt{3}$인 삼각형 ABC가 있다. 삼각형 ABC의 내부의 점 P에 대하여 $\angle PBC=30^\circ$, $\angle PCB=15^\circ$일 때, 삼각형 APC의 넓이는? [4점]

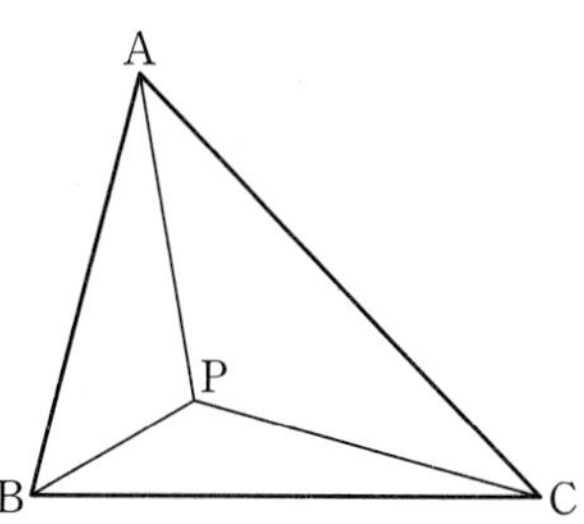

① $\frac{3+\sqrt{3}}{4}$ ② $\frac{3+2\sqrt{3}}{4}$ ③ $\frac{3+\sqrt{3}}{2}$ ④ $\frac{3+2\sqrt{3}}{2}$ ⑤ $2+\sqrt{3}$

57
▸ 25106-0191
2021학년도 6월 모의평가 가형 23번/나형 5번
상중하

반지름의 길이가 15인 원에 내접하는 삼각형 ABC에서 $\sin B=\frac{7}{10}$일 때, 선분 AC의 길이를 구하시오. [3점]

58
▸ 25106-0192
2021학년도 9월 모의평가 나형 9번
상중하

$\overline{AB}=8$이고 $\angle A=45°$, $\angle B=15°$인 삼각형 ABC에서 선분 BC의 길이는? [3점]

① $2\sqrt{6}$　② $\frac{7\sqrt{6}}{3}$　③ $\frac{8\sqrt{6}}{3}$　④ $3\sqrt{6}$　⑤ $\frac{10\sqrt{6}}{3}$

59
▸ 25106-0193
2020학년도 10월 학력평가 가형 17번
상중하

그림과 같이 $\angle ABC=\frac{\pi}{2}$인 삼각형 ABC에 내접하고 반지름의 길이가 3인 원의 중심을 O라 하자. 직선 AO가 선분 BC와 만나는 점을 D라 할 때, $\overline{DB}=4$이다. 삼각형 ADC의 외접원의 넓이는? [4점]

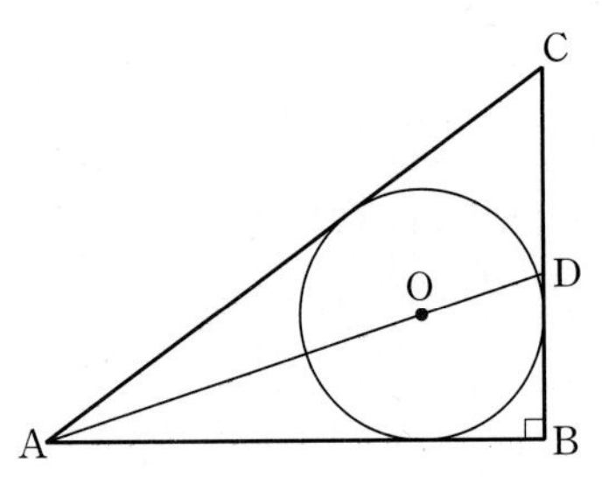

① $\frac{125}{2}\pi$　② 63π　③ $\frac{127}{2}\pi$　④ 64π　⑤ $\frac{129}{2}\pi$

60
▸ 25106-0194
2022학년도 6월 모의평가 12번
상중하

그림과 같이 $\overline{AB}=4$, $\overline{AC}=5$이고 $\cos(\angle BAC)=\frac{1}{8}$인 삼각형 ABC가 있다. 선분 AC 위의 점 D와 선분 BC 위의 점 E에 대하여

$$\angle BAC=\angle BDA=\angle BED$$

일 때, 선분 DE의 길이는? [4점]

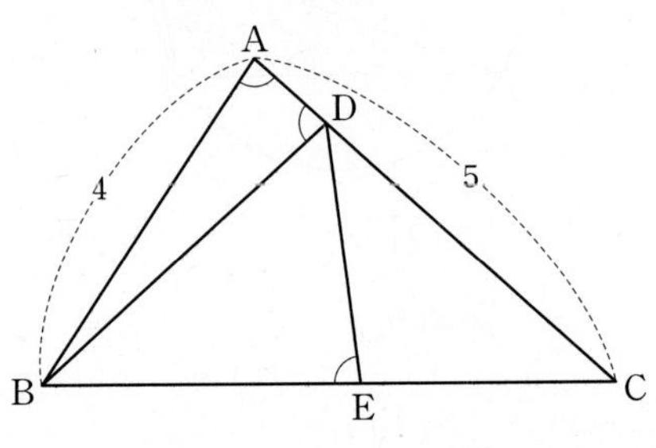

① $\frac{7}{3}$　② $\frac{5}{2}$　③ $\frac{8}{3}$　④ $\frac{17}{6}$　⑤ 3

61

▶ 25106-0195
2022학년도 9월 모의평가 12번

상중하

반지름의 길이가 $2\sqrt{7}$인 원에 내접하고 $\angle A=\frac{\pi}{3}$인 삼각형 ABC가 있다. 점 A를 포함하지 않는 호 BC 위의 점 D에 대하여 $\sin(\angle BCD)=\frac{2\sqrt{7}}{7}$일 때, $\overline{BD}+\overline{CD}$의 값은? [4점]

① $\frac{19}{2}$ ② 10 ③ $\frac{21}{2}$
④ 11 ⑤ $\frac{23}{2}$

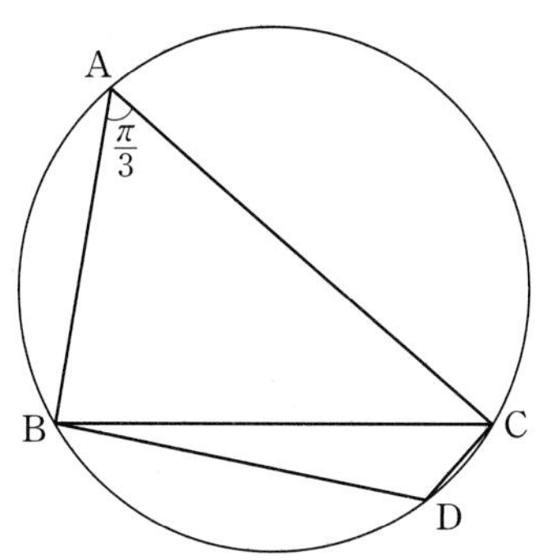

62

▶ 25106-0196
2025학년도 6월 모의평가 10번

상중하

다음 조건을 만족시키는 삼각형 ABC의 외접원의 넓이가 9π일 때, 삼각형 ABC의 넓이는? [4점]

(가) $3\sin A=2\sin B$
(나) $\cos B=\cos C$

① $\frac{32}{9}\sqrt{2}$ ② $\frac{40}{9}\sqrt{2}$ ③ $\frac{16}{3}\sqrt{2}$
④ $\frac{56}{9}\sqrt{2}$ ⑤ $\frac{64}{9}\sqrt{2}$

63

▶ 25106-0197
2023학년도 수능 11번

상중하

그림과 같이 사각형 ABCD가 한 원에 내접하고

$$\overline{AB}=5,\ \overline{AC}=3\sqrt{5},\ \overline{AD}=7,\ \angle BAC=\angle CAD$$

일 때, 이 원의 반지름의 길이는? [4점]

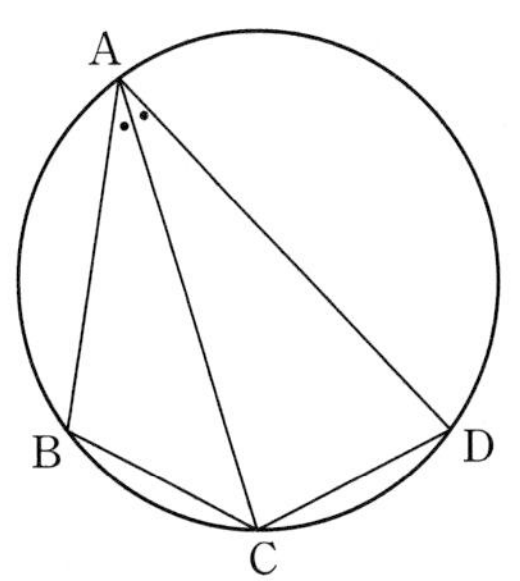

① $\frac{5\sqrt{2}}{2}$ ② $\frac{8\sqrt{5}}{5}$ ③ $\frac{5\sqrt{5}}{3}$
④ $\frac{8\sqrt{2}}{3}$ ⑤ $\frac{9\sqrt{3}}{4}$

64

▶ 25106-0198
2023학년도 6월 모의평가 10번

상중하

그림과 같이 $\overline{AB}=3$, $\overline{BC}=2$, $\overline{AC}>3$이고 $\cos(\angle BAC)=\frac{7}{8}$인 삼각형 ABC가 있다. 선분 AC의 중점을 M, 삼각형 ABC의 외접원이 직선 BM과 만나는 점 중 B가 아닌 점을 D라 할 때, 선분 MD의 길이는? [4점]

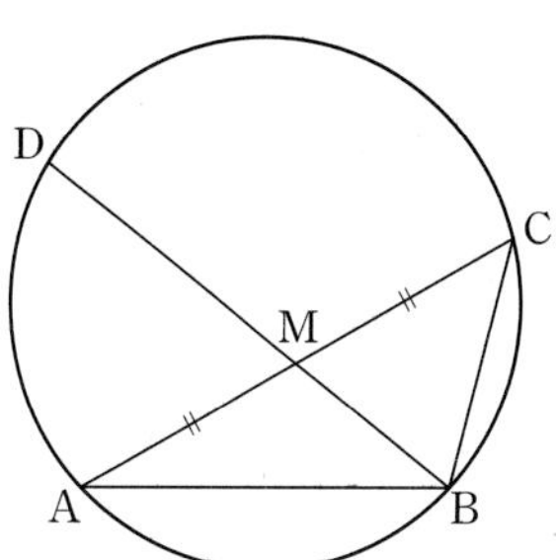

① $\frac{3\sqrt{10}}{5}$ ② $\frac{7\sqrt{10}}{10}$ ③ $\frac{4\sqrt{10}}{5}$
④ $\frac{9\sqrt{10}}{10}$ ⑤ $\sqrt{10}$

65

▸ 25106-0199
2020학년도 3월 학력평가 가형 19번

상중하

그림과 같이 중심이 O이고 반지름의 길이가 $\sqrt{10}$인 원에 내접하는 예각삼각형 ABC에 대하여 두 삼각형 OAB, OCA의 넓이를 각각 S_1, S_2라 하자. $3S_1=4S_2$이고 $\overline{BC}=2\sqrt{5}$일 때, 선분 AB의 길이는? [4점]

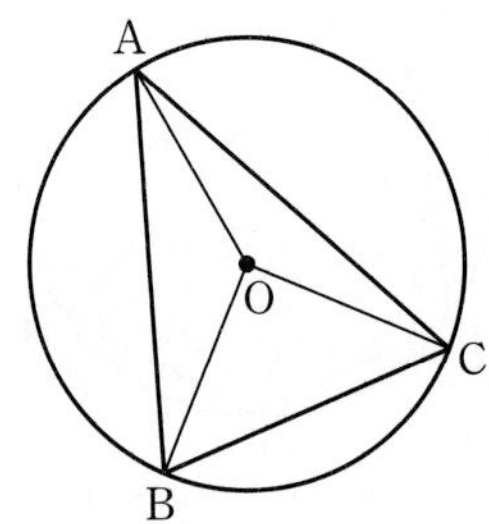

① $2\sqrt{7}$　② $\sqrt{30}$　③ $4\sqrt{2}$　④ $\sqrt{34}$　⑤ 6

66

▸ 25106-0200
2021학년도 3월 학력평가 15번

상중하

그림과 같이 $\overline{AB}=5$, $\overline{BC}=4$, $\cos(\angle ABC)=\frac{1}{8}$인 삼각형 ABC가 있다. $\angle ABC$의 이등분선과 $\angle CAB$의 이등분선이 만나는 점을 D, 선분 BD의 연장선과 삼각형 ABC의 외접원이 만나는 점을 E라 할 때, 〈보기〉에서 옳은 것만을 있는 대로 고른 것은? [4점]

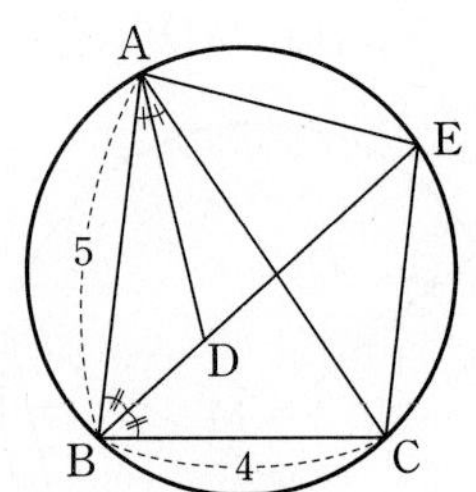

보기

ㄱ. $\overline{AC}=6$

ㄴ. $\overline{EA}=\overline{EC}$

ㄷ. $\overline{ED}=\frac{31}{8}$

① ㄱ　② ㄱ, ㄴ　③ ㄱ, ㄷ　④ ㄴ, ㄷ　⑤ ㄱ, ㄴ, ㄷ

67

▸ 25106-0201
2024학년도 수능 13번

상중하

그림과 같이

$$\overline{AB}=3,\ \overline{BC}=\sqrt{13},\ \overline{AD}\times\overline{CD}=9,\ \angle BAC=\frac{\pi}{3}$$

인 사각형 ABCD가 있다. 삼각형 ABC의 넓이를 S_1, 삼각형 ACD의 넓이를 S_2라 하고, 삼각형 ACD의 외접원의 반지름의 길이를 R이라 하자.

$S_2=\frac{5}{6}S_1$일 때, $\frac{R}{\sin(\angle ADC)}$의 값은? [4점]

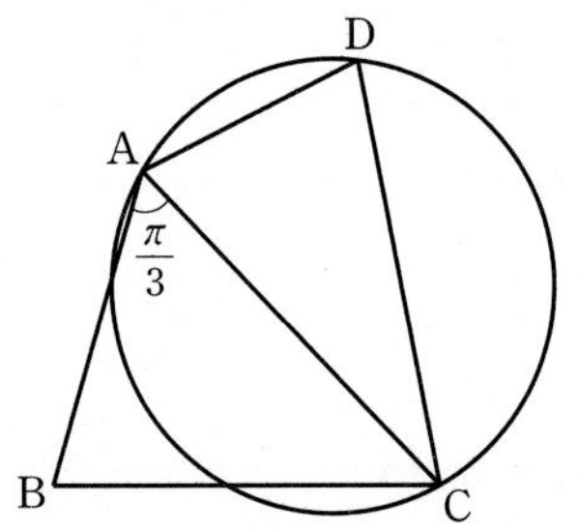

① $\frac{54}{25}$　② $\frac{117}{50}$　③ $\frac{63}{25}$　④ $\frac{27}{10}$　⑤ $\frac{72}{25}$

68

▸ 25106-0202

2024학년도 9월 모의평가 20번

상중하

그림과 같이

$$\overline{AB}=2,\ \overline{AD}=1,\ \angle DAB=\frac{2}{3}\pi,\ \angle BCD=\frac{3}{4}\pi$$

인 사각형 ABCD가 있다. 삼각형 BCD의 외접원의 반지름의 길이를 R_1, 삼각형 ABD의 외접원의 반지름의 길이를 R_2라 하자.

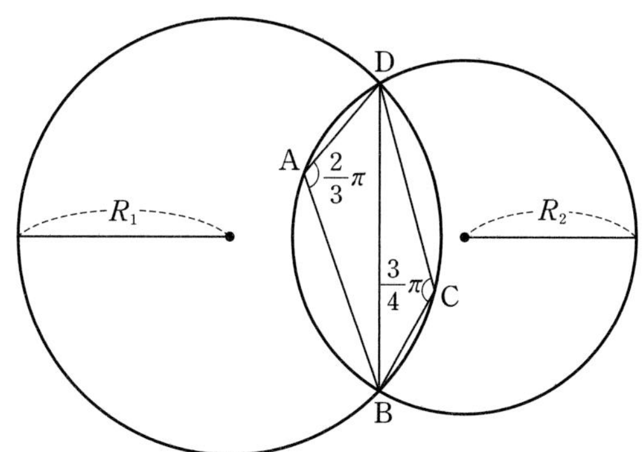

다음은 $R_1 \times R_2$의 값을 구하는 과정이다.

> 삼각형 BCD에서 사인법칙에 의하여
>
> $R_1=\frac{\sqrt{2}}{2}\times\overline{BD}$
>
> 이고, 삼각형 ABD에서 사인법칙에 의하여
>
> $R_2=$ (가) $\times\overline{BD}$
>
> 이다. 삼각형 ABD에서 코사인법칙에 의하여
>
> $\overline{BD}^2=2^2+1^2-($ (나) $)$
>
> 이므로
>
> $R_1\times R_2=$ (다)
>
> 이다.

위의 (가), (나), (다)에 알맞은 수를 각각 p, q, r이라 할 때, $9\times(p\times q\times r)^2$의 값을 구하시오. [4점]

69

▸ 25106-0203

2022학년도 3월 학력평가 15번

상중하

그림과 같이 원에 내접하는 사각형 ABCD에 대하여

$$\overline{AB}=\overline{BC}=2,\ \overline{AD}=3,\ \angle BAD=\frac{\pi}{3}$$

이다. 두 직선 AD, BC의 교점을 E라 하자.

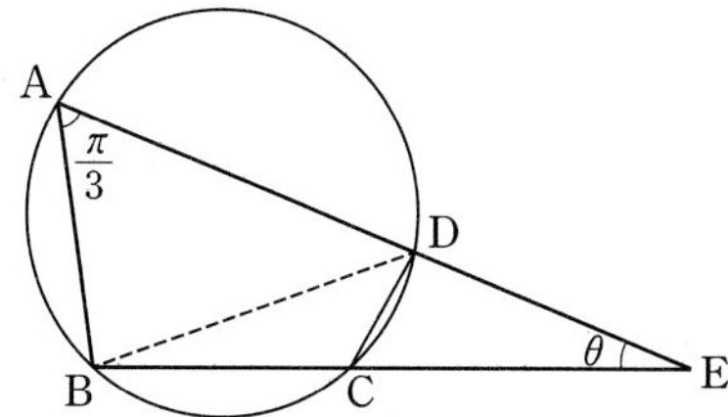

다음은 $\angle AEB=\theta$일 때, $\sin\theta$의 값을 구하는 과정이다.

> 삼각형 ABD와 삼각형 BCD에서 코사인법칙을 이용하면
>
> $\overline{CD}=$ (가)
>
> 이다. 삼각형 EAB와 삼각형 ECD에서
>
> $\angle AEB$는 공통, $\angle EAB=\angle ECD$
>
> 이므로 삼각형 EAB와 삼각형 ECD는 닮음이다.
>
> 이를 이용하면
>
> $\overline{ED}=$ (나)
>
> 이다. 삼각형 ECD에서 사인법칙을 이용하면
>
> $\sin\theta=$ (다)
>
> 이다.

위의 (가), (나), (다)에 알맞은 수를 각각 p, q, r이라 할 때, $(p+q)\times r$의 값은? [4점]

① $\frac{\sqrt{3}}{2}$　② $\frac{4\sqrt{3}}{7}$　③ $\frac{9\sqrt{3}}{14}$　④ $\frac{5\sqrt{3}}{7}$　⑤ $\frac{11\sqrt{3}}{14}$

Ⅱ 삼각함수

70

▸ 25106-0204

2022학년도 10월 학력평가 13번

상 중 하

그림과 같이 $\overline{AB}=2$, $\overline{BC}=3\sqrt{3}$, $\overline{CA}=\sqrt{13}$인 삼각형 ABC가 있다. 선분 BC 위에 점 B가 아닌 점 D를 $\overline{AD}=2$가 되도록 잡고, 선분 AC 위에 양 끝점 A, C가 아닌 점 E를 사각형 ABDE가 원에 내접하도록 잡는다.

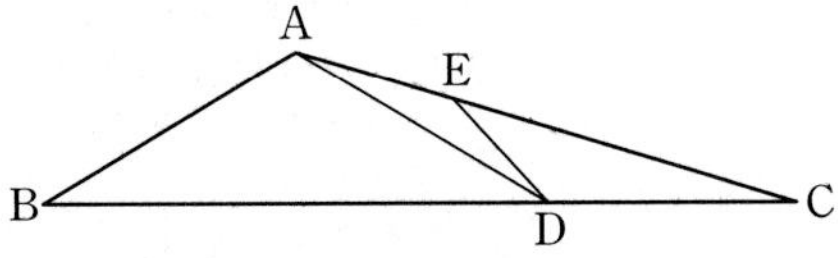

다음은 선분 DE의 길이를 구하는 과정이다.

> 삼각형 ABC에서 코사인법칙에 의하여
> $\cos(\angle ABC)=$ (가)
> 이다. 삼각형 ABD에서
> $\sin(\angle ABD)=\sqrt{1-(\boxed{(가)})^2}$
> 이므로 사인법칙에 의하여 삼각형 ABD의 외접원의 반지름의 길이는 (나) 이다.
> 삼각형 ADC에서 사인법칙에 의하여
> $$\frac{\overline{CD}}{\sin(\angle CAD)}=\frac{\overline{AD}}{\sin(\angle ACD)}$$
> 이므로 $\sin(\angle CAD)=\dfrac{\overline{CD}}{\overline{AD}}\times\sin(\angle ACD)$이다.
> 삼각형 ADE에서 사인법칙에 의하여
> $\overline{DE}=$ (다)
> 이다.

위의 (가), (나), (다)에 알맞은 수를 각각 p, q, r이라 할 때, $p\times q\times r$의 값은? [4점]

① $\dfrac{6\sqrt{13}}{13}$ ② $\dfrac{7\sqrt{13}}{13}$ ③ $\dfrac{8\sqrt{13}}{13}$ ④ $\dfrac{9\sqrt{13}}{13}$ ⑤ $\dfrac{10\sqrt{13}}{13}$

71

▸ 25106-0205

2022학년도 수능 15번

상 중 하

두 점 O_1, O_2를 각각 중심으로 하고 반지름의 길이가 $\overline{O_1O_2}$인 두 원 C_1, C_2가 있다. 그림과 같이 원 C_1 위의 서로 다른 세 점 A, B, C와 원 C_2 위의 점 D가 주어져 있고, 세 점 A, O_1, O_2와 세 점 C, O_2, D가 각각 한 직선 위에 있다.
이때 $\angle BO_1A=\theta_1$, $\angle O_2O_1C=\theta_2$, $\angle O_1O_2D=\theta_3$이라 하자.

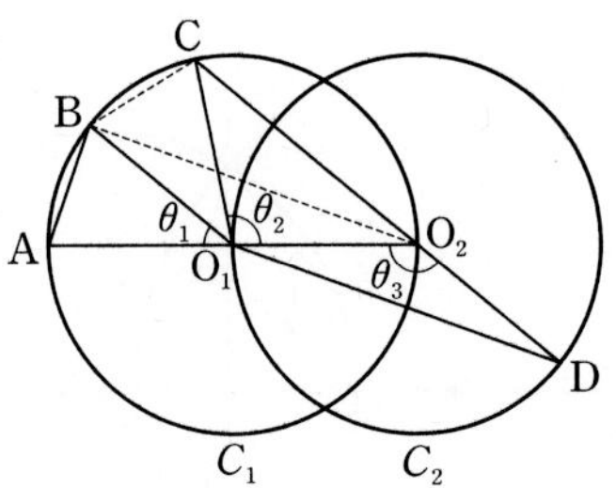

다음은 $\overline{AB}:\overline{O_1D}=1:2\sqrt{2}$이고 $\theta_3=\theta_1+\theta_2$일 때, 선분 AB와 선분 CD의 길이의 비를 구하는 과정이다.

> $\angle CO_2O_1+\angle O_1O_2D=\pi$이므로 $\theta_3=\dfrac{\pi}{2}+\dfrac{\theta_2}{2}$이고
> $\theta_3=\theta_1+\theta_2$에서 $2\theta_1+\theta_2=\pi$이므로 $\angle CO_1B=\theta_1$이다.
> 이때 $\angle O_2O_1B=\theta_1+\theta_2=\theta_3$이므로
> 삼각형 O_1O_2B와 삼각형 O_2O_1D는 합동이다.
> $\overline{AB}=k$라 할 때
> $\overline{BO_2}=\overline{O_1D}=2\sqrt{2}k$이므로 $\overline{AO_2}=$ (가) 이고,
> $\angle BO_2A=\dfrac{\theta_1}{2}$이므로 $\cos\dfrac{\theta_1}{2}=$ (나) 이다.
> 삼각형 O_2BC에서
> $\overline{BC}=k$, $\overline{BO_2}=2\sqrt{2}k$, $\angle CO_2B=\dfrac{\theta_1}{2}$이므로
> 코사인법칙에 의하여 $\overline{O_2C}=$ (다) 이다.
> $\overline{CD}=\overline{O_2D}+\overline{O_2C}=\overline{O_1O_2}+\overline{O_2C}$이므로
> $\overline{AB}:\overline{CD}=k:\left(\dfrac{\boxed{(가)}}{2}+\boxed{(다)}\right)$이다.

위의 (가), (다)에 알맞은 식을 각각 $f(k)$, $g(k)$라 하고, (나)에 알맞은 수를 p라 할 때, $f(p)\times g(p)$의 값은? [4점]

① $\dfrac{169}{27}$ ② $\dfrac{56}{9}$ ③ $\dfrac{167}{27}$ ④ $\dfrac{166}{27}$ ⑤ $\dfrac{55}{9}$

72

▸ 25106-0206
2024학년도 6월 모의평가 13번

상 중 하

그림과 같이

$$\overline{BC}=3,\ \overline{CD}=2,\ \cos(\angle BCD)=-\frac{1}{3},\ \angle DAB>\frac{\pi}{2}$$

인 사각형 ABCD에서 두 삼각형 ABC와 ACD는 모두 예각삼각형이다. 선분 AC를 1 : 2로 내분하는 점 E에 대하여 선분 AE를 지름으로 하는 원이 두 선분 AB, AD와 만나는 점 중 A가 아닌 점을 각각 P_1, P_2라 하고, 선분 CE를 지름으로 하는 원이 두 선분 BC, CD와 만나는 점 중 C가 아닌 점을 각각 Q_1, Q_2라 하자. $\overline{P_1P_2} : \overline{Q_1Q_2}=3 : 5\sqrt{2}$이고 삼각형 ABD의 넓이가 2일 때, $\overline{AB}+\overline{AD}$의 값은? (단, $\overline{AB}>\overline{AD}$) [4점]

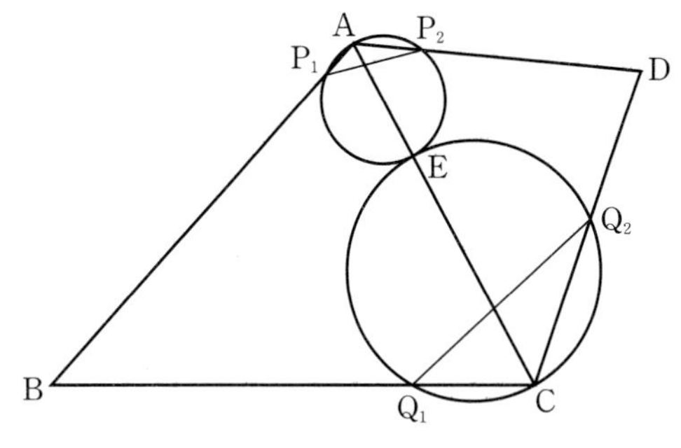

① $\sqrt{21}$　② $\sqrt{22}$　③ $\sqrt{23}$
④ $2\sqrt{6}$　⑤ 5

73

▸ 25106-0207
2025학년도 수능 14번

상 중 하

그림과 같이 삼각형 ABC에서 선분 AB 위에 $\overline{AD} : \overline{DB}=3 : 2$인 점 D를 잡고, 점 A를 중심으로 하고 점 D를 지나는 원을 O, 원 O와 선분 AC가 만나는 점을 E라 하자. $\sin A : \sin C=8 : 5$이고, 삼각형 ADE와 삼각형 ABC의 넓이의 비가 9 : 35이다. 삼각형 ABC의 외접원의 반지름의 길이가 7일 때, 원 O 위의 점 P에 대하여 삼각형 PBC의 넓이의 최댓값은? (단, $\overline{AB}<\overline{AC}$) [4점]

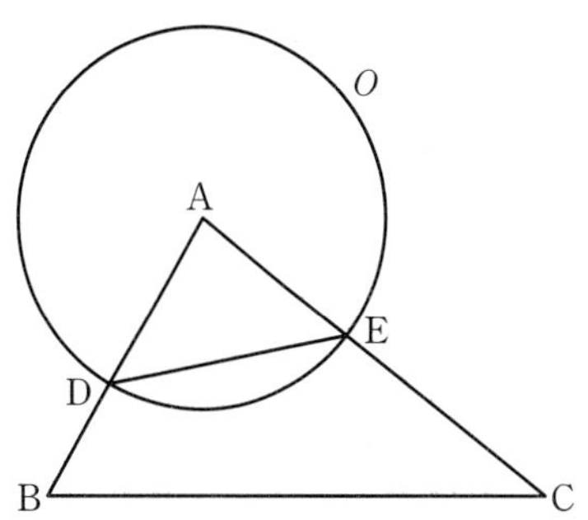

① $18+15\sqrt{3}$　② $24+20\sqrt{3}$　③ $30+25\sqrt{3}$
④ $36+30\sqrt{3}$　⑤ $42+35\sqrt{3}$

74
▸ 25106-0208
2023학년도 9월 모의평가 13번
상중하

그림과 같이 선분 AB를 지름으로 하는 반원의 호 AB 위에 두 점 C, D가 있다. 선분 AB의 중점 O에 대하여 두 선분 AD, CO가 점 E에서 만나고,

$$\overline{CE}=4,\ \overline{ED}=3\sqrt{2},\ \angle CEA=\frac{3}{4}\pi$$

이다. $\overline{AC}\times\overline{CD}$의 값은? [4점]

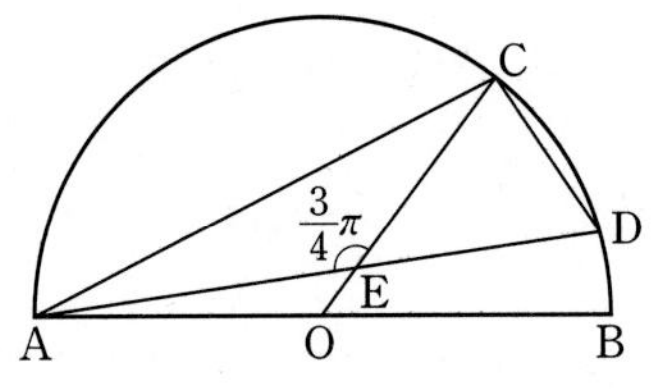

① $6\sqrt{10}$ ② $10\sqrt{5}$ ③ $16\sqrt{2}$
④ $12\sqrt{5}$ ⑤ $20\sqrt{2}$

75
▸ 25106-0209
2025학년도 9월 모의평가 10번
상중하

$\angle A>\frac{\pi}{2}$인 삼각형 ABC의 꼭짓점 A에서 선분 BC에 내린 수선의 발을 H라 하자.

$$\overline{AB}:\overline{AC}=\sqrt{2}:1,\ \overline{AH}=2$$

이고, 삼각형 ABC의 외접원의 넓이가 50π일 때, 선분 BH의 길이는? [4점]

① 6 ② $\frac{25}{4}$ ③ $\frac{13}{2}$
④ $\frac{27}{4}$ ⑤ 7

76
▸ 25106-0210
2020학년도 3월 학력평가 나형 19번
상중하

길이가 각각 10, a, b인 세 선분 AB, BC, CA를 각 변으로 하는 예각삼각형 ABC가 있다. 삼각형 ABC의 세 꼭짓점을 지나는 원의 반지름의 길이가 $3\sqrt{5}$이고

$\frac{a^2+b^2-ab\cos C}{ab}=\frac{4}{3}$일 때, ab의 값은? [4점]

① 140 ② 150 ③ 160
④ 170 ⑤ 180

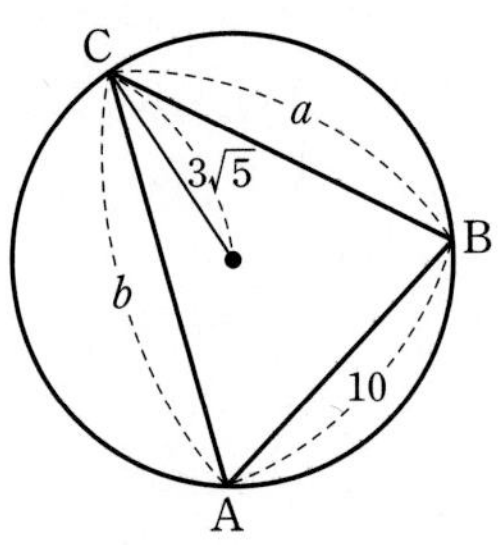

77
▸ 25106-0211
2020학년도 10월 학력평가 나형 19번
상중하

정삼각형 ABC가 반지름의 길이가 r인 원에 내접하고 있다. 선분 AC와 선분 BD가 만나고 $\overline{BD}=\sqrt{2}$가 되도록 원 위에서 점 D를 잡는다. $\angle DBC=\theta$라 할 때, $\sin\theta=\frac{\sqrt{3}}{3}$이다. 반지름의 길이 r의 값은? [4점]

① $\frac{6-\sqrt{6}}{5}$ ② $\frac{6-\sqrt{5}}{5}$ ③ $\frac{4}{5}$
④ $\frac{6-\sqrt{3}}{5}$ ⑤ $\frac{6-\sqrt{2}}{5}$

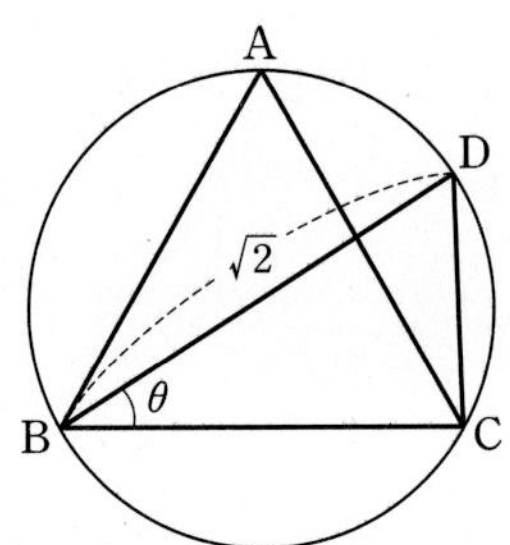

78

▸ 25106-0212
2024학년도 3월 학력평가 13번

상중하

그림과 같이

$$2\overline{AB}=\overline{BC},\ \cos(\angle ABC)=-\frac{5}{8}$$

인 삼각형 ABC의 외접원을 O라 하자. 원 O 위의 점 P에 대하여 삼각형 PAC의 넓이가 최대가 되도록 하는 점 P를 Q라 할 때, $\overline{QA}=6\sqrt{10}$이다. 선분 AC 위의 점 D에 대하여 $\angle CDB=\frac{2}{3}\pi$일 때, 삼각형 CDB의 외접원의 반지름의 길이는? [4점]

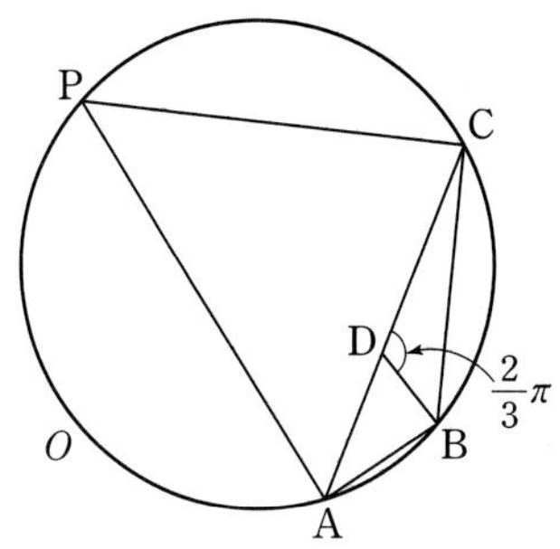

① $3\sqrt{3}$　② $4\sqrt{3}$　③ $3\sqrt{6}$
④ $5\sqrt{3}$　⑤ $4\sqrt{6}$

79

▸ 25106-0213
2024학년도 10월 학력평가 13번

상중하

그림과 같이 한 원에 내접하는 사각형 ABCD에 대하여

$$\overline{AB}=4,\ \overline{BC}=2\sqrt{30},\ \overline{CD}=8$$

이다. $\angle BAC=\alpha$, $\angle ACD=\beta$라 할 때, $\cos(\alpha+\beta)=-\frac{5}{12}$이다. 두 선분 AC와 BD의 교점을 E라 할 때, 선분 AE의 길이는? $\left(\text{단, } 0<\alpha<\frac{\pi}{2},\ 0<\beta<\frac{\pi}{2}\right)$ [4점]

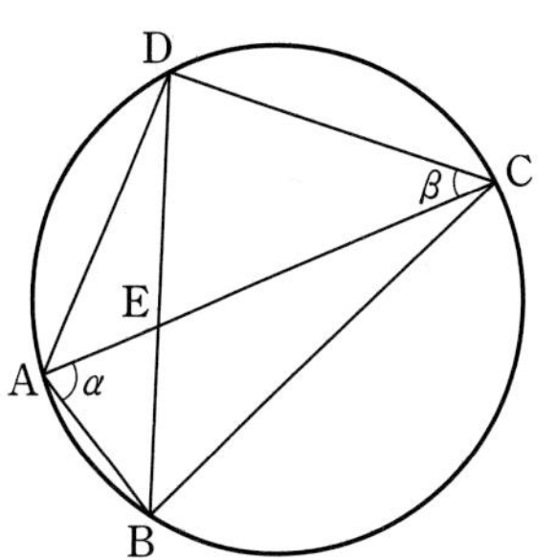

① $\sqrt{6}$　② $\frac{\sqrt{26}}{2}$　③ $\sqrt{7}$
④ $\frac{\sqrt{30}}{2}$　⑤ $2\sqrt{2}$

도전 1등급 문제

01 ▸ 25106-0214
2021학년도 9월 모의평가 가형 21번

닫힌구간 $[-2\pi, 2\pi]$에서 정의된 두 함수

$$f(x)=\sin kx+2,\ g(x)=3\cos 12x$$

에 대하여 다음 조건을 만족시키는 자연수 k의 개수는? [4점]

> 실수 a가 두 곡선 $y=f(x)$, $y=g(x)$의 교점의 y좌표이면
> $\{x\mid f(x)=a\}\subset\{x\mid g(x)=a\}$
> 이다.

① 3　② 4　③ 5　④ 6　⑤ 7

02 ▸ 25106-0215
2020학년도 10월 학력평가 나형 26번

함수 $y=\tan\left(nx-\frac{\pi}{2}\right)$의 그래프가 직선 $y=-x$와 만나는 점의 x좌표가 구간 $(-\pi, \pi)$에 속하는 점의 개수를 a_n이라 할 때, a_2+a_3의 값을 구하시오. [4점]

03 ▸ 25106-0216
2020학년도 3월 학력평가 가형 28번

$0<a<\frac{4}{7}$인 실수 a와 유리수 b에 대하여 닫힌구간 $\left[-\frac{\pi}{a}, \frac{2\pi}{a}\right]$에서 정의된 함수 $f(x)=2\sin(ax)+b$가 있다. 함수 $y=f(x)$의 그래프가 두 점 $\mathrm{A}\left(-\frac{\pi}{2}, 0\right)$, $\mathrm{B}\left(\frac{7}{2}\pi, 0\right)$을 지날 때, $30(a+b)$의 값을 구하시오. [4점]

04

▸ 25106-0217

2025학년도 6월 모의평가 20번

5 이하의 두 자연수 a, b에 대하여 열린구간 $(0,\ 2\pi)$에서 정의된 함수 $y=a\sin x+b$의 그래프가 직선 $x=\pi$와 만나는 점의 집합을 A라 하고, 두 직선 $y=1$, $y=3$과 만나는 점의 집합을 각각 B, C라 하자. $n(A\cup B\cup C)=3$이 되도록 하는 a, b의 순서쌍 $(a,\ b)$에 대하여 $a+b$의 최댓값을 M, 최솟값을 m이라 할 때, $M\times m$의 값을 구하시오. [4점]

05

▸ 25106-0218

2021학년도 10월 학력평가 21번

$\overline{\mathrm{AB}}=6$, $\overline{\mathrm{AC}}=8$인 예각삼각형 ABC에서 $\angle$A의 이등분선과 삼각형 ABC의 외접원이 만나는 점을 D, 점 D에서 선분 AC에 내린 수선의 발을 E라 하자. 선분 AE의 길이를 k라 할 때, $12k$의 값을 구하시오. [4점]

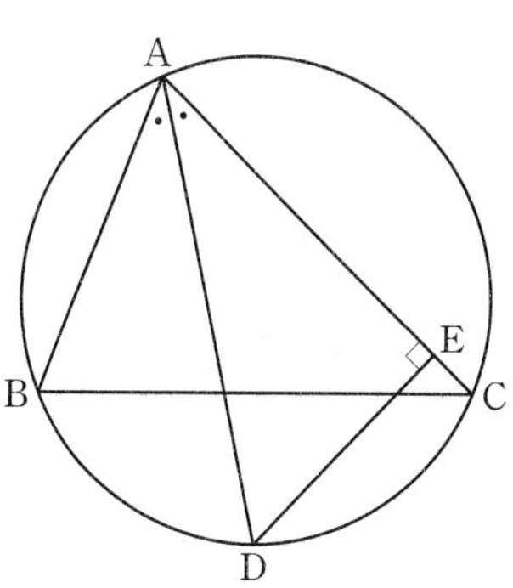

06

▸ 25106-0219

2024학년도 10월 학력평가 19번

두 상수 a, b $(a>0)$에 대하여 함수 $f(x)=|\sin a\pi x+b|$가 다음 조건을 만족시킬 때, $60(a+b)$의 값을 구하시오. [3점]

> (가) $f(x)=0$이고 $|x|\le\frac{1}{a}$인 모든 실수 x의 값의 합은 $\frac{1}{2}$이다.
>
> (나) $f(x)=\frac{2}{5}$이고 $|x|\le\frac{1}{a}$인 모든 실수 x의 값의 합은 $\frac{3}{4}$이다.

07

▸ 25106-0220

2023학년도 10월 학력평가 21번

그림과 같이 선분 BC를 지름으로 하는 원에 두 삼각형 ABC와 ADE가 모두 내접한다. 두 선분 AD와 BC가 점 F에서 만나고

$$\overline{BC}=\overline{DE}=4,\ \overline{BF}=\overline{CE},\ \sin(\angle CAE)=\frac{1}{4}$$

이다. $\overline{AF}=k$일 때, k^2의 값을 구하시오. [4점]

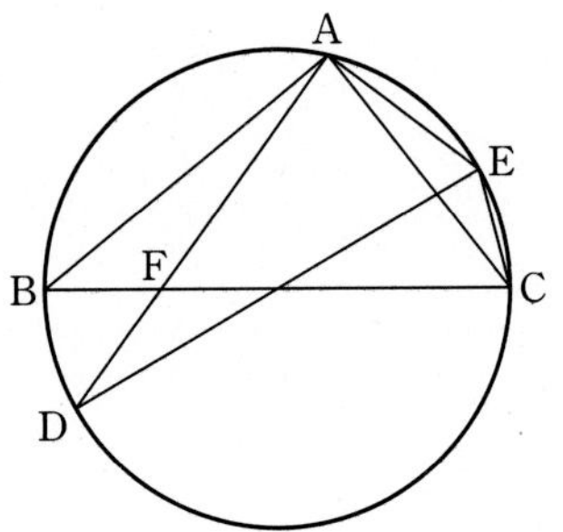

08

▸25106-0221
2021학년도 3월 학력평가 21번

그림과 같이 $\overline{AB}=2$, $\overline{AC}/\!/\overline{BD}$, $\overline{AC}:\overline{BD}=1:2$인 두 삼각형 ABC, ABD가 있다. 점 C에서 선분 AB에 내린 수선의 발 H는 선분 AB를 $1:3$으로 내분한다.

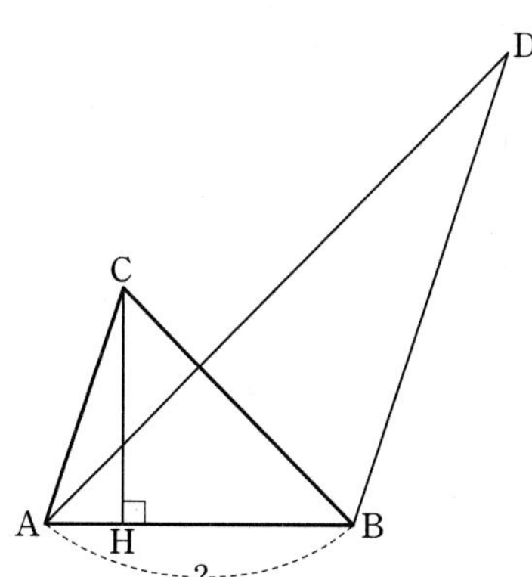

두 삼각형 ABC, ABD의 외접원의 반지름의 길이를 각각 r, R이라 할 때, $4(R^2-r^2)\times\sin^2(\angle CAB)=51$이다.
$\overline{AC}^2$의 값을 구하시오. $\left(단,\ \angle CAB<\frac{\pi}{2}\right)$ [4점]

09

▸25106-0222
2020학년도 3월 학력평가 나형 29번

그림과 같이 예각삼각형 ABC가 한 원에 내접하고 있다.
$\overline{AB}=6$이고, $\angle ABC=\alpha$라 할 때 $\cos\alpha=\frac{3}{4}$이다. 점 A를 지나지 않는 호 BC 위의 점 D에 대하여 $\overline{CD}=4$이다.
두 삼각형 ABD, CBD의 넓이를 각각 S_1, S_2라 할 때, $S_1:S_2=9:5$이다. 삼각형 ADC의 넓이를 S라 할 때, S^2의 값을 구하시오. [4점]

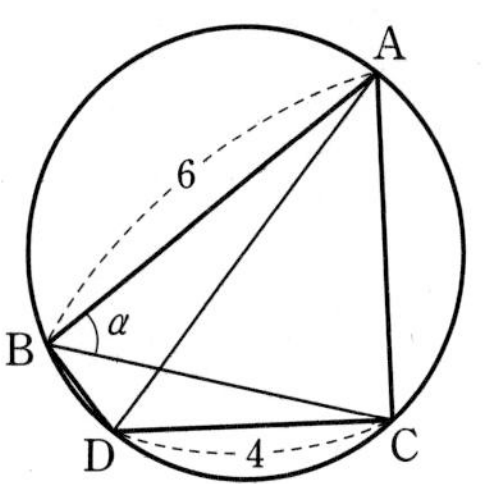

수열

2025 수능 출제 분석

- 등비수열의 일반항을 구할 수 있는지를 묻는 문제가 출제되었다.
- 수열의 귀납적 정의를 이용하여 수열의 첫째항의 값을 구할 수 있는지를 묻는 문제가 출제되었다.
- 수열의 합의 기호의 성질을 이용하여 수열의 합을 구할 수 있는지를 묻는 문제가 출제되었다.

2026 수능 예측

1. 등차수열이나 등비수열의 일반항을 구하면 간단히 해결되는 문제가 출제될 수 있으므로 주어진 조건으로부터 일반항을 이끌어내는 연습을 평소에 많이 하도록 한다.
2. $\sum$의 정의와 성질을 이용하여 수열의 특정한 항을 구하거나 일반항을 추론하는 문제가 출제될 수 있다. 이때에는 무작정 공식을 사용하여 식을 풀려고 하지 말고 주어진 조건을 잘 활용하거나 변형하여 해결하도록 평소에 문제를 많이 다루어보도록 한다.
3. 조건이 다른 귀납적으로 정의된 수열에서 두 항 사이의 관계를 이용하여 특정한 항의 값을 구하는 문제가 출제될 수 있다. 구하려고 하는 항의 값이 경우에 따라 많을 수 있으므로 주어진 조건을 활용하여 역추적하는 방법으로 구하고자 하는 항까지 차근차근 접근하는 방법을 사용하도록 한다.

한눈에 보는 출제 빈도

연도 \ 핵심 주제		유형 1 등차수열의 일반항과 합	유형 2 등비수열의 일반항과 합	유형 3 수열의 합과 일반항의 관계	유형 4 $\sum$의 성질과 여러 가지 수열의 합	유형 5 수열의 귀납적 정의	유형 6 수학적 귀납법
2025 학년도	수능		1		2	1	
	9월모평		1		2	1	
	6월모평		1		2	1	
2024 학년도	수능			1	2	1	
	9월모평		1		2	1	
	6월모평	1			2	1	
2023 학년도	수능		1		3	1	
	9월모평	1			2	1	
	6월모평		2		2	1	
2022 학년도	수능	1	1		1	1	
	9월모평		1		3	1	
	6월모평		1	1	1	1	
2021 학년도	수능	1	1		2	1	
	9월모평	1			2	1	
	6월모평	1			1	2	
2020 학년도	수능	1	1		2	1	
	9월모평	1			2	1	
	6월모평	1			1	2	

수능 유형별 기출문제

유형 1 등차수열의 일반항과 합

1. 등차수열의 일반항
   첫째항이 a, 공차가 d인 등차수열 $\{a_n\}$의 일반항 a_n은
   $a_n=a+(n-1)d$ $(n=1, 2, 3, \cdots)$
2. 등차수열의 합
   첫째항이 a, 공차가 d인 등차수열의 첫째항부터 제n항까지의 합 S_n은
   $S_n=\dfrac{n\{2a+(n-1)d\}}{2}$

보기

첫째항이 3, 공차가 5인 등차수열 $\{a_n\}$의 일반항 a_n을 구해 보자.
$a_1=3$, $d=5$이므로 $a_n=3+(n-1)\times5=5n-2$ $(n=1, 2, 3, \cdots)$

01
▸ 25106-0223
2020학년도 10월 학력평가 가형 3번 상중하

등차수열 $\{a_n\}$에 대하여 $a_3=2$, $a_7=62$일 때, a_5의 값은? [2점]

① 30 ② 32 ③ 34
④ 36 ⑤ 38

02
▸ 25106-0224
2021학년도 3월 학력평가 2번 상중하

공차가 3인 등차수열 $\{a_n\}$에 대하여 $a_4=100$일 때, a_1의 값은? [2점]

① 91 ② 93 ③ 95
④ 97 ⑤ 99

03
▸ 25106-0225
2020학년도 3월 학력평가 가형 2번 상중하

등차수열 $\{a_n\}$에 대하여 $a_2=5$, $a_5=11$일 때, a_8의 값은? [2점]

① 17 ② 18 ③ 19
④ 20 ⑤ 21

04
▸ 25106-0226
2020학년도 10월 학력평가 나형 5번 상중하

등차수열 $\{a_n\}$에 대하여

$$a_1+a_2+a_3=15,\ a_3+a_4+a_5=39$$

일 때, 수열 $\{a_n\}$의 공차는? [3점]

① 1 ② 2 ③ 3
④ 4 ⑤ 5

05
▸ 25106-0227
2021학년도 6월 모의평가 나형 3번
상중하

등차수열 $\{a_n\}$에 대하여 $a_1+a_3=20$일 때, a_2의 값은? [2점]

① 6 ② 7 ③ 8
④ 9 ⑤ 10

06
▸ 25106-0228
2022학년도 수능 3번
상중하

등차수열 $\{a_n\}$에 대하여

$$a_2=6,\ a_4+a_6=36$$

일 때, a_{10}의 값은? [3점]

① 30 ② 32 ③ 34
④ 36 ⑤ 38

07
▸ 25106-0229
2023학년도 9월 모의평가 5번
상중하

등차수열 $\{a_n\}$에 대하여

$$a_1=2a_5,\ a_8+a_{12}=-6$$

일 때, a_2의 값은? [3점]

① 17 ② 19 ③ 21
④ 23 ⑤ 25

08
▸ 25106-0230
2019학년도 3월 학력평가 나형 2번
상중하

첫째항이 7, 공차가 3인 등차수열의 제7항은? [2점]

① 24 ② 25 ③ 26
④ 27 ⑤ 28

09
▸ 25106-0231
2021학년도 9월 모의평가 나형 7번
상중하

공차가 -3인 등차수열 $\{a_n\}$에 대하여

$$a_3a_7=64,\ a_8>0$$

일 때, a_2의 값은? [3점]

① 17 ② 18 ③ 19
④ 20 ⑤ 21

Ⅲ 수열

10 ▸ 25106-0232
2022학년도 3월 학력평가 3번 상중하

등차수열 $\{a_n\}$에 대하여

$$a_4=6,\ 2a_7=a_{19}$$

일 때, a_1의 값은? [3점]

① 1 ② 2 ③ 3
④ 4 ⑤ 5

11 ▸ 25106-0233
2020학년도 9월 모의평가 나형 7번 상중하

등차수열 $\{a_n\}$에 대하여

$$a_1=a_3+8,\ 2a_4-3a_6=3$$

일 때, $a_k<0$을 만족시키는 자연수 k의 최솟값은? [3점]

① 8 ② 10 ③ 12
④ 14 ⑤ 16

12 ▸ 25106-0234
2020학년도 3월 학력평가 나형 4번 상중하

등차수열 $\{a_n\}$에 대하여

$$a_2+a_3=2(a_1+12)$$

일 때, 수열 $\{a_n\}$의 공차는? [3점]

① 2 ② 4 ③ 6
④ 8 ⑤ 10

13 ▸ 25106-0235
2023학년도 3월 학력평가 10번 상중하

공차가 양수인 등차수열 $\{a_n\}$이 다음 조건을 만족시킬 때, a_{10}의 값은? [4점]

(가) $|a_4|+|a_6|=8$
(나) $\sum_{k=1}^{9} a_k=27$

① 21 ② 23 ③ 25
④ 27 ⑤ 29

14 ▸ 25106-0236
2024학년도 10월 학력평가 11번 상중하

모든 항이 자연수인 두 등차수열 $\{a_n\}$, $\{b_n\}$에 대하여

$$a_5-b_5=a_6-b_7=0$$

이다. $a_7=27$이고 $b_7\le 24$일 때, b_1-a_1의 값은? [4점]

① 4 ② 6 ③ 8
④ 10 ⑤ 12

15 ▸ 25106-0237
2023학년도 10월 학력평가 7번 상중하

등차수열 $\{a_n\}$의 첫째항부터 제n항까지의 합을 S_n이라 할 때,

$$S_7-S_4=0,\ S_6=30$$

이다. a_2의 값은? [3점]

① 6 ② 8 ③ 10
④ 12 ⑤ 14

16
▸ 25106-0238
2021학년도 수능 가형 16번

상 중 하

상수 k $(k>1)$에 대하여 다음 조건을 만족시키는 수열 $\{a_n\}$이 있다.

> 모든 자연수 n에 대하여 $a_n<a_{n+1}$이고 곡선 $y=2^x$ 위의 두 점 $P_n(a_n,\ 2^{a_n})$, $P_{n+1}(a_{n+1},\ 2^{a_{n+1}})$을 지나는 직선의 기울기는 $k\times 2^{a_n}$이다.

점 P_n을 지나고 x축에 평행한 직선과 점 P_{n+1}을 지나고 y축에 평행한 직선이 만나는 점을 Q_n이라 하고 삼각형 $P_nQ_nP_{n+1}$의 넓이를 A_n이라 하자.

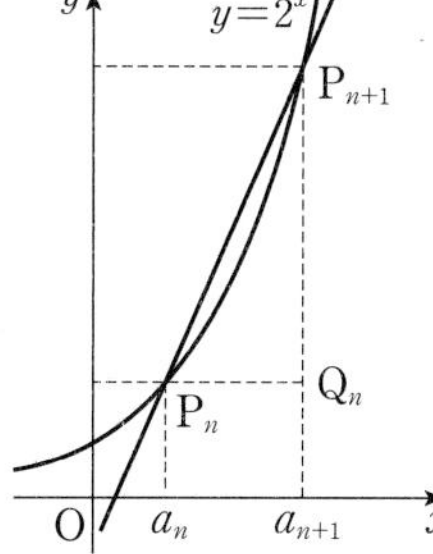

다음은 $a_1=1$, $\dfrac{A_3}{A_1}=16$일 때, A_n을 구하는 과정이다.

> 두 점 P_n, P_{n+1}을 지나는 직선의 기울기가 $k\times 2^{a_n}$이므로
> $2^{a_{n+1}-a_n}=k(a_{n+1}-a_n)+1$
> 이다. 즉, 모든 자연수 n에 대하여 $a_{n+1}-a_n$은 방정식 $2^x=kx+1$의 해이다.
> $k>1$이므로 방정식 $2^x=kx+1$은 오직 하나의 양의 실근 d를 갖는다. 따라서 모든 자연수 n에 대하여
> $a_{n+1}-a_n=d$이고, 수열 $\{a_n\}$은 공차가 d인 등차수열이다.
> 점 Q_n의 좌표가 $(a_{n+1},\ 2^{a_n})$이므로
> $A_n=\dfrac{1}{2}(a_{n+1}-a_n)(2^{a_{n+1}}-2^{a_n})$
> 이다. $\dfrac{A_3}{A_1}=16$이므로 d의 값은 (가) 이고,
> 수열 $\{a_n\}$의 일반항은
> $a_n=$ (나)
> 이다. 따라서 모든 자연수 n에 대하여 $A_n=$ (다) 이다.

위의 (가)에 알맞은 수를 p, (나)와 (다)에 알맞은 식을 각각 $f(n)$, $g(n)$이라 할 때, $p+\dfrac{g(4)}{f(2)}$의 값은? [4점]

① 118 ② 121 ③ 124
④ 127 ⑤ 130

17
▸ 25106-0239
2021학년도 9월 모의평가 가형 16번/나형 16번

상 중 하

모든 자연수 n에 대하여 다음 조건을 만족시키는 x축 위의 점 P_n과 곡선 $y=\sqrt{3x}$ 위의 점 Q_n이 있다.

> • 선분 OP_n과 선분 P_nQ_n이 서로 수직이다.
> • 선분 OQ_n과 선분 Q_nP_{n+1}이 서로 수직이다.

다음은 점 P_1의 좌표가 $(1,\ 0)$일 때, 삼각형 $OP_{n+1}Q_n$의 넓이 A_n을 구하는 과정이다. (단, O는 원점이다.)

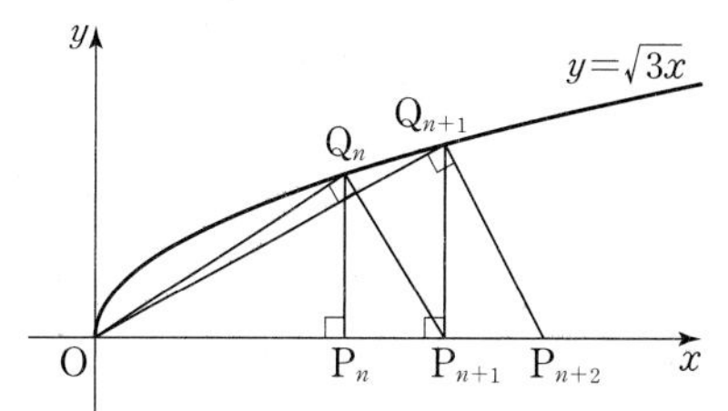

> 모든 자연수 n에 대하여 점 P_n의 좌표를 $(a_n,\ 0)$이라 하자.
> $\overline{OP_{n+1}}=\overline{OP_n}+\overline{P_nP_{n+1}}$이므로
> $a_{n+1}=a_n+\overline{P_nP_{n+1}}$
> 이다. 삼각형 OP_nQ_n과 삼각형 $Q_nP_nP_{n+1}$이 닮음이므로
> $\overline{OP_n}:\overline{P_nQ_n}=\overline{P_nQ_n}:\overline{P_nP_{n+1}}$
> 이고, 점 Q_n의 좌표는 $(a_n,\ \sqrt{3a_n})$이므로
> $\overline{P_nP_{n+1}}=$ (가)
> 이다. 따라서 삼각형 $OP_{n+1}Q_n$의 넓이 A_n은
> $A_n=\dfrac{1}{2}\times($ (나) $)\times\sqrt{9n-6}$
> 이다.

위의 (가)에 알맞은 수를 p, (나)에 알맞은 식을 $f(n)$이라 할 때, $p+f(8)$의 값은? [4점]

① 20 ② 22 ③ 24
④ 26 ⑤ 28

Ⅲ 수열

18
▸ 25106-0240
2020학년도 6월 모의평가 나형 13번
상중하

자연수 n에 대하여 x에 대한 이차방정식

$$x^2-nx+4(n-4)=0$$

이 서로 다른 두 실근 α, β $(\alpha<\beta)$를 갖고, 세 수 1, α, β가 이 순서대로 등차수열을 이룰 때, n의 값은? [3점]

① 5　② 8　③ 11
④ 14　⑤ 17

19
▸ 25106-0241
2024학년도 6월 모의평가 12번
상중하

$a_2=-4$이고 공차가 0이 아닌 등차수열 $\{a_n\}$에 대하여 수열 $\{b_n\}$을 $b_n=a_n+a_{n+1}$ $(n\geq 1)$이라 하고, 두 집합 A, B를

$$A=\{a_1,\ a_2,\ a_3,\ a_4,\ a_5\},\ B=\{b_1,\ b_2,\ b_3,\ b_4,\ b_5\}$$

라 하자. $n(A\cap B)=3$이 되도록 하는 모든 수열 $\{a_n\}$에 대하여 a_{20}의 값의 합은? [4점]

① 30　② 34　③ 38
④ 42　⑤ 46

20
▸ 25106-0242
2021학년도 6월 모의평가 가형 26번/나형 18번
상중하

공차가 2인 등차수열 $\{a_n\}$의 첫째항부터 제n항까지의 합을 S_n이라 하자. $S_k=-16$, $S_{k+2}=-12$를 만족시키는 자연수 k에 대하여 a_{2k}의 값을 구하시오. [4점]

21
▸ 25106-0243
2022학년도 3월 학력평가 13번
상중하

첫째항이 양수인 등차수열 $\{a_n\}$의 첫째항부터 제n항까지의 합을 S_n이라 하자.

$$|S_3|=|S_6|=|S_{11}|-3$$

을 만족시키는 모든 수열 $\{a_n\}$의 첫째항의 합은? [4점]

① $\frac{31}{5}$　② $\frac{33}{5}$　③ 7
④ $\frac{37}{5}$　⑤ $\frac{39}{5}$

22
▸ 25106-0244
2020학년도 3월 학력평가 나형 17번
상중하

등차수열 $\{a_n\}$의 첫째항부터 제n항까지의 합을 S_n이라 하자. $a_3=42$일 때, 다음 조건을 만족시키는 4 이상의 자연수 k의 값은? [4점]

(가) $a_{k-3}+a_{k-1}=-24$
(나) $S_k=k^2$

① 13　② 14　③ 15
④ 16　⑤ 17

유형 2 등비수열의 일반항과 합

1. 등비수열의 일반항
첫째항이 a, 공비가 r $(r\neq 0)$인 등비수열 $\{a_n\}$의 일반항 a_n은
$a_n=ar^{n-1}$ $(n=1, 2, 3, \cdots)$

2. 등비수열의 합
첫째항이 a, 공비가 r인 등비수열의 첫째항부터 제n항까지의 합 S_n은
(i) $r\neq 1$일 때, $S_n=\dfrac{a(1-r^n)}{1-r}=\dfrac{a(r^n-1)}{r-1}$
(ii) $r=1$일 때, $S_n=na$

보기
첫째항이 4, 공비가 2인 등비수열 $\{a_n\}$의 일반항 a_n을 구해 보자.
$a_1=4$, $r=2$이므로 $a_n=4\times 2^{n-1}=2^{n+1}$ $(n=1, 2, 3, \cdots)$

23 ▸ 25106-0245 2025학년도 수능 3번 상중하

첫째항과 공비가 모두 양수 k인 등비수열 $\{a_n\}$이

$$\frac{a_4}{a_2}+\frac{a_2}{a_1}=30$$

을 만족시킬 때, k의 값은? [3점]

① 1 ② 2 ③ 3
④ 4 ⑤ 5

24 ▸ 25106-0246 2021학년도 수능 나형 2번 상중하

첫째항이 $\frac{1}{8}$인 등비수열 $\{a_n\}$에 대하여 $\frac{a_3}{a_2}=2$일 때, a_5의 값은? [2점]

① $\frac{1}{4}$ ② $\frac{1}{2}$ ③ 1
④ 2 ⑤ 4

25 ▸ 25106-0247 2023학년도 10월 학력평가 3번 상중하

공차가 3인 등차수열 $\{a_n\}$과 공비가 2인 등비수열 $\{b_n\}$이

$$a_2=b_2,\ a_4=b_4$$

를 만족시킬 때, a_1+b_1의 값은? [3점]

① -2 ② -1 ③ 0
④ 1 ⑤ 2

26 ▸ 25106-0248 2023학년도 6월 모의평가 5번 상중하

모든 항이 양수인 등비수열 $\{a_n\}$에 대하여

$$a_1=\frac{1}{4},\ a_2+a_3=\frac{3}{2}$$

일 때, a_6+a_7의 값은? [3점]

① 16 ② 20 ③ 24
④ 28 ⑤ 32

27 ▸ 25106-0249 2025학년도 6월 모의평가 8번 상중하

$a_1a_2<0$인 등비수열 $\{a_n\}$에 대하여

$$a_6=16,\ 2a_8-3a_7=32$$

일 때, a_9+a_{11}의 값은? [3점]

① $-\frac{5}{2}$ ② $-\frac{3}{2}$ ③ $-\frac{1}{2}$
④ $\frac{1}{2}$ ⑤ $\frac{3}{2}$

28
▸ 25106-0250
2021학년도 6월 모의평가 가형 3번
상 중 하

첫째항이 1이고 공비가 양수인 등비수열 $\{a_n\}$에 대하여

$$a_3=a_2+6$$

일 때, a_4의 값은? [3점]

① 18　② 21　③ 24
④ 27　⑤ 30

29
▸ 25106-0251
2022학년도 10월 학력평가 3번
상 중 하

모든 항이 양수인 등비수열 $\{a_n\}$에 대하여

$$a_1a_3=4,\ a_3a_5=64$$

일 때, a_6의 값은? [3점]

① 16　② $16\sqrt{2}$　③ 32
④ $32\sqrt{2}$　⑤ 64

30
▸ 25106-0252
2025학년도 9월 모의평가 3번
상 중 하

모든 항이 실수인 등비수열 $\{a_n\}$에 대하여

$$a_2a_3=2,\ a_4=4$$

일 때, a_6의 값은? [3점]

① 10　② 12　③ 14
④ 16　⑤ 18

31
▸ 25106-0253
2022학년도 9월 모의평가 3번
상 중 하

등비수열 $\{a_n\}$에 대하여

$$a_1=2,\ a_2a_4=36$$

일 때, $\frac{a_7}{a_3}$의 값은? [3점]

① 1　② $\sqrt{3}$　③ 3
④ $3\sqrt{3}$　⑤ 9

32
▸ 25106-0254
2023학년도 수능 3번
상 중 하

공비가 양수인 등비수열 $\{a_n\}$이

$$a_2+a_4=30,\ a_4+a_6=\frac{15}{2}$$

를 만족시킬 때, a_1의 값은? [3점]

① 48　② 56　③ 64
④ 72　⑤ 80

33
▸ 25106-0255
2020학년도 3월 학력평가 나형 10번
상중하

그림은 16개의 칸 중 3개의 칸에 다음 규칙을 만족시키도록 수를 써 넣은 것이다.

(가) 가로로 인접한 두 칸에서 오른쪽 칸의 수는 왼쪽 칸의 수의 2 배이다.
(나) 세로로 인접한 두 칸에서 아래쪽 칸의 수는 위쪽 칸의 수의 2 배이다.

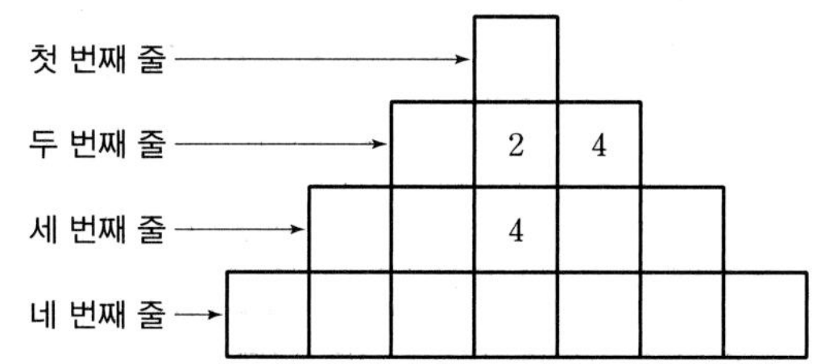

이 규칙을 만족시키도록 나머지 칸에 수를 써 넣을 때, 네 번째 줄에 있는 모든 수의 합은? [3점]

① 119 ② 127 ③ 135
④ 143 ⑤ 151

34
▸ 25106-0256
2023학년도 3월 학력평가 3번
상중하

등비수열 $\{a_n\}$이

$$a_5=4,\ a_7=4a_6-16$$

을 만족시킬 때, a_8의 값은? [3점]

① 32 ② 34 ③ 36
④ 38 ⑤ 40

35
▸ 25106-0257
2024학년도 9월 모의평가 5번
상중하

모든 항이 양수인 등비수열 $\{a_n\}$에 대하여

$$\frac{a_3a_8}{a_6}=12,\ a_5+a_7=36$$

일 때, a_{11}의 값은? [3점]

① 72 ② 78 ③ 84
④ 90 ⑤ 96

36
▸ 25106-0258
2022학년도 6월 모의평가 18번
상중하

모든 항이 양수인 등비수열 $\{a_n\}$에 대하여

$$a_2=36,\ a_7=\frac{1}{3}a_5$$

일 때, a_6의 값을 구하시오. [3점]

37
▸ 25106-0259
2020학년도 3월 학력평가 가형 13번
상중하

공비가 1보다 큰 등비수열 $\{a_n\}$이 다음 조건을 만족시킨다.

(가) $a_3 \times a_5 \times a_7 = 125$
(나) $\dfrac{a_4 + a_8}{a_6} = \dfrac{13}{6}$

a_9의 값은? [3점]

① 10 ② $\dfrac{45}{4}$ ③ $\dfrac{25}{2}$
④ $\dfrac{55}{4}$ ⑤ 15

38
▸ 25106-0260
2024학년도 3월 학력평가 6번
상중하

공비가 1보다 큰 등비수열 $\{a_n\}$의 첫째항부터 제n항까지의 합을 S_n이라 하자.

$$\frac{S_4}{S_2} = 5,\ a_5 = 48$$

일 때, $a_1 + a_4$의 값은? [3점]

① 39 ② 36 ③ 33
④ 30 ⑤ 27

39
▸ 25106-0261
2021학년도 9월 모의평가 가형 27번
상중하

등비수열 $\{a_n\}$의 첫째항부터 제n항까지의 합을 S_n이라 하자. 모든 자연수 n에 대하여

$$S_{n+3} - S_n = 13 \times 3^{n-1}$$

일 때, a_4의 값을 구하시오. [4점]

40
▸ 25106-0262
2020학년도 수능 나형 23번
상중하

모든 항이 양수인 등비수열 $\{a_n\}$에 대하여

$$\frac{a_{16}}{a_{14}} + \frac{a_8}{a_7} = 12$$

일 때, $\dfrac{a_3}{a_1} + \dfrac{a_6}{a_3}$의 값을 구하시오. [3점]

41
▸ 25106-0263
2020학년도 10월 학력평가 나형 25번
상중하

함수 $f(x)=(1+x^4+x^8+x^{12})(1+x+x^2+x^3)$일 때, $\dfrac{f(2)}{\{f(1)-1\}\{f(1)+1\}}$의 값을 구하시오. [3점]

42
▸ 25106-0264
2020학년도 3월 학력평가 나형 11번
상중하

등차수열 $\{a_n\}$, 등비수열 $\{b_n\}$에 대하여 $a_1=b_1=3$이고

$$b_3=-a_2,\ a_2+b_2=a_3+b_3$$

일 때, a_3의 값은? [3점]

① -9　② -3　③ 0
④ 3　⑤ 9

43
▸ 25106-0265
2022학년도 수능 21번
상중하

수열 $\{a_n\}$이 다음 조건을 만족시킨다.

(가) $|a_1|=2$
(나) 모든 자연수 n에 대하여 $|a_{n+1}|=2|a_n|$이다.
(다) $\sum_{n=1}^{10} a_n=-14$

$a_1+a_3+a_5+a_7+a_9$의 값을 구하시오. [4점]

44
▸ 25106-0266
2023학년도 6월 모의평가 13번
상중하

두 곡선 $y=16^x$, $y=2^x$과 한 점 $A(64,\ 2^{64})$이 있다. 점 A를 지나며 x축과 평행한 직선이 곡선 $y=16^x$과 만나는 점을 P_1이라 하고, 점 P_1을 지나며 y축과 평행한 직선이 곡선 $y=2^x$과 만나는 점을 Q_1이라 하자.
점 Q_1을 지나며 x축과 평행한 직선이 곡선 $y=16^x$과 만나는 점을 P_2라 하고, 점 P_2를 지나며 y축과 평행한 직선이 곡선 $y=2^x$과 만나는 점을 Q_2라 하자.
이와 같은 과정을 계속하여 n번째 얻은 두 점을 각각 P_n, Q_n이라 하고 점 Q_n의 x좌표를 x_n이라 할 때, $x_n<\dfrac{1}{k}$을 만족시키는 n의 최솟값이 6이 되도록 하는 자연수 k의 개수는? [4점]

① 48　② 51　③ 54
④ 57　⑤ 60

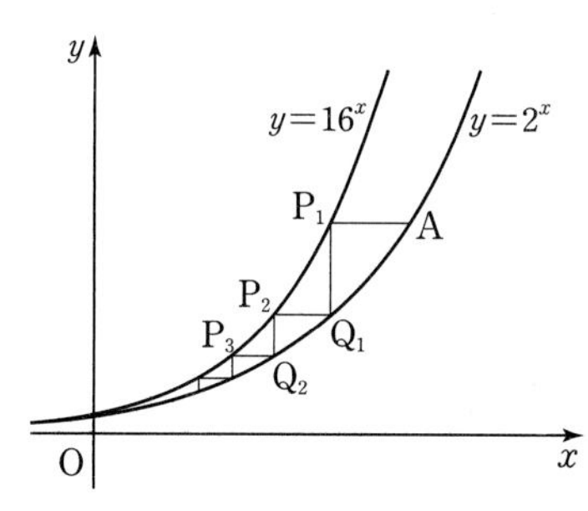

45

▸ 25106-0267

2019학년도 3월 학력평가 나형 27번

상중하

모든 항이 실수인 등비수열 $\{a_n\}$에 대하여

$$a_3+a_2=1,\ a_6-a_4=18$$

일 때, $\frac{1}{a_1}$의 값을 구하시오. [4점]

46

▸ 25106-0268

2021학년도 6월 모의평가 나형 25번

상중하

등비수열 $\{a_n\}$의 첫째항부터 제n항까지의 합을 S_n이라 하자.

$$a_1=1,\ \frac{S_6}{S_3}=2a_4-7$$

일 때, a_7의 값을 구하시오. [3점]

유형 3 수열의 합과 일반항의 관계

수열의 합과 일반항의 관계

수열 $\{a_n\}$에서 첫째항부터 제n항까지의 합을 S_n이라 하면

$$\begin{cases} a_1=S_1 \\ a_n=S_n-S_{n-1}\ (n\geq 2) \end{cases}$$

보기

수열 $\{a_n\}$의 첫째항부터 제n항까지의 합을 S_n이라 하자.

$S_n=2n^2+5n$일 때, 일반항 a_n을 구해 보자.

(i) $n=1$일 때 $a_1=S_1=7$

(ii) $n\geq 2$일 때

$a_n=S_n-S_{n-1}=2n^2+5n-\{2(n-1)^2+5(n-1)\}$

$=4n+3$ ...... ㉠

㉠에 $n=1$을 대입하면 $a_1=7$이므로 일반항 a_n은

$a_n=4n+3\ (n=1,\ 2,\ 3,\ \cdots)$

47

▸ 25106-0269

2020학년도 3월 학력평가 가형 5번

상중하

수열 $\{a_n\}$의 첫째항부터 제n항까지의 합을 S_n이라 할 때, $S_n=2n^2-3n$이다. $a_n>100$을 만족시키는 자연수 n의 최솟값은? [3점]

① 25 ② 27 ③ 29 ④ 31 ⑤ 33

48

▸ 25106-0270

2021학년도 10월 학력평가 4번

상중하

공차가 d인 등차수열 $\{a_n\}$의 첫째항부터 제n항까지의 합이 n^2-5n일 때, a_1+d의 값은? [3점]

① -4 ② -2 ③ 0 ④ 2 ⑤ 4

49
▸ 25106-0271
2022학년도 6월 모의평가 7번
상중하

첫째항이 2인 등차수열 $\{a_n\}$의 첫째항부터 제n항까지의 합을 S_n이라 하자.

$$a_6=2(S_3-S_2)$$

일 때, S_{10}의 값은? [3점]

① 100 ② 110 ③ 120
④ 130 ⑤ 140

50
▸ 25106-0272
2024학년도 10월 학력평가 6번
상중하

공비가 양수인 등비수열 $\{a_n\}$의 첫째항부터 제n항까지의 합을 S_n이라 하자.

$$4(S_4-S_2)=S_6-S_4,\ a_3=12$$

일 때, S_3의 값은? [3점]

① 18 ② 21 ③ 24
④ 27 ⑤ 30

51
▸ 25106-0273
2024학년도 수능 6번
상중하

등비수열 $\{a_n\}$의 첫째항부터 제n항까지의 합을 S_n이라 하자.

$$S_4-S_2=3a_4,\ a_5=\frac{3}{4}$$

일 때, a_1+a_2의 값은? [3점]

① 27 ② 24 ③ 21
④ 18 ⑤ 15

52
▸ 25106-0274
2019학년도 9월 모의평가 나형 26번
상중하

모든 항이 양수인 등비수열 $\{a_n\}$의 첫째항부터 제n항까지의 합을 S_n이라 하자.

$$S_4-S_3=2,\ S_6-S_5=50$$

일 때, a_5의 값을 구하시오. [4점]

유형 4 $\sum$의 성질과 여러 가지 수열의 합

1. $\sum$의 성질

(1) $\sum_{k=1}^{n}(a_k+b_k)=\sum_{k=1}^{n}a_k+\sum_{k=1}^{n}b_k$

(2) $\sum_{k=1}^{n}(a_k-b_k)=\sum_{k=1}^{n}a_k-\sum_{k=1}^{n}b_k$

(3) $\sum_{k=1}^{n}ca_k=c\sum_{k=1}^{n}a_k$ (단, c는 상수)

(4) $\sum_{k=1}^{n}c=\underbrace{c+c+c+\cdots+c}_{n\text{개}}=cn$ (단, c는 상수)

2. 자연수의 거듭제곱의 합

(1) $\sum_{k=1}^{n}k=1+2+3+\cdots+n=\frac{n(n+1)}{2}$

(2) $\sum_{k=1}^{n}k^2=1^2+2^2+3^2+\cdots+n^2=\frac{n(n+1)(2n+1)}{6}$

(3) $\sum_{k=1}^{n}k^3=1^3+2^3+3^3+\cdots+n^3=\left\{\frac{n(n+1)}{2}\right\}^2$

보기

$\sum_{k=1}^{10}a_k=10$, $\sum_{k=1}^{10}b_k=20$일 때

① $\sum_{k=1}^{10}(a_k+2b_k)=\sum_{k=1}^{10}a_k+2\sum_{k=1}^{10}b_k=10+2\times20=50$

② $\sum_{k=1}^{10}(4a_k-5)=4\sum_{k=1}^{10}a_k-\sum_{k=1}^{10}5=4\times10-10\times5=-10$

53
▸ 25106-0275
2021학년도 수능 나형 10번 상중하

두 수열 $\{a_n\}$, $\{b_n\}$에 대하여

$$\sum_{k=1}^{5}a_k=8,\ \sum_{k=1}^{5}b_k=9$$

일 때, $\sum_{k=1}^{5}(2a_k-b_k+4)$의 값은? [3점]

① 19 ② 21 ③ 23 ④ 25 ⑤ 27

54
▸ 25106-0276
2024학년도 6월 모의평가 3번 상중하

수열 $\{a_n\}$에 대하여 $\sum_{k=1}^{10}(2a_k+3)=60$일 때, $\sum_{k=1}^{10}a_k$의 값은? [3점]

① 10 ② 15 ③ 20 ④ 25 ⑤ 30

55
▸ 25106-0277
2025학년도 6월 모의평가 3번 상중하

수열 $\{a_n\}$에 대하여 $\sum_{k=1}^{5}(a_k+1)=9$이고 $a_6=4$일 때, $\sum_{k=1}^{6}a_k$의 값은? [3점]

① 6 ② 7 ③ 8 ④ 9 ⑤ 10

56
▸ 25106-0278
2023학년도 10월 학력평가 18번 상중하

두 수열 $\{a_n\}$, $\{b_n\}$에 대하여

$$\sum_{k=1}^{10}(a_k-b_k+2)=50,\ \sum_{k=1}^{10}(a_k-2b_k)=-10$$

일 때, $\sum_{k=1}^{10}(a_k+b_k)$의 값을 구하시오. [3점]

57 ▸ 25106-0279
2023학년도 수능 18번
상중하

두 수열 $\{a_n\}$, $\{b_n\}$에 대하여

$$\sum_{k=1}^{5}(3a_k+5)=55,\ \sum_{k=1}^{5}(a_k+b_k)=32$$

일 때, $\sum_{k=1}^{5}b_k$의 값을 구하시오. [3점]

58 ▸ 25106-0280
2023학년도 6월 모의평가 18번
상중하

$\sum_{k=1}^{10}(4k+a)=250$일 때, 상수 a의 값을 구하시오. [3점]

59 ▸ 25106-0281
2025학년도 6월 모의평가 18번
상중하

$\sum_{k=1}^{9}(ak^2-10k)=120$일 때, 상수 a의 값을 구하시오. [3점]

60 ▸ 25106-0282
2021학년도 3월 학력평가 7번
상중하

수열 $\{a_n\}$의 일반항이

$$a_n=\begin{cases}\dfrac{(n+1)^2}{2} & (n\text{이 홀수인 경우})\\ \dfrac{n^2}{2}+n+1 & (n\text{이 짝수인 경우})\end{cases}$$

일 때, $\sum_{n=1}^{10}a_n$의 값은? [3점]

① 235 ② 240 ③ 245
④ 250 ⑤ 255

Ⅲ 수열

61 ▸ 25106-0283
2022학년도 10월 학력평가 18번 — 상중하

$\sum_{k=1}^{6}(k+1)^2-\sum_{k=1}^{5}(k-1)^2$의 값을 구하시오. [3점]

62 ▸ 25106-0284
2020학년도 9월 모의평가 나형 12번 — 상중하

$\sum_{k=1}^{9}(k+1)^2-\sum_{k=1}^{10}(k-1)^2$의 값은? [3점]

① 91 ② 93 ③ 95
④ 97 ⑤ 99

63 ▸ 25106-0285
2021학년도 수능 가형 25번 — 상중하

첫째항이 3인 등차수열 $\{a_n\}$에 대하여 $\sum_{k=1}^{5}a_k=55$일 때,

$\sum_{k=1}^{5}k(a_k-3)$의 값을 구하시오. [3점]

64 ▸ 25106-0286
2023학년도 9월 모의평가 18번 — 상중하

수열 $\{a_n\}$에 대하여 $\sum_{k=1}^{5}a_k=10$일 때,

$$\sum_{k=1}^{5}ca_k=65+\sum_{k=1}^{5}c$$

를 만족시키는 상수 c의 값을 구하시오. [3점]

65

▸ 25106-0287

2021학년도 수능 나형 12번

상중하

수열 $\{a_n\}$은 $a_1=1$이고, 모든 자연수 n에 대하여

$$\sum_{k=1}^{n}(a_k-a_{k+1})=-n^2+n$$

을 만족시킨다. a_{11}의 값은? [3점]

① 88 ② 91 ③ 94 ④ 97 ⑤ 100

66

▸ 25106-0288

2022학년도 9월 모의평가 7번

상중하

수열 $\{a_n\}$은 $a_1=-4$이고, 모든 자연수 n에 대하여

$$\sum_{k=1}^{n}\frac{a_{k+1}-a_k}{a_k a_{k+1}}=\frac{1}{n}$$

을 만족시킨다. a_{13}의 값은? [3점]

① -9 ② -7 ③ -5 ④ -3 ⑤ -1

67

▸ 25106-0289

2024학년도 9월 모의평가 17번

상중하

두 수열 $\{a_n\}$, $\{b_n\}$에 대하여

$$\sum_{k=1}^{10}(2a_k-b_k)=34,\ \sum_{k=1}^{10}a_k=10$$

일 때, $\sum_{k=1}^{10}(a_k-b_k)$의 값을 구하시오. [3점]

68

▸ 25106-0290

2023학년도 수능 7번

상중하

모든 항이 양수이고 첫째항과 공차가 같은 등차수열 $\{a_n\}$이

$$\sum_{k=1}^{15}\frac{1}{\sqrt{a_k}+\sqrt{a_{k+1}}}=2$$

를 만족시킬 때, a_4의 값은? [3점]

① 6 ② 7 ③ 8 ④ 9 ⑤ 10

69
▸ 25106-0291
2023학년도 9월 모의평가 7번
상중하

수열 $\{a_n\}$의 첫째항부터 제n항까지의 합을 S_n이라 하자.

$S_n=\dfrac{1}{n(n+1)}$일 때, $\displaystyle\sum_{k=1}^{10}(S_k-a_k)$의 값은? [3점]

① $\dfrac{1}{2}$ ② $\dfrac{3}{5}$ ③ $\dfrac{7}{10}$
④ $\dfrac{4}{5}$ ⑤ $\dfrac{9}{10}$

70
▸ 25106-0292
2020학년도 6월 모의평가 나형 24번
상중하

공비가 양수인 등비수열 $\{a_n\}$에 대하여

$$a_1=2,\ \frac{a_5}{a_3}=9$$

일 때, $\displaystyle\sum_{k=1}^{4}a_k$의 값을 구하시오. [3점]

71
▸ 25106-0293
2022학년도 수능 18번
상중하

수열 $\{a_n\}$에 대하여

$$\sum_{k=1}^{10}a_k-\sum_{k=1}^{7}\frac{a_k}{2}=56,\ \sum_{k=1}^{10}2a_k-\sum_{k=1}^{8}a_k=100$$

일 때, a_8의 값을 구하시오. [3점]

72
▸ 25106-0294
2024학년도 3월 학력평가 18번
상중하

수열 $\{a_n\}$에 대하여

$$\sum_{k=1}^{10}a_k+\sum_{k=1}^{9}a_k=137,\ \sum_{k=1}^{10}a_k-\sum_{k=1}^{9}2a_k=101$$

일 때, a_{10}의 값을 구하시오. [3점]

73
▸ 25106-0295
2021학년도 9월 모의평가 나형 11번
상중하

n이 자연수일 때, x에 대한 이차방정식

$$(n^2+6n+5)x^2-(n+5)x-1=0$$

의 두 근의 합을 a_n이라 하자. $\displaystyle\sum_{k=1}^{10}\frac{1}{a_k}$의 값은? [3점]

① 65 ② 70 ③ 75
④ 80 ⑤ 85

74 ▸ 25106-0296
2022학년도 9월 모의평가 18번 상중하

두 수열 $\{a_n\}$, $\{b_n\}$에 대하여

$$\sum_{k=1}^{10}(a_k+2b_k)=45,\ \sum_{k=1}^{10}(a_k-b_k)=3$$

일 때, $\sum_{k=1}^{10}\left(b_k-\frac{1}{2}\right)$의 값을 구하시오. [3점]

75 ▸ 25106-0297
2024학년도 10월 학력평가 18번 상중하

수열 $\{a_n\}$과 상수 c에 대하여

$$\sum_{n=1}^{9}ca_n=16,\ \sum_{n=1}^{9}(a_n+c)=24$$

일 때, $\sum_{n=1}^{9}a_n$의 값을 구하시오.[3점]

76 ▸ 25106-0298
2023학년도 3월 학력평가 18번 상중하

n이 자연수일 때, x에 대한 이차방정식

$$x^2-5nx+4n^2=0$$

의 두 근을 α_n, β_n이라 하자.

$\sum_{n=1}^{7}(1-\alpha_n)(1-\beta_n)$의 값을 구하시오. [3점]

77 ▸ 25106-0299
2020학년도 3월 학력평가 나형 22번 상중하

$\sum_{k=1}^{5}k^2$의 값을 구하시오. [3점]

78 ▸ 25106-0300
2020학년도 10월 학력평가 나형 14번 상중하

공차가 양수인 등차수열 $\{a_n\}$에 대하여 $a_5=5$이고

$\sum_{k=3}^{7}|2a_k-10|=20$이다. a_6의 값은? [4점]

① 6　② $\frac{20}{3}$　③ $\frac{22}{3}$

④ 8　⑤ $\frac{26}{3}$

79

▸ 25106-0301

2024학년도 3월 학력평가 11번

상중하

공차가 음의 정수인 등차수열 $\{a_n\}$에 대하여

$$a_6=-2,\ \sum_{k=1}^{8}|a_k|=\sum_{k=1}^{8}a_k+42$$

일 때, $\sum_{k=1}^{8}a_k$의 값은? [4점]

① 40 ② 44 ③ 48 ④ 52 ⑤ 56

80

▸ 25106-0302

2024학년도 수능 18번

상중하

두 수열 $\{a_n\}$, $\{b_n\}$에 대하여

$$\sum_{k=1}^{10}a_k=\sum_{k=1}^{10}(2b_k-1),\ \sum_{k=1}^{10}(3a_k+b_k)=33$$

일 때, $\sum_{k=1}^{10}b_k$의 값을 구하시오. [3점]

81

▸ 25106-0303

2025학년도 9월 모의평가 18번

상중하

수열 $\{a_n\}$에 대하여

$$\sum_{k=1}^{10}ka_k=36,\ \sum_{k=1}^{9}ka_{k+1}=7$$

일 때, $\sum_{k=1}^{10}a_k$의 값을 구하시오. [3점]

82

▸ 25106-0304

2025학년도 수능 18번

상중하

수열 $\{a_n\}$이 모든 자연수 n에 대하여

$$a_n+a_{n+4}=12$$

를 만족시킬 때, $\sum_{n=1}^{16}a_n$의 값을 구하시오. [3점]

83

▸ 25106-0305
2019학년도 3월 학력평가 나형 11번

상중하

그림과 같이 한 변의 길이가 1인 정사각형 3개로 이루어진 도형 R이 있다.

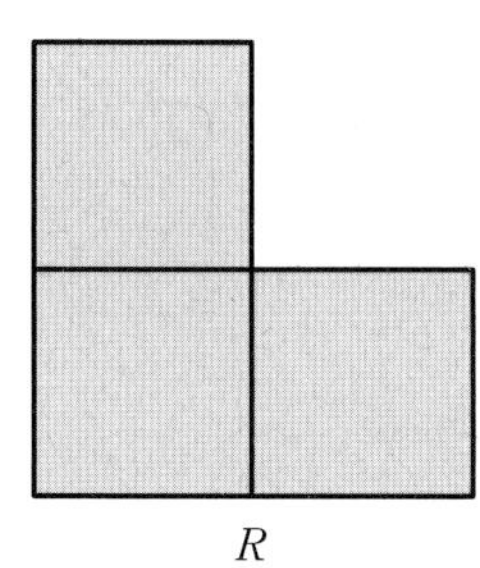

R

자연수 n에 대하여 $2n$개의 도형 R을 겹치지 않게 빈틈없이 붙여서 만든 직사각형의 넓이를 a_n이라 할 때, $\sum_{n=10}^{15} a_n$의 값은? [3점]

① 378 ② 396 ③ 414 ④ 432 ⑤ 450

84

▸ 25106-0306
2022학년도 6월 모의평가 13번

상중하

실수 전체의 집합에서 정의된 함수 $f(x)$가 구간 $(0, 1]$에서

$$f(x)=\begin{cases} 3 & (0<x<1) \\ 1 & (x=1) \end{cases}$$

이고, 모든 실수 x에 대하여 $f(x+1)=f(x)$를 만족시킨다.

$\sum_{k=1}^{20} \frac{k \times f(\sqrt{k})}{3}$의 값은? [4점]

① 150 ② 160 ③ 170 ④ 180 ⑤ 190

85

▸ 25106-0307
2023학년도 6월 모의평가 12번

상중하

공차가 3인 등차수열 $\{a_n\}$이 다음 조건을 만족시킬 때, a_{10}의 값은? [4점]

(가) $a_5 \times a_7 < 0$
(나) $\sum_{k=1}^{6} |a_{k+6}| = 6 + \sum_{k=1}^{6} |a_{2k}|$

① $\frac{21}{2}$ ② 11 ③ $\frac{23}{2}$ ④ 12 ⑤ $\frac{25}{2}$

86
▸ 25106-0308
2023학년도 10월 학력평가 9번
상중하

자연수 $n\ (n\geq 2)$에 대하여 $n^2-16n+48$의 n제곱근 중 실수인 것의 개수를 $f(n)$이라 할 때, $\sum_{n=2}^{10} f(n)$의 값은? [4점]

① 7 ② 9 ③ 11 ④ 13 ⑤ 15

87
▸ 25106-0309
2019학년도 3월 학력평가 나형 16번
상중하

첫째항이 양수이고 공비가 -2인 등비수열 $\{a_n\}$에 대하여

$$\sum_{k=1}^{9}(|a_k|+a_k)=66$$

일 때, a_1의 값은? [4점]

① $\frac{3}{31}$ ② $\frac{5}{31}$ ③ $\frac{7}{31}$ ④ $\frac{9}{31}$ ⑤ $\frac{11}{31}$

88
▸ 25106-0310
2024학년도 6월 모의평가 9번
상중하

수열 $\{a_n\}$이 모든 자연수 n에 대하여

$$\sum_{k=1}^{n}\frac{1}{(2k-1)a_k}=n^2+2n$$

을 만족시킬 때, $\sum_{n=1}^{10} a_n$의 값은? [4점]

① $\frac{10}{21}$ ② $\frac{4}{7}$ ③ $\frac{2}{3}$ ④ $\frac{16}{21}$ ⑤ $\frac{6}{7}$

89
▸ 25106-0311
2025학년도 수능 12번
상중하

$a_1=2$인 수열 $\{a_n\}$과 $b_1=2$인 등차수열 $\{b_n\}$이 모든 자연수 n에 대하여

$$\sum_{k=1}^{n}\frac{a_k}{b_{k+1}}=\frac{1}{2}n^2$$

을 만족시킬 때, $\sum_{k=1}^{5} a_k$의 값은? [4점]

① 120 ② 125 ③ 130 ④ 135 ⑤ 140

90

▸ 25106-0312
2024학년도 수능 11번
상 중 하

공차가 0이 아닌 등차수열 $\{a_n\}$에 대하여

$$|a_6|=a_8,\ \sum_{k=1}^{5}\frac{1}{a_k a_{k+1}}=\frac{5}{96}$$

일 때, $\sum_{k=1}^{15} a_k$의 값은? [4점]

① 60 ② 65 ③ 70
④ 75 ⑤ 80

91

▸ 25106-0313
2020학년도 수능 나형 25번
상 중 하

자연수 n에 대하여 다항식 $2x^2-3x+1$을 $x-n$으로 나누었을 때의 나머지를 a_n이라 할 때, $\sum_{n=1}^{7}(a_n-n^2+n)$의 값을 구하시오. [3점]

92

▸ 25106-0314
2021학년도 6월 모의평가 가형 21번
상 중 하

수열 $\{a_n\}$의 일반항은

$$a_n=\log_2\sqrt{\frac{2(n+1)}{n+2}}$$

이다. $\sum_{k=1}^{m} a_k$의 값이 100 이하의 자연수가 되도록 하는 모든 자연수 m의 값의 합은? [4점]

① 150 ② 154 ③ 158
④ 162 ⑤ 166

93

▸ 25106-0315
2023학년도 수능 13번
상 중 하

자연수 $m\ (m\ge 2)$에 대하여 m^{12}의 n제곱근 중에서 정수가 존재하도록 하는 2 이상의 자연수 n의 개수를 $f(m)$이라 할 때, $\sum_{m=2}^{9} f(m)$의 값은? [4점]

① 32 ② 42 ③ 47
④ 52 ⑤ 57

94

▶ 25106-0316
2022학년도 3월 학력평가 18번 상중하

부등식 $\sum_{k=1}^{5} 2^{k-1} < \sum_{k=1}^{n} (2k-1) < \sum_{k=1}^{5} (2\times 3^{k-1})$을 만족시키는 모든 자연수 n의 값의 합을 구하시오. [3점]

95

▶ 25106-0317
2020학년도 9월 모의평가 나형 26번 상중하

n이 자연수일 때, x에 대한 이차방정식

$$x^2-(2n-1)x+n(n-1)=0$$

의 두 근을 α_n, β_n이라 하자. $\sum_{n=1}^{81} \frac{1}{\sqrt{\alpha_n}+\sqrt{\beta_n}}$의 값을 구하시오.

[4점]

96

▶ 25106-0318
2021학년도 3월 학력평가 10번 상중하

자연수 n에 대하여 점 $A_n(n, n^2)$을 지나고 직선 $y=nx$에 수직인 직선이 x축과 만나는 점을 B_n이라 하자.

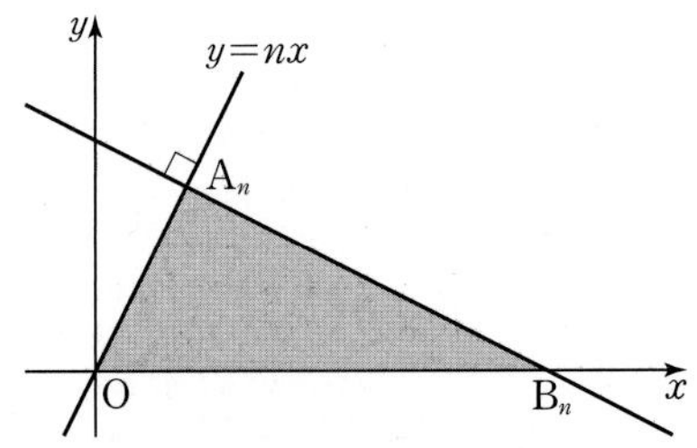

다음은 삼각형 A_nOB_n의 넓이를 S_n이라 할 때, $\sum_{n=1}^{8} \frac{S_n}{n^3}$의 값을 구하는 과정이다. (단, O는 원점이다.)

> 점 $A_n(n, n^2)$을 지나고 직선 $y=nx$에 수직인 직선의 방정식은
>
> $y=$ (가) $\times x+n^2+1$
>
> 이므로 두 점 A_n, B_n의 좌표를 이용하여 S_n을 구하면
>
> $S_n=$ (나)
>
> 따라서
>
> $\sum_{n=1}^{8} \frac{S_n}{n^3}=$ (다)
>
> 이다.

위의 (가), (나)에 알맞은 식을 각각 $f(n)$, $g(n)$이라 하고, (다)에 알맞은 수를 r이라 할 때, $f(1)+g(2)+r$의 값은?

[4점]

① 105 ② 110 ③ 115
④ 120 ⑤ 125

97 ▸25106-0319
2020학년도 수능 나형 17번 상중하

자연수 n의 양의 약수의 개수를 $f(n)$이라 하고, 36의 모든 양의 약수를 a_1, a_2, a_3, $\cdots$, a_9라 하자.

$\sum_{k=1}^{9}\{(-1)^{f(a_k)}\times\log a_k\}$의 값은? [4점]

① $\log 2+\log 3$ ② $2\log 2+\log 3$ ③ $\log 2+2\log 3$ ④ $2\log 2+2\log 3$ ⑤ $3\log 2+2\log 3$

98 ▸25106-0320
2022학년도 9월 모의평가 13번 상중하

첫째항이 -45이고 공차가 d인 등차수열 $\{a_n\}$이 다음 조건을 만족시키도록 하는 모든 자연수 d의 값의 합은? [4점]

(가) $|a_m|=|a_{m+3}|$인 자연수 m이 존재한다.
(나) 모든 자연수 n에 대하여 $\sum_{k=1}^{n}a_k>-100$이다.

① 44 ② 48 ③ 52 ④ 56 ⑤ 60

99 ▸25106-0321
2021학년도 10월 학력평가 14번 상중하

모든 자연수 n에 대하여 직선 $l : x-2y+\sqrt{5}=0$ 위의 점 P_n과 x축 위의 점 Q_n이 다음 조건을 만족시킨다.

• 직선 P_nQ_n과 직선 l이 서로 수직이다.
• $\overline{P_nQ_n}=\overline{P_nP_{n+1}}$이고 점 P_{n+1}의 x좌표는 점 P_n의 x좌표보다 크다.

다음은 점 P_1이 원 $x^2+y^2=1$과 직선 l의 접점일 때, 2 이상의 모든 자연수 n에 대하여 삼각형 OQ_nP_n의 넓이를 구하는 과정이다. (단, O는 원점이다.)

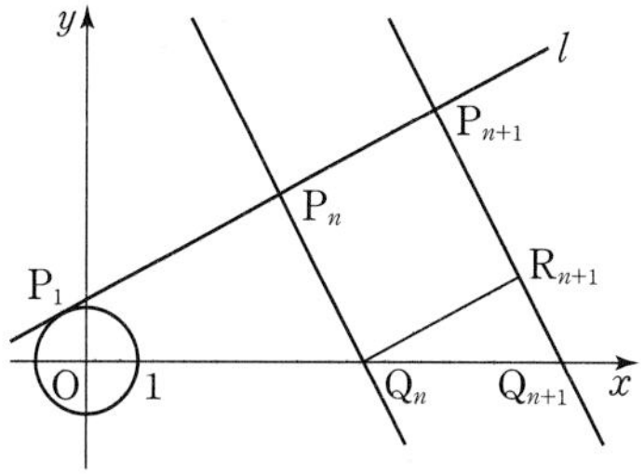

자연수 n에 대하여 점 Q_n을 지나고 직선 l과 평행한 직선이 선분 $P_{n+1}Q_{n+1}$과 만나는 점을 R_{n+1}이라 하면 사각형 $P_nQ_nR_{n+1}P_{n+1}$은 정사각형이다.

직선 l의 기울기가 $\frac{1}{2}$이므로

$\overline{R_{n+1}Q_{n+1}}=$ (가) $\times\overline{P_nP_{n+1}}$

이고

$\overline{P_{n+1}Q_{n+1}}=(1+$ (가) $)\times\overline{P_nQ_n}$

이다. 이때 $\overline{P_1Q_1}=1$이므로 $\overline{P_nQ_n}=$ (나) 이다.

그러므로 2 이상의 자연수 n에 대하여

$\overline{P_1P_n}=\sum_{k=1}^{n-1}\overline{P_kP_{k+1}}=$ (다)

이다. 따라서 2 이상의 자연수 n에 대하여 삼각형 OQ_nP_n의 넓이는

$\frac{1}{2}\times\overline{P_nQ_n}\times\overline{P_1P_n}=\frac{1}{2}\times$ (나) $\times($ (다) $)$

이다.

위의 (가)에 알맞은 수를 p, (나)와 (다)에 알맞은 식을 각각 $f(n)$, $g(n)$이라 할 때, $f(6p)+g(8p)$의 값은? [4점]

① 3 ② 4 ③ 5 ④ 6 ⑤ 7

100 ▸ 25106-0322

2019학년도 10월 학력평가 나형 17번 상중하

수열 $\{a_n\}$의 첫째항부터 제n항까지의 합 S_n이 다음 조건을 만족시킨다.

(가) S_n은 n에 대한 이차식이다.
(나) $S_{10}=S_{50}=10$
(다) S_n은 $n=30$에서 최댓값 410을 갖는다.

50보다 작은 자연수 m에 대하여 $S_m>S_{50}$을 만족시키는 m의 최솟값을 p, 최댓값을 q라 할 때, $\sum_{k=p}^{q} a_k$의 값은? [4점]

① 39　② 40　③ 41　④ 42　⑤ 43

유형 5 수열의 귀납적 정의

수열 $\{a_n\}$의 귀납적 정의
일반적으로 수열 $\{a_n\}$을
(i) 첫째항 a_1의 값
(ii) 두 항 a_n, a_{n+1} $(n=1, 2, 3, \cdots)$ 사이의 관계식
과 같이 귀납적으로 정의할 수 있다.

보기

$a_1=2$, $a_{n+1}=a_n-2n+1$로 정의된 수열 $\{a_n\}$에서 a_4의 값을 구해 보자.
$n=1$을 대입하면 $a_2=a_1-2\times1+1=2-2+1=1$
$n=2$를 대입하면 $a_3=a_2-2\times2+1=1-4+1=-2$
$n=3$을 대입하면 $a_4=a_3-2\times3+1=-2-6+1=-7$

101 ▸ 25106-0323

2021학년도 9월 모의평가 가형 10번 상중하

수열 $\{a_n\}$은 $a_1=12$이고, 모든 자연수 n에 대하여

$$a_{n+1}+a_n=(-1)^{n+1}\times n$$

을 만족시킨다. $a_k>a_1$인 자연수 k의 최솟값은? [3점]

① 2　② 4　③ 6　④ 8　⑤ 10

102 ▸ 25106-0324

2021학년도 10월 학력평가 9번 상중하

수열 $\{a_n\}$이 모든 자연수 n에 대하여

$$a_n+a_{n+1}=2n$$

을 만족시킬 때, a_1+a_{22}의 값은? [4점]

① 18　② 19　③ 20　④ 21　⑤ 22

103 ▸ 25106-0325 2020학년도 3월 학력평가 가형 9번 상중하

수열 $\{a_n\}$은 $a_1=7$이고, 모든 자연수 n에 대하여

$$a_{n+1}=\begin{cases} \dfrac{a_n+3}{2} & (a_n\text{이 소수인 경우}) \\ a_n+n & (a_n\text{이 소수가 아닌 경우}) \end{cases}$$

를 만족시킨다. a_8의 값은? [3점]

① 11 ② 13 ③ 15 ④ 17 ⑤ 19

104 ▸ 25106-0326 2020학년도 9월 모의평가 나형 24번 상중하

수열 $\{a_n\}$이 모든 자연수 n에 대하여

$$a_{n+1}+a_n=3n-1$$

을 만족시킨다. $a_3=4$일 때, a_1+a_5의 값을 구하시오. [3점]

105 ▸ 25106-0327 2020학년도 6월 모의평가 나형 9번 상중하

수열 $\{a_n\}$은 $a_1=1$이고, 모든 자연수 n에 대하여

$$a_{n+1}+(-1)^n\times a_n=2^n$$

을 만족시킨다. a_5의 값은? [3점]

① 1 ② 3 ③ 5 ④ 7 ⑤ 9

106 ▸ 25106-0328 2021학년도 6월 모의평가 나형 14번 상중하

수열 $\{a_n\}$은 $a_1=1$이고, 모든 자연수 n에 대하여

$$\begin{cases} a_{3n-1}=2a_n+1 \\ a_{3n}=-a_n+2 \\ a_{3n+1}=a_n+1 \end{cases}$$

을 만족시킨다. $a_{11}+a_{12}+a_{13}$의 값은? [4점]

① 6 ② 7 ③ 8 ④ 9 ⑤ 10

107 ▸25106-0329

2022학년도 6월 모의평가 9번

상중하

수열 $\{a_n\}$이 모든 자연수 n에 대하여

$$a_{n+1}=\begin{cases} \dfrac{1}{a_n} & (n\text{이 홀수인 경우}) \\ 8a_n & (n\text{이 짝수인 경우}) \end{cases}$$

이고 $a_{12}=\dfrac{1}{2}$일 때, a_1+a_4의 값은? [4점]

① $\dfrac{3}{4}$ ② $\dfrac{9}{4}$ ③ $\dfrac{5}{2}$

④ $\dfrac{17}{4}$ ⑤ $\dfrac{9}{2}$

108 ▸25106-0330

2022학년도 수능 5번

상중하

첫째항이 1인 수열 $\{a_n\}$이 모든 자연수 n에 대하여

$$a_{n+1}=\begin{cases} 2a_n & (a_n<7) \\ a_n-7 & (a_n\geq 7) \end{cases}$$

일 때, $\sum_{k=1}^{8}a_k$의 값은? [3점]

① 30 ② 32 ③ 34

④ 36 ⑤ 38

109 ▸25106-0331

2022학년도 10월 학력평가 8번

상중하

첫째항이 20인 수열 $\{a_n\}$이 모든 자연수 n에 대하여

$$a_{n+1}=|a_n|-2$$

를 만족시킬 때, $\sum_{n=1}^{30}a_n$의 값은? [3점]

① 88 ② 90 ③ 92

④ 94 ⑤ 96

110 ▸25106-0332

2019학년도 3월 학력평가 나형 25번

상중하

첫째항이 4인 수열 $\{a_n\}$이 모든 자연수 n에 대하여

$$a_{n+2}=a_{n+1}+a_n$$

을 만족시킨다. $a_4=34$일 때, a_2의 값을 구하시오. [3점]

111

▸ 25106-0333

2021학년도 6월 모의평가 가형 24번

수열 $\{a_n\}$은 $a_1=9$, $a_2=3$이고, 모든 자연수 n에 대하여

$$a_{n+2}=a_{n+1}-a_n$$

을 만족시킨다. $|a_k|=3$을 만족시키는 100 이하의 자연수 k의 개수를 구하시오. [3점]

112

▸ 25106-0334

2020학년도 3월 학력평가 나형 15번

수열 $\{a_n\}$이 모든 자연수 n에 대하여

$$a_{n+1}=\sum_{k=1}^{n} ka_k$$

를 만족시킨다. $a_1=2$일 때, $a_2+\frac{a_{51}}{a_{50}}$의 값은? [4점]

① 47 ② 49 ③ 51 ④ 53 ⑤ 55

113

▸ 25106-0335

2021학년도 10월 학력평가 19번

상중하

수열 $\{a_n\}$이 다음 조건을 만족시킨다.

(가) $a_{n+2}=\begin{cases} a_n-3 & (n=1, 3) \\ a_n+3 & (n=2, 4) \end{cases}$

(나) 모든 자연수 n에 대하여 $a_n=a_{n+6}$이 성립한다.

$\sum_{k=1}^{32} a_k=112$일 때, a_1+a_2의 값을 구하시오. [3점]

114

▸ 25106-0336

2024학년도 수능 15번

첫째항이 자연수인 수열 $\{a_n\}$이 모든 자연수 n에 대하여

$$a_{n+1}=\begin{cases} 2^{a_n} & (a_n\text{이 홀수인 경우}) \\ \frac{1}{2}a_n & (a_n\text{이 짝수인 경우}) \end{cases}$$

를 만족시킬 때, $a_6+a_7=3$이 되도록 하는 모든 a_1의 값의 합은? [4점]

① 139 ② 146 ③ 153 ④ 160 ⑤ 167

115
▸ 25106-0337
2024학년도 10월 학력평가 15번
상중하

모든 항이 자연수인 수열 $\{a_n\}$이 모든 자연수 n에 대하여

$$a_{n+1}=\begin{cases} \dfrac{a_n}{n} & (n\text{이 } a_n\text{의 약수인 경우}) \\ 3a_n+1 & (n\text{이 } a_n\text{의 약수가 아닌 경우}) \end{cases}$$

를 만족시킬 때, $a_6=2$가 되도록 하는 모든 a_1의 값의 합은? [4점]

① 254 ② 264 ③ 274 ④ 284 ⑤ 294

116
▸ 25106-0338
2023학년도 3월 학력평가 15번
상중하

모든 항이 자연수인 수열 $\{a_n\}$이 모든 자연수 n에 대하여

$$a_{n+2}=\begin{cases} a_{n+1}+a_n & (a_{n+1}+a_n\text{이 홀수인 경우}) \\ \dfrac{1}{2}(a_{n+1}+a_n) & (a_{n+1}+a_n\text{이 짝수인 경우}) \end{cases}$$

를 만족시킨다. $a_1=1$일 때, $a_6=34$가 되도록 하는 모든 a_2의 값의 합은? [4점]

① 60 ② 64 ③ 68 ④ 72 ⑤ 76

117
▸ 25106-0339
2024학년도 9월 모의평가 12번
상중하

첫째항이 자연수인 수열 $\{a_n\}$이 모든 자연수 n에 대하여

$$a_{n+1}=\begin{cases} a_n+1 & (a_n\text{이 홀수인 경우}) \\ \dfrac{1}{2}a_n & (a_n\text{이 짝수인 경우}) \end{cases}$$

를 만족시킬 때, $a_2+a_4=40$이 되도록 하는 모든 a_1의 값의 합은? [4점]

① 172 ② 175 ③ 178 ④ 181 ⑤ 184

118
▸ 25106-0340
2024학년도 3월 학력평가 15번
상중하

수열 $\{a_n\}$이 모든 자연수 n에 대하여

$$a_{n+1}=\begin{cases} a_n & (a_n>n) \\ 3n-2-a_n & (a_n\le n) \end{cases}$$

을 만족시킬 때, $a_5=5$가 되도록 하는 모든 a_1의 값의 곱은? [4점]

① 20 ② 30 ③ 40 ④ 50 ⑤ 60

119

▸ 25106-0341

2021학년도 3월 학력평가 19번

상 중 하

수열 $\{a_n\}$의 첫째항부터 제n항까지의 합을 S_n이라 하자. $a_1=2$, $a_2=4$이고 2 이상의 모든 자연수 n에 대하여

$$a_{n+1}S_n=a_nS_{n+1}$$

이 성립할 때, S_5의 값을 구하시오. [3점]

120

▸ 25106-0342

2023학년도 9월 모의평가 15번

상 중 하

수열 $\{a_n\}$이 다음 조건을 만족시킨다.

(가) 모든 자연수 k에 대하여 $a_{4k}=r^k$이다.
(단, r은 $0<|r|<1$인 상수이다.)
(나) $a_1<0$이고, 모든 자연수 n에 대하여

$$a_{n+1}=\begin{cases} a_n+3 & (|a_n|<5) \\ -\frac{1}{2}a_n & (|a_n|\ge 5) \end{cases}$$

이다.

$|a_m|\ge 5$를 만족시키는 100 이하의 자연수 m의 개수를 p라 할 때, $p+a_1$의 값은? [4점]

① 8 ② 10 ③ 12 ④ 14 ⑤ 16

121

▸ 25106-0343

2023학년도 수능 15번

상 중 하

모든 항이 자연수이고 다음 조건을 만족시키는 모든 수열 $\{a_n\}$에 대하여 a_9의 최댓값과 최솟값을 각각 M, m이라 할 때, $M+m$의 값은? [4점]

(가) $a_7=40$
(나) 모든 자연수 n에 대하여

$$a_{n+2}=\begin{cases} a_{n+1}+a_n & (a_{n+1}\text{이 3의 배수가 아닌 경우}) \\ \frac{1}{3}a_{n+1} & (a_{n+1}\text{이 3의 배수인 경우}) \end{cases}$$

이다.

① 216 ② 218 ③ 220 ④ 222 ⑤ 224

Ⅲ

수열

122

▸ 25106-0344

2021학년도 수능 나형 21번

상 중 하

수열 $\{a_n\}$은 $0<a_1<1$이고, 모든 자연수 n에 대하여 다음 조건을 만족시킨다.

(가) $a_{2n}=a_2\times a_n+1$
(나) $a_{2n+1}=a_2\times a_n-2$

$a_7=2$일 때, a_{25}의 값은? [4점]

① 78 ② 80 ③ 82 ④ 84 ⑤ 86

123
▸ 25106-0345
2022학년도 3월 학력평가 20번
상 중 하

수열 $\{a_n\}$은 $1<a_1<2$이고, 모든 자연수 n에 대하여

$$a_{n+1}=\begin{cases} -2a_n & (a_n<0) \\ a_n-2 & (a_n\geq 0) \end{cases}$$

을 만족시킨다. $a_7=-1$일 때, $40\times a_1$의 값을 구하시오. [4점]

124
▸ 25106-0346
2024학년도 6월 모의평가 15번
상 중 하

자연수 k에 대하여 다음 조건을 만족시키는 수열 $\{a_n\}$이 있다.

> $a_1=k$이고, 모든 자연수 n에 대하여
>
> $$a_{n+1}=\begin{cases} a_n+2n-k & (a_n\leq 0) \\ a_n-2n-k & (a_n>0) \end{cases}$$
>
> 이다.

$a_3\times a_4\times a_5\times a_6<0$이 되도록 하는 모든 k의 값의 합은? [4점]

① 10 ② 14 ③ 18
④ 22 ⑤ 26

125
▸ 25106-0347
2023학년도 10월 학력평가 15번
상 중 하

모든 항이 자연수인 수열 $\{a_n\}$이 다음 조건을 만족시킨다.

> (가) 모든 자연수 n에 대하여
>
> $$a_{n+1}=\begin{cases} \frac{1}{2}a_n+2n & (a_n\text{이 4의 배수인 경우}) \\ a_n+2n & (a_n\text{이 4의 배수가 아닌 경우}) \end{cases}$$
>
> 이다.
>
> (나) $a_3>a_5$

$50<a_4+a_5<60$이 되도록 하는 a_1의 최댓값과 최솟값을 각각 M, m이라 할 때, $M+m$의 값은? [4점]

① 224 ② 228 ③ 232
④ 236 ⑤ 240

126
▸ 25106-0348
2023학년도 6월 모의평가 15번
상 중 하

자연수 k에 대하여 다음 조건을 만족시키는 수열 $\{a_n\}$이 있다.

> $a_1=0$이고, 모든 자연수 n에 대하여
>
> $$a_{n+1}=\begin{cases} a_n+\frac{1}{k+1} & (a_n\leq 0) \\ a_n-\frac{1}{k} & (a_n>0) \end{cases}$$
>
> 이다.

$a_{22}=0$이 되도록 하는 모든 k의 값의 합은? [4점]

① 12 ② 14 ③ 16
④ 18 ⑤ 20

127

▸ 25106-0349

2021학년도 수능 가형 21번

상중하

수열 $\{a_n\}$은 $0<a_1<1$이고, 모든 자연수 n에 대하여 다음 조건을 만족시킨다.

(가) $a_{2n}=a_2\times a_n+1$
(나) $a_{2n+1}=a_2\times a_n-2$

$a_8-a_{15}=63$일 때, $\dfrac{a_8}{a_1}$의 값은? [4점]

① 91 ② 92 ③ 93
④ 94 ⑤ 95

128

▸ 25106-0350

2020학년도 6월 모의평가 나형 28번

상중하

첫째항이 2이고 공비가 정수인 등비수열 $\{a_n\}$과 자연수 m이 다음 조건을 만족시킬 때, a_m의 값을 구하시오. [4점]

(가) $4<a_2+a_3\leq 12$
(나) $\sum_{k=1}^{m} a_k=122$

129

▸ 25106-0351

2025학년도 9월 모의평가 12번

상중하

수열 $\{a_n\}$은 등차수열이고, 수열 $\{b_n\}$은 모든 자연수 n에 대하여

$$b_n=\sum_{k=1}^{n}(-1)^{k+1}a_k$$

를 만족시킨다. $b_2=-2$, $b_3+b_7=0$일 때, 수열 $\{b_n\}$의 첫째항부터 제9항까지의 합은? [4점]

① -22 ② -20 ③ -18
④ -16 ⑤ -14

유형 6 수학적 귀납법

모든 자연수 n에 대한 명제 $p(n)$이 성립함을 증명하려면 다음 두 가지를 보이면 된다.

(i) $n=1$일 때 명제 $p(n)$이 성립한다.

(ii) $n=k$일 때 명제 $p(n)$이 성립한다고 가정하면 $n=k+1$일 때도 명제 $p(n)$이 성립한다.

보기

모든 자연수 n에 대하여 등식 $1+2+3+\cdots+n=\frac{n(n+1)}{2}$이 성립함을 보이자.

(i) $n=1$일 때, $1=1$이므로 성립한다.

(ii) $n=k$일 때 주어진 등식이 성립한다고 가정하면

$1+2+3+\cdots+k=\frac{k(k+1)}{2}$이고

이 등식의 양변에 $(k+1)$을 더하면

$$1+2+3+\cdots+k+(k+1)=\frac{k(k+1)}{2}+(k+1)=\frac{k(k+1)+2(k+1)}{2}=\frac{(k+1)(k+2)}{2}$$

이므로 $n=k+1$일 때도 성립한다.

따라서 모든 자연수 n에 대하여 주어진 등식이 성립한다.

130 ▸ 25106-0352 2021학년도 6월 모의평가 가형 15번 상중하

수열 $\{a_n\}$의 일반항은

$$a_n=(2^{2n}-1)\times 2^{n(n-1)}+(n-1)\times 2^{-n}$$

이다. 다음은 모든 자연수 n에 대하여

$$\sum_{k=1}^{n} a_k=2^{n(n+1)}-(n+1)\times 2^{-n} \quad \cdots\cdots (*)$$

임을 수학적 귀납법을 이용하여 증명한 것이다.

(i) $n=1$일 때, (좌변)$=3$, (우변)$=3$이므로 $(*)$이 성립한다.

(ii) $n=m$일 때, $(*)$이 성립한다고 가정하면

$\sum_{k=1}^{m} a_k=2^{m(m+1)}-(m+1)\times 2^{-m}$

이다. $n=m+1$일 때,

$$\sum_{k=1}^{m+1} a_k=2^{m(m+1)}-(m+1)\times 2^{-m}+(2^{2m+2}-1)\times \boxed{(가)}+m\times 2^{-m-1}$$
$$=\boxed{(가)}\times\boxed{(나)}-\frac{m+2}{2}\times 2^{-m}$$
$$=2^{(m+1)(m+2)}-(m+2)\times 2^{-(m+1)}$$

이다. 따라서 $n=m+1$일 때도 $(*)$이 성립한다.

(i), (ii)에 의하여 모든 자연수 n에 대하여

$\sum_{k=1}^{n} a_k=2^{n(n+1)}-(n+1)\times 2^{-n}$

이다.

위의 (가), (나)에 알맞은 식을 각각 $f(m)$, $g(m)$이라 할 때, $\frac{g(7)}{f(3)}$의 값은? [4점]

① 2 ② 4 ③ 8 ④ 16 ⑤ 32

131

▸ 25106-0353
2020학년도 10월 학력평가 가형 19번

상 중 하

다음은 모든 자연수 n에 대하여

$$\sum_{k=1}^{n}\frac{(-1)^{k-1}{}_{n}C_{k}}{k}=\sum_{k=1}^{n}\frac{1}{k} \quad \cdots\cdots (*)$$

이 성립함을 수학적 귀납법을 이용하여 증명한 것이다.

(i) $n=1$일 때, (좌변)$=1$, (우변)$=1$이므로 $(*)$이 성립한다.
(ii) $n=m$일 때, $(*)$이 성립한다고 가정하면

$$\sum_{k=1}^{m}\frac{(-1)^{k-1}{}_{m}C_{k}}{k}=\sum_{k=1}^{m}\frac{1}{k}$$

이다. $n=m+1$일 때,

$$\sum_{k=1}^{m+1}\frac{(-1)^{k-1}{}_{m+1}C_{k}}{k}$$
$$=\sum_{k=1}^{m}\frac{(-1)^{k-1}{}_{m+1}C_{k}}{k}+\boxed{(가)}$$
$$=\sum_{k=1}^{m}\frac{(-1)^{k-1}({}_{m}C_{k}+{}_{m}C_{k-1})}{k}+\boxed{(가)}$$
$$=\sum_{k=1}^{m}\frac{1}{k}+\sum_{k=1}^{m+1}\left\{\frac{(-1)^{k-1}}{k}\times\frac{\boxed{(나)}}{(m-k+1)!(k-1)!}\right\}$$
$$=\sum_{k=1}^{m}\frac{1}{k}+\sum_{k=1}^{m+1}\left\{\frac{(-1)^{k-1}}{\boxed{(다)}}\times\frac{(m+1)!}{(m-k+1)!k!}\right\}$$
$$=\sum_{k=1}^{m}\frac{1}{k}+\frac{1}{m+1}$$
$$=\sum_{k=1}^{m+1}\frac{1}{k}$$

이다. 따라서 $n=m+1$일 때도 $(*)$이 성립한다.
(i), (ii)에 의하여 모든 자연수 n에 대하여 $(*)$이 성립한다.

위의 (가), (나), (다)에 알맞은 식을 각각 $f(m)$, $g(m)$, $h(m)$이라 할 때, $\frac{g(3)+h(3)}{f(4)}$의 값은? [4점]

① 40 ② 45 ③ 50
④ 55 ⑤ 60

132

▸ 25106-0354
2020학년도 10월 학력평가 나형 18번

상 중 하

3 이상의 자연수 n에 대하여 집합

$$A_n=\{(p,\ q)\,|\,p<q\text{이고 } p,\ q\text{는 } n \text{ 이하의 자연수}\}$$

이다. 집합 A_n의 모든 원소 $(p,\ q)$에 대하여 q의 값의 평균을 a_n이라 하자. 다음은 3 이상의 자연수 n에 대하여 $a_n=\frac{2n+2}{3}$임을 수학적 귀납법을 이용하여 증명한 것이다.

(i) $n=3$일 때, $A_3=\{(1,\ 2),\ (1,\ 3),\ (2,\ 3)\}$이므로
$a_3=\frac{2+3+3}{3}=\frac{8}{3}$이고 $\frac{2\times3+2}{3}=\frac{8}{3}$이다.
그러므로 $a_n=\frac{2n+2}{3}$가 성립한다.
(ii) $n=k\ (k\geq3)$일 때, $a_k=\frac{2k+2}{3}$가 성립한다고 가정하자.
$n=k+1$일 때,
$A_{k+1}=A_k\cup\{(1,\ k+1),\ (2,\ k+1),\ \cdots,\ (k,\ k+1)\}$
이고 집합 A_k의 원소의 개수는 $\boxed{(가)}$이므로

$$a_{k+1}=\frac{\boxed{(가)}\times\frac{2k+2}{3}+\boxed{(나)}}{{}_{k+1}C_2}$$
$$=\frac{2k+4}{3}=\frac{2(k+1)+2}{3}$$

이다. 따라서 $n=k+1$일 때도 $a_n=\frac{2n+2}{3}$가 성립한다.
(i), (ii)에 의하여 3 이상의 자연수 n에 대하여
$a_n=\frac{2n+2}{3}$이다.

위의 (가), (나)에 알맞은 식을 각각 $f(k)$, $g(k)$라 할 때, $f(10)+g(9)$의 값은? [4점]

① 131 ② 133 ③ 135
④ 137 ⑤ 139

Ⅲ 수열

도전 1등급 문제

01

▸ 25106-0355

2022학년도 9월 모의평가 15번

수열 $\{a_n\}$은 $|a_1| \le 1$이고, 모든 자연수 n에 대하여

$$a_{n+1}=\begin{cases} -2a_n-2 & \left(-1\le a_n<-\frac{1}{2}\right) \\ 2a_n & \left(-\frac{1}{2}\le a_n\le\frac{1}{2}\right) \\ -2a_n+2 & \left(\frac{1}{2}<a_n\le 1\right) \end{cases}$$

을 만족시킨다. $a_5+a_6=0$이고 $\sum_{k=1}^{5} a_k>0$이 되도록 하는 모든 a_1의 값의 합은? [4점]

① $\frac{9}{2}$　② 5　③ $\frac{11}{2}$　④ 6　⑤ $\frac{13}{2}$

02

▸ 25106-0356

2020학년도 수능 나형 21번

수열 $\{a_n\}$이 모든 자연수 n에 대하여 다음 조건을 만족시킨다.

(가) $a_{2n}=a_n-1$
(나) $a_{2n+1}=2a_n+1$

$a_{20}=1$일 때, $\sum_{n=1}^{63} a_n$의 값은? [4점]

① 704　② 712　③ 720　④ 728　⑤ 736

03

▸ 25106-0357

2021학년도 6월 모의평가 나형 28번

수열 $\{a_n\}$이 모든 자연수 n에 대하여

$$\sum_{k=1}^{n} \frac{4k-3}{a_k}=2n^2+7n$$

을 만족시킨다. $a_5 \times a_7 \times a_9=\frac{q}{p}$일 때, $p+q$의 값을 구하시오. (단, p와 q는 서로소인 자연수이다.) [4점]

04 ▸ 25106-0358 2020학년도 수능 나형 15번

첫째항이 50이고 공차가 -4인 등차수열의 첫째항부터 제n항까지의 합을 S_n이라 할 때, $\sum_{k=m}^{m+4} S_k$의 값이 최대가 되도록 하는 자연수 m의 값은? [4점]

① 8　② 9　③ 10　④ 11　⑤ 12

05 ▸ 25106-0359 2021학년도 9월 모의평가 나형 21번

수열 $\{a_n\}$은 모든 자연수 n에 대하여

$$a_{n+2}=\begin{cases} 2a_n+a_{n+1} & (a_n \le a_{n+1}) \\ a_n+a_{n+1} & (a_n > a_{n+1}) \end{cases}$$

을 만족시킨다. $a_3=2$, $a_6=19$가 되도록 하는 모든 a_1의 값의 합은? [4점]

① $-\frac{1}{2}$　② $-\frac{1}{4}$　③ 0　④ $\frac{1}{4}$　⑤ $\frac{1}{2}$

06 ▸ 25106-0360 2022학년도 10월 학력평가 15번

수열 $\{a_n\}$의 첫째항부터 제n항까지의 합을 S_n이라 하자. 두 자연수 p, q에 대하여 $S_n=pn^2-36n+q$일 때, S_n이 다음 조건을 만족시키도록 하는 p의 최솟값을 p_1이라 하자.

> 임의의 두 자연수 i, j에 대하여 $i \ne j$이면 $S_i \ne S_j$이다.

$p=p_1$일 때, $|a_k|<a_1$을 만족시키는 자연수 k의 개수가 3이 되도록 하는 모든 q의 값의 합은? [4점]

① 372　② 377　③ 382　④ 387　⑤ 392

Ⅲ 수열

07 ▸ 25106-0361
2025학년도 9월 모의평가 22번

양수 k에 대하여 $a_1=k$인 수열 $\{a_n\}$이 다음 조건을 만족시킨다.

(가) $a_2 \times a_3 < 0$
(나) 모든 자연수 n에 대하여
$\left(a_{n+1}-a_n+\frac{2}{3}k\right)(a_{n+1}+ka_n)=0$이다.

$a_5=0$이 되도록 하는 서로 다른 모든 양수 k에 대하여 k^2의 값의 합을 구하시오. [4점]

08 ▸ 25106-0362
2019학년도 10월 학력평가 나형 29번

첫째항이 짝수인 수열 $\{a_n\}$은 모든 자연수 n에 대하여

$$a_{n+1}=\begin{cases} a_n+3 & (a_n\text{이 홀수인 경우}) \\ \dfrac{a_n}{2} & (a_n\text{이 짝수인 경우}) \end{cases}$$

를 만족시킨다. $a_5=5$일 때, 수열 $\{a_n\}$의 첫째항이 될 수 있는 모든 수의 합을 구하시오. [4점]

09 ▸ 25106-0363
2019학년도 3월 학력평가 나형 29번

자연수 m에 대하여 다음 조건을 만족시키는 모든 자연수 k의 값의 합을 $A(m)$이라 하자.

3×2^m은 첫째항이 3이고 공비가 2 이상의 자연수인 등비수열의 제k항이다.

예를 들어, 3×2^2은 첫째항이 3이고 공비가 2인 등비수열의 제3항, 첫째항이 3이고 공비가 4인 등비수열의 제2항이 되므로 $A(2)=3+2=5$이다. $A(200)$의 값을 구하시오. [4점]

10

▸ 25106-0364

2024학년도 9월 모의평가 21번

모든 항이 자연수인 등차수열 $\{a_n\}$의 첫째항부터 제n항까지의 합을 S_n이라 하자. a_7이 13의 배수이고 $\sum_{k=1}^{7} S_k=644$일 때, a_2의 값을 구하시오. [4점]

11

▸ 25106-0365

2020학년도 3월 학력평가 가형 29번

자연수 n에 대하여 두 점 $\mathrm{A}(0,\ n+5)$, $\mathrm{B}(n+4,\ 0)$과 원점 O를 꼭짓점으로 하는 삼각형 AOB가 있다. 삼각형 AOB의 내부에 포함된 정사각형 중 한 변의 길이가 1이고 꼭짓점의 x좌표와 y좌표가 모두 자연수인 정사각형의 개수를 a_n이라 하자. $\sum_{n=1}^{8} a_n$의 값을 구하시오. [4점]

Ⅲ 수열

12

▸ 25106-0366

2025학년도 6월 모의평가 22번

수열 $\{a_n\}$은

$$a_2=-a_1$$

이고, $n\geq 2$인 모든 자연수 n에 대하여

$$a_{n+1}=\begin{cases} a_n-\sqrt{n}\times a_{\sqrt{n}} & (\sqrt{n}\text{이 자연수이고 } a_n>0\text{인 경우}) \\ a_n+1 & (\text{그 외의 경우}) \end{cases}$$

를 만족시킨다. $a_{15}=1$이 되도록 하는 모든 a_1의 값의 곱을 구하시오. [4점]

13

▸ 25106-0367

2025학년도 수능 22번

모든 항이 정수이고 다음 조건을 만족시키는 모든 수열 $\{a_n\}$에 대하여 $|a_1|$의 값의 합을 구하시오. [4점]

(가) 모든 자연수 n에 대하여

$$a_{n+1}=\begin{cases} a_n-3 & (|a_n|\text{이 홀수인 경우}) \\ \frac{1}{2}a_n & (a_n=0\text{ 또는 }|a_n|\text{이 짝수인 경우}) \end{cases}$$

이다.

(나) $|a_m|=|a_{m+2}|$인 자연수 m의 최솟값은 3이다.

EBSi 사이트
무료 강의 제공

2026학년도 수능 대비

수능 기출의 미래

'한눈에 보는 정답'
& 정답과 풀이 바로가기

정답과 풀이

수학영역 수학 I

2026학년도 수능 대비

수능 기출의 미래

수학영역 수학Ⅰ

All New

정답과 풀이

정답과 풀이

I 지수함수와 로그함수

본문 8~37쪽

수능 유형별 기출문제

01 ④	02 ⑤	03 ①	04 ⑤	05 ⑤
06 ③	07 ③	08 ④	09 ④	10 ③
11 ⑤	12 ④	13 ①	14 ①	15 ⑤
16 ②	17 ③	18 ⑤	19 ⑤	20 ④
21 ②	22 ①	23 ②	24 ②	25 ⑤
26 ④	27 ③	28 ②	29 ⑤	30 ①
31 ②	32 ③	33 17	34 ②	35 ④
36 ②	37 ③	38 ②	39 ①	40 2
41 2	42 ①	43 2	44 2	45 4
46 3	47 5	48 ③	49 ②	50 ①
51 ④	52 ①	53 ④	54 ②	55 ②
56 5	57 22	58 ②	59 ③	60 ⑤
61 ②	62 426	63 4	64 ①	65 ②
66 ①	67 ②	68 ③	69 21	70 ①
71 ②	72 ③	73 ⑤	74 ②	75 18
76 ③	77 ④	78 ②	79 ③	80 ⑤
81 ③	82 ④	83 ⑤	84 54	85 ⑤
86 ③	87 ⑤	88 ⑤	89 ⑤	90 ⑤
91 ④	92 12	93 ④	94 7	95 12
96 10	97 7	98 7	99 6	100 10
101 6	102 7	103 6	104 2	105 3
106 ④	107 ④	108 ④	109 ②	110 ①
111 ⑤	112 ③	113 ⑤	114 6	115 ④
116 3	117 15	118 ②		

유형 1 지수의 정의와 지수법칙

01

$3^0 \times 8^{\frac{2}{3}} = 1 \times (2^3)^{\frac{2}{3}} = 2^2 = 4$

답 ④

02

$\sqrt[3]{5} \times 25^{\frac{1}{3}} = 5^{\frac{1}{3}} \times (5^2)^{\frac{1}{3}} = 5^{\frac{1}{3}} \times 5^{\frac{2}{3}} = 5^{\frac{1}{3}+\frac{2}{3}}$

$= 5^1 = 5$

답 ⑤

03

$\sqrt[3]{24} \times 3^{\frac{2}{3}} = (2^3 \times 3)^{\frac{1}{3}} \times 3^{\frac{2}{3}} = (2^3)^{\frac{1}{3}} \times 3^{\frac{1}{3}} \times 3^{\frac{2}{3}} = 2 \times 3^{\frac{1}{3}+\frac{2}{3}}$

$= 2 \times 3 = 6$

답 ①

04

$\sqrt[3]{54} \times 2^{\frac{5}{3}} = (3^3 \times 2)^{\frac{1}{3}} \times 2^{\frac{5}{3}} = (3^3)^{\frac{1}{3}} \times 2^{\frac{1}{3}} \times 2^{\frac{5}{3}} = 3^1 \times 2^{\frac{1}{3}+\frac{5}{3}}$

$= 3 \times 2^2 = 12$

답 ⑤

05

$\sqrt[3]{27} \times 4^{-\frac{1}{2}} = (3^3)^{\frac{1}{3}} \times (2^2)^{-\frac{1}{2}} = 3 \times 2^{-1} = 3 \times \frac{1}{2} = \frac{3}{2}$

답 ⑤

06

$\sqrt[3]{9} \times 3^{\frac{1}{3}} = (3^2)^{\frac{1}{3}} \times 3^{\frac{1}{3}} = 3^{\frac{2}{3}+\frac{1}{3}} = 3^1 = 3$

답 ③

07

$\sqrt{8} \times 4^{\frac{1}{4}} = 2^{\frac{3}{2}} \times (2^2)^{\frac{1}{4}} = 2^{\frac{3}{2}} \times 2^{\frac{1}{2}} = 2^{\frac{3}{2}+\frac{1}{2}} = 2^2 = 4$

답 ③

08

$\left(\frac{2^{\sqrt{3}}}{2}\right)^{\sqrt{3}+1} = (2^{\sqrt{3}-1})^{\sqrt{3}+1} = 2^{(\sqrt{3}-1)(\sqrt{3}+1)} = 2^{3-1} = 2^2 = 4$

답 ④

09

$\left(\frac{4}{\sqrt[3]{2}}\right)^{\frac{6}{5}} = \left(2^{2-\frac{1}{3}}\right)^{\frac{6}{5}} = \left(2^{\frac{5}{3}}\right)^{\frac{6}{5}} = 2^2 = 4$

답 ④

10

$2^{\sqrt{2}} \times \left(\frac{1}{2}\right)^{\sqrt{2}-1} = 2^{\sqrt{2}} \times 2^{-\sqrt{2}+1} = 2^{\sqrt{2}-\sqrt{2}+1} = 2^1 = 2$

답 ③

11

$3^{1-\sqrt{5}} \times 3^{1+\sqrt{5}} = 3^{(1-\sqrt{5})+(1+\sqrt{5})} = 3^2 = 9$

답 ⑤

12

$2^{\sqrt{3}} \times 2^{2-\sqrt{3}} = 2^{\sqrt{3}+(2-\sqrt{3})} = 2^2 = 4$

답 ④

13

$(-\sqrt{2})^4 \times 8^{-\frac{2}{3}} = (-1)^4 \times (2^{\frac{1}{2}})^4 \times (2^3)^{-\frac{2}{3}}$
$= 2^2 \times 2^{-2} = 2^0 = 1$

답 ①

14

$\frac{1}{\sqrt[4]{3}} \times 3^{-\frac{7}{4}} = 3^{-\frac{1}{4}} \times 3^{-\frac{7}{4}} = 3^{-\frac{1}{4}+\left(-\frac{7}{4}\right)} = 3^{-2} = \frac{1}{9}$

답 ①

15

$(3\sqrt{3})^{\frac{1}{3}} \times 3^{\frac{3}{2}} = (3^{\frac{3}{2}})^{\frac{1}{3}} \times 3^{\frac{3}{2}} = 3^{\frac{3}{2}\times\frac{1}{3}+\frac{3}{2}} = 3^2 = 9$

답 ⑤

16

$\sqrt[3]{2} \times 2^{\frac{2}{3}} = 2^{\frac{1}{3}} \times 2^{\frac{2}{3}} = 2^{\frac{1}{3}+\frac{2}{3}} = 2^1 = 2$

답 ②

17

$3^3 \div 81^{\frac{1}{2}} = 3^3 \div (3^4)^{\frac{1}{2}} = 3^3 \div 3^{4\times\frac{1}{2}} = 3^3 \div 3^2 = 3^{3-2} = 3$

답 ③

18

$\sqrt[3]{8} \times 4^{\frac{3}{2}} = 8^{\frac{1}{3}} \times 4^{\frac{3}{2}} = (2^3)^{\frac{1}{3}} \times (2^2)^{\frac{3}{2}} = 2 \times 2^3 = 2^4 = 16$

답 ⑤

19

$5^0 \times 25^{\frac{1}{2}} = 1 \times (5^2)^{\frac{1}{2}} = 5$

답 ⑤

20

$8^{\frac{4}{3}} \times 2^{-2} = (2^3)^{\frac{4}{3}} \times 2^{-2} = 2^4 \times 2^{-2} = 2^{4-2} = 2^2 = 4$

답 ④

21

$16 \times 2^{-3} = 2^4 \times 2^{-3} = 2^{4-3} = 2$

답 ②

22

$\sqrt[3]{8} \times \frac{2^{\sqrt{2}}}{2^{1+\sqrt{2}}} = (2^3)^{\frac{1}{3}} \times 2^{\sqrt{2}-(1+\sqrt{2})} = 2 \times 2^{-1} = 1$

답 ①

23

$\frac{\sqrt[4]{32}}{\sqrt[8]{4}} = 32^{\frac{1}{4}} \times 4^{-\frac{1}{8}} = (2^5)^{\frac{1}{4}} \times (2^2)^{-\frac{1}{8}}$
$= 2^{\frac{5}{4}} \times 2^{-\frac{2}{8}} = 2^{\frac{5}{4}-\frac{1}{4}} = 2$

답 ②

24

$(2^{\sqrt{3}} \times 4)^{\sqrt{3}-2} = (2^{\sqrt{3}} \times 2^2)^{\sqrt{3}-2} = (2^{\sqrt{3}+2})^{\sqrt{3}-2} = 2^{(\sqrt{3}+2)(\sqrt{3}-2)}$
$= 2^{3-4} = 2^{-1} = \frac{1}{2}$

답 ②

25

$\left(\frac{4}{2^{\sqrt{2}}}\right)^{2+\sqrt{2}}=(2^2\div 2^{\sqrt{2}})^{2+\sqrt{2}}=(2^{2-\sqrt{2}})^{2+\sqrt{2}}$

$=(2^{2-\sqrt{2}})^{2+\sqrt{2}}$

$=2^{(2-\sqrt{2})(2+\sqrt{2})}$

$=2^2$

$=4$

답 ⑤

26

$\left(\frac{5}{\sqrt[3]{25}}\right)^{\frac{3}{2}}=\left(\frac{5}{5^{\frac{2}{3}}}\right)^{\frac{3}{2}}$

$=\left(5^{\frac{1}{3}}\right)^{\frac{3}{2}}$

$=5^{\frac{1}{3}\times\frac{3}{2}}$

$=5^{\frac{1}{2}}$

$=\sqrt{5}$

답 ④

27

$\left(a^{\frac{2}{3}}\right)^{\frac{1}{2}}=a^{\frac{2}{3}\times\frac{1}{2}}=a^{\frac{1}{3}}$

$a^{\frac{1}{3}}$의 값이 자연수가 되기 위해서는 자연수 a를 어떤 자연수의 세제곱 꼴로 나타낼 수 있어야 한다.

$1^3=1,\ 2^3=8,\ 3^3=27,\ \cdots$

이고 a는 10 이하의 자연수이므로 $a^{\frac{1}{3}}$의 값이 자연수가 되는 a의 값은 1, 8이다.

따라서 모든 a의 값의 합은

$1+8=9$

답 ③

28

(i) $m>0$인 경우

n의 값에 관계없이 m의 n제곱근 중에서 실수인 것이 존재한다. 그러므로 $m>0$인 순서쌍 $(m,\ n)$의 개수는 $\boxed{{}_{10}C_2=45}$이다.

(ii) $m<0$인 경우

n이 홀수이면 m의 n제곱근 중에서 실수인 것이 항상 존재한다. 한편, n이 짝수이면 m의 n제곱근 중에서 실수인 것은 존재하지 않는다. 그러므로 $m<0$인 순서쌍 $(m,\ n)$의 개수는 $\boxed{2+4+6+8=20}$이다.

(i), (ii)에 의하여 m의 n제곱근 중에서 실수인 것이 존재하도록 하는 순서쌍 $(m,\ n)$의 개수는 $\boxed{45}+\boxed{20}$이다.

따라서 (가), (나)에 알맞은 수는 각각 45, 20이고

$p+q=65$

답 ②

29

$\sqrt[3]{2m}=(2m)^{\frac{1}{3}}$이 자연수이므로

$m=2^2\times k^3$ (k는 자연수)

꼴이다.

135 이하의 자연수 중 m이 될 수 있는 값은

$2^2\times 1^3,\ 2^2\times 2^3,\ 2^2\times 3^3$

이다.

또, $\sqrt{n^3}=n^{\frac{3}{2}}$이 자연수이므로

$n=l^2$ (l은 자연수)

꼴이다.

9 이하의 자연수 중 n이 될 수 있는 값은

$1^2,\ 2^2,\ 3^2$

이다.

따라서 $m+n$의 최댓값은

$2^2\times 3^3+3^2=108+9=117$

답 ⑤

30

$-n^2+9n-18=-(n-3)(n-6)$

이므로 $-n^2+9n-18$의 n제곱근 중에서 음의 실수가 존재하기 위해서는

(i) $-n^2+9n-18<0$일 때,

$-(n-3)(n-6)<0$

$(n-3)(n-6)>0$

$n<3$ 또는 $n>6$

즉, $2\le n<3$ 또는 $6<n\le 11$이고 n이 홀수이어야 하므로 n은 7, 9, 11이다.

(ii) $-n^2+9n-18>0$일 때,

$-(n-3)(n-6)>0$

$(n-3)(n-6)<0$

즉, $3<n<6$이고 n이 짝수이어야 하므로 n은 4이다.

(i), (ii)에 의하여 조건을 만족시키는 모든 n의 값의 합은

$4+7+9+11=31$

답 ①

31

$\sqrt{3^{f(n)}}$의 네제곱근 중 실수인 것은

$\sqrt[4]{\sqrt{3^{f(n)}}}$, $-\sqrt[4]{\sqrt{3^{f(n)}}}$

이므로

$$\begin{aligned}\sqrt[4]{\sqrt{3^{f(n)}}}\times\left(-\sqrt[4]{\sqrt{3^{f(n)}}}\right)&=-\sqrt{3^{\frac{1}{4}f(n)}}\times\sqrt{3^{\frac{1}{4}f(n)}}\\&=-3^{\frac{1}{8}f(n)}\times3^{\frac{1}{8}f(n)}\\&=-3^{\frac{1}{8}f(n)+\frac{1}{8}f(n)}\\&=-3^{\frac{1}{4}f(n)}\\&=-9\end{aligned}$$

따라서 $3^{\frac{1}{4}f(n)}=3^2$이므로

$\frac{1}{4}f(n)=2$

$f(n)=8$ ...... ㉠

이때 이차함수 $f(x)=-(x-2)^2+k$의 그래프의 대칭축은 $x=2$이므로 ㉠을 만족시키는 자연수 n의 개수가 2이기 위해서는 이차함수 $y=f(x)$의 그래프가 점 $(1, 8)$을 지나야 한다.

즉, $f(1)=-1+k=8$

따라서 $k=9$

답 ②

32

자연수 n의 값과 상관없이 $n(n-4)$의 세제곱근 중 실수인 것의 개수는 1이므로

$f(n)=1$

$n(n-4)$의 네제곱근 중 실수인 것의 개수는

(i) $n(n-4)>0$일 때,

$g(n)=2$

(ii) $n(n-4)=0$일 때,

$g(n)=1$

(iii) $n(n-4)<0$일 때,

$g(n)=0$

$f(n)>g(n)$에서 $g(n)=0$이어야 하므로

$n(n-4)<0$

즉, $0<n<4$이므로 자연수 n의 값은 1, 2, 3이다.

따라서 모든 n의 값의 합은

$1+2+3=6$

답 ③

33

$2^{-a}+2^{-b}=\frac{1}{2^a}+\frac{1}{2^b}=\frac{2^a+2^b}{2^{a+b}}=\frac{9}{4}$ ...... ㉠

그런데 $2^a+2^b=2$이므로 이 값을 ㉠에 대입하면

$\frac{2}{2^{a+b}}=\frac{9}{4}$

$2^{a+b}=2\times\frac{4}{9}=\frac{8}{9}$

따라서 $p=9$, $q=8$이므로

$p+q=17$

답 17

유형 2 로그의 정의와 성질

34

$$\begin{aligned}\log_8 16&=\log_{2^3}2^4=\frac{4}{3}\log_2 2\\&=\frac{4}{3}\times1=\frac{4}{3}\end{aligned}$$

답 ②

35

$\log_3 x=3$이므로

$x=3^3=27$

답 ④

36

$$\begin{aligned}\log_3 54+\log_9\frac{1}{36}&=\log_3 54+\log_3\frac{1}{6}\\&=\log_3 9\\&=2\end{aligned}$$

답 ②

37

$$\begin{aligned}\log_2 24-\log_2 3&=\log_2\frac{24}{3}\\&=\log_2 8\\&=\log_2 2^3\\&=3\log_2 2\\&=3\end{aligned}$$

답 ③

38

$$\begin{aligned}\log_2\sqrt{8}&=\log_2(2^3)^{\frac{1}{2}}=\log_2 2^{\frac{3}{2}}\\&=\frac{3}{2}\log_2 2=\frac{3}{2}\end{aligned}$$

답 ②

39

$a>1$, $b>1$, $c>1$이므로

$\log_a b>0$, $\log_b c>0$, $\log_c a>0$

양수 t에 대하여

$\log_a b=\frac{\log_b c}{2}=\frac{\log_c a}{4}=t$

로 놓으면

$\log_a b=t$, $\log_b c=2t$, $\log_c a=4t$

이때 $\log_a b\times\log_b c\times\log_c a=1$이므로

$t\times 2t\times 4t=1$에서 $8t^3=1$, $t^3=\frac{1}{8}$

t는 실수이므로 $t=\frac{1}{2}$

따라서

$$\begin{aligned}\log_a b+\log_b c+\log_c a&=t+2t+4t\\&=7t\\&=7\times\frac{1}{2}\\&=\frac{7}{2}\end{aligned}$$

답 ①

40

$$\begin{aligned}\log_4 \frac{2}{3}+\log_4 24&=\log_4\left(\frac{2}{3}\times 24\right)\\&=\log_4 16\\&=\log_4 4^2\\&=2\end{aligned}$$

답 2

41

$$\begin{aligned}\log_2 100-2\log_2 5&=\log_2 100-\log_2 25\\&=\log_2\frac{100}{25}\\&=\log_2 4=\log_2 2^2\\&=2\end{aligned}$$

답 2

42

$\log_6 2+\log_6 3=\log_6 (2\times 3)=\log_6 6=1$

답 ①

43

$\log_3 72-\log_3 8=\log_3\frac{72}{8}=\log_3 9=\log_3 3^2=2$

답 2

44

$$\begin{aligned}\log_5 40+\log_5\frac{5}{8}&=\log_5\left(40\times\frac{5}{8}\right)=\log_5 25\\&=\log_5 5^2=2\log_5 5\\&=2\end{aligned}$$

답 2

45

$$\begin{aligned}\log_2 96-\frac{1}{\log_6 2}&=\log_2 96-\log_2 6=\log_2\frac{96}{6}\\&=\log_2 16=\log_2 2^4\\&=4\end{aligned}$$

답 4

46

$$\begin{aligned}\log_2 120-\frac{1}{\log_{15} 2}&=\log_2 120-\log_2 15=\log_2\frac{120}{15}\\&=\log_2 8=\log_2 2^3\\&=3\end{aligned}$$

답 3

47

$$\begin{aligned}\log_2 96+\log_{\frac{1}{4}} 9&=\log_2 96+\log_{2^{-2}} 3^2\\&=\log_2 (2^5\times 3)-\log_2 3\\&=5\end{aligned}$$

답 5

48

두 점 $(2, \log_4 a)$, $(3, \log_2 b)$를 지나는 직선이 원점을 지나므로 원점과 각각 두 점을 잇는 직선의 기울기는 서로 같아야 한다.

즉, $\frac{\log_4 a}{2}=\frac{\log_2 b}{3}$에서

$\frac{1}{4}\log_2 a=\frac{1}{3}\log_2 b$

이므로

$\log_2 a=\frac{4}{3}\log_2 b$

따라서

$\log_a b=\frac{\log_2 b}{\log_2 a}=\frac{\log_2 b}{\frac{4}{3}\log_2 b}=\frac{3}{4}$

답 ③

49

$a=\log_2 5=\frac{1}{\log_5 2}$이므로

$\log_5 2=\frac{1}{a}$

따라서

$\log_5 12=\log_5(2^2\times3)=\log_5 2^2+\log_5 3$

$=2\log_5 2+\log_5 3=2\times\frac{1}{a}+b$

$=\frac{2}{a}+b$

답 ②

50

$a=2\log\frac{1}{\sqrt{10}}+\log_2 20$

$=2\times\left(-\frac{1}{2}\right)\log 10+\log_2 2+\log_2 10$

$=-1+1+\log_2 10=\log_2 10$

따라서

$a\times b=\log_2 10\times\log 2$

$=\frac{\log 10}{\log 2}\times\log 2$

$=1$

답 ①

51

$3a+2b=\log_3 32$, $ab=\log_9 2$이므로

$\frac{1}{3a}+\frac{1}{2b}=\frac{3a+2b}{6ab}=\frac{\log_3 32}{6\times\log_9 2}$

$=\frac{\log_3 2^5}{6\times\log_{3^2} 2}=\frac{5\log_3 2}{3\log_3 2}$

$=\frac{5}{3}$

답 ④

52

두 수 $\log_2 a$, $\log_a 8$의 합이 4이므로

$\log_2 a+\log_a 8=4$에서

$\log_2 a+3\log_a 2=4$

$\log_2 a+\frac{3}{\log_2 a}=4$ ...... ㉠

$\log_2 a=X$라 하면 $a>2$이므로 $X>1$

㉠에서

$X+\frac{3}{X}=4$, $X^2-4X+3=0$

$(X-1)(X-3)=0$

$X>1$이므로 $X=3$

즉, $\log_2 a=3$에서 $a=2^3=8$

한편, 두 수 $\log_2 a$, $\log_a 8$의 곱이 k이므로

$k=\log_2 a\times\log_a 8=\log_2 a\times 3\log_a 2$

$=\log_2 a\times\frac{3}{\log_2 a}=3$

따라서 $a+k=8+3=11$

답 ①

53

수직선 위의 두 점 $\mathrm{P}(\log_5 3)$, $\mathrm{Q}(\log_5 12)$에 대하여 선분 PQ를 $m:(1-m)$으로 내분하는 점의 좌표가 1이므로

$\frac{m\log_5 12+(1-m)\log_5 3}{m+(1-m)}=1$

$m\log_5 12+(1-m)\log_5 3=1$

$m(\log_5 12-\log_5 3)=1-\log_5 3$

$m\log_5\frac{12}{3}=\log_5\frac{5}{3}$

$m\log_5 4=\log_5\frac{5}{3}$

이때 $m=\frac{\log_5\frac{5}{3}}{\log_5 4}=\log_4\frac{5}{3}$

따라서 $4^m=\frac{5}{3}$

답 ④

54

$2\log 12=\log 12^2=\log 144=\log(1.44\times100)$

$=\log 1.44+\log 100=\log 1.44+\log 10^2$

$=\log 1.44+2\log 10$

$=a+2$

답 ②

55

$\log_4 2=\frac{1}{2}$이므로 원점과 점 $\left(2, \frac{1}{2}\right)$을 지나는 직선의 기울기는 $\frac{1}{4}$이다.

이때 원점과 점 $(4, \log_2 a)$를 지나는 직선의 기울기도 $\frac{1}{4}$이므로

$\frac{\log_2 a}{4}=\frac{1}{4}$에서 $\log_2 a=1$

따라서 $a=2$

답 ②

56

$$\frac{\log_5 72}{\log_5 2}-4\log_2\frac{\sqrt{6}}{2}=\log_2 72-\log_2\left(\frac{\sqrt{6}}{2}\right)^4$$
$$=\log_2\left(72\times\frac{4}{9}\right)$$
$$=\log_2 2^5$$
$$=5$$

답 5

57

$$\frac{1}{\log_a 3}=\log_3 a=\log_3 9^{11}$$
$$=\log_3(3^2)^{11}=\log_3 3^{22}$$
$$=22$$

답 22

58

두 점 $(a, \log_2 a)$, $(b, \log_2 b)$를 지나는 직선의 방정식은

$$y=\frac{\log_2 b-\log_2 a}{b-a}(x-a)+\log_2 a$$

그러므로 이 직선의 y절편은

$$-\frac{a(\log_2 b-\log_2 a)}{b-a}+\log_2 a \quad \cdots\cdots \text{㉠}$$

두 점 $(a, \log_4 a)$, $(b, \log_4 b)$를 지나는 직선의 방정식은

$$y=\frac{\log_4 b-\log_4 a}{b-a}(x-a)+\log_4 a$$

그러므로 이 직선의 y절편은

$$-\frac{a(\log_4 b-\log_4 a)}{b-a}+\log_4 a$$
$$=-\frac{1}{2}\times\frac{a(\log_2 b-\log_2 a)}{b-a}+\frac{1}{2}\log_2 a \quad \cdots\cdots \text{㉡}$$

㉠과 ㉡이 같으므로

$$-\frac{a(\log_2 b-\log_2 a)}{b-a}+\log_2 a$$
$$=-\frac{1}{2}\times\frac{a(\log_2 b-\log_2 a)}{b-a}+\frac{1}{2}\log_2 a$$

이 식을 정리하면

$$\frac{1}{2}\times\log_2 a=\frac{1}{2}\times\frac{a(\log_2 b-\log_2 a)}{b-a}$$
$$\log_2 a=\frac{a(\log_2 b-\log_2 a)}{b-a}$$
$$(b-a)\log_2 a=a\log_2\frac{b}{a}$$
$$\log_2 a^{b-a}=\log_2\left(\frac{b}{a}\right)^a$$
$$a^{b-a}=\frac{b^a}{a^a}$$
$$a^b=b^a \quad \cdots\cdots \text{㉢}$$

한편, $f(x)=a^{bx}+b^{ax}$이고 $f(1)=40$이므로

$a^b+b^a=40$

이 식에 ㉢을 대입하면

$a^b+a^b=40$, $a^b=20$

따라서 $b^a=20$이므로

$$f(2)=a^{2b}+b^{2a}=(a^b)^2+(b^a)^2$$
$$=20^2+20^2$$
$$=800$$

답 ②

59

두 점 $(0, 0)$, $(\log_2 9, k)$를 지나는 직선의 기울기는

$$\frac{k-0}{\log_2 9-0}=\frac{k}{2\log_2 3}$$

직선 $(\log_4 3)x+(\log_9 8)y-2=0$의 기울기는

$$-\frac{\log_4 3}{\log_9 8}=-\frac{\frac{1}{2}\log_2 3}{\frac{3}{2}\log_3 2}=-\frac{\log_2 3}{3\log_3 2}$$

두 직선이 서로 수직이므로

$$\frac{k}{2\log_2 3}\times\left(-\frac{\log_2 3}{3\log_3 2}\right)=-1$$

$k=6\log_3 2$

따라서

$$3^k=3^{6\log_3 2}=3^{\log_3 2^6}$$
$$=2^6$$
$$=64$$

답 ③

60

$a^p=-p$, $a^{2q}=-q$이므로

$a^p\times a^{2q}=(-p)\times(-q)$

$a^{p+2q}=pq$

따라서 로그의 정의에 의해

$p+2q=\log_a pq=-8$

답 ⑤

61

$$\frac{1}{\log_4 18}+\frac{2}{\log_9 18}=\log_{18} 4+2\log_{18} 9$$
$$=\log_{18} 2^2+2\log_{18} 3^2$$
$$=\log_{18} 2^2+\log_{18} (3^2)^2$$
$$=\log_{18} 2^2+\log_{18} 3^4$$
$$=\log_{18} (2^2\times 3^4)$$
$$=\log_{18} (2\times 3^2)^2$$
$$=\log_{18} 18^2$$
$$=2\log_{18} 18$$
$$=2$$

답 ②

62

$4\log_{64}\left(\frac{3}{4n+16}\right)=\frac{2}{3}\log_2\left(\frac{3}{4n+16}\right)$

의 값이 정수가 되려면

$\frac{3}{4n+16}=2^{3k}$ (k는 정수) …… ㉠

이어야 한다.

$3\times 2^{-3k}=4n+16$

$4n=3\times 2^{-3k}-16$

$n=3\times 2^{-3k-2}-4$

n이 자연수가 되기 위해서는 k는 음의 정수이어야 하므로

$k=-1$일 때 $n=2$

$k=-2$일 때 $n=44$

$k=-3$일 때 $n=380$

$k\le -4$일 때 $n>1000$

따라서 모든 n의 값의 합은

$2+44+380=426$

답 426

63

$\log_a b=3$에서 $b=a^3$

따라서

$$\log\frac{b}{a}\times\log_a 100=\log\frac{a^3}{a}\times\frac{\log 100}{\log a}$$
$$=\log a^2\times\frac{2}{\log a}$$
$$=2\log a\times\frac{2}{\log a}$$
$$=4$$

답 4

64

삼각형 ABC에서

$\angle A=90^\circ$이므로

$$S(x)=\frac{1}{2}\times\overline{AB}\times\overline{AC}$$
$$=\frac{1}{2}\times 2\log_2 x\times\log_4\frac{16}{x}$$
$$=\log_2 x\times\left(2-\frac{1}{2}\log_2 x\right)$$
$$=-\frac{1}{2}(\log_2 x)^2+2\log_2 x$$
$$=-\frac{1}{2}(\log_2 x-2)^2+2$$

$S(x)$는 $\log_2 x=2$, 즉 $x=4$에서 최댓값 2를 가진다.

따라서 $a=4$, $M=2$이므로

$a+M=4+2=6$

답 ①

유형 3 지수, 로그를 활용한 실생활 문제

65

열차 B가 지점 P를 통과할 때의 속력을 v라 하면 열차 A가 지점 P를 통과할 때의 속력은 $0.9v$이고 $d=75$이므로

$L_A=80+28\log\frac{0.9v}{100}-14\log\frac{75}{25}$ …… ㉠

$L_B=80+28\log\frac{v}{100}-14\log\frac{75}{25}$ …… ㉡

㉠, ㉡에서

$$L_B-L_A=28\left(\log\frac{v}{100}-\log\frac{0.9v}{100}\right)$$
$$=28\log\frac{\frac{v}{100}}{\frac{0.9v}{100}}$$
$$=28\log\frac{10}{9}$$
$$=28(\log 10-\log 9)$$
$$=28(1-\log 3^2)$$
$$=28(1-2\log 3)$$
$$=28-56\log 3$$

답 ②

유형 4 지수함수의 뜻과 그래프

66

정사각형의 한 변의 길이가 1이므로

$6^{-a}-6^{-a-1}=1$

$6^{-a}-\frac{6^{-a}}{6}=1$, $\left(1-\frac{1}{6}\right)\times 6^{-a}=1$

따라서 $6^{-a}=\frac{6}{5}$

답 ①

67

함수 $f(x)=\left(\frac{3}{a}\right)^{x}$에서

(i) $\frac{3}{a}>1$, 즉 $0<a<3$일 때,

함수 $f(x)$는 증가하는 함수이므로 $x=2$에서 최댓값 4를 갖는다.

$f(2)=\left(\frac{3}{a}\right)^{2}=4$에서

$a^2=\frac{9}{4}$

$a=\frac{3}{2}$ 또는 $a=-\frac{3}{2}$

그런데 $0<a<3$이므로 $a=\frac{3}{2}$

(ii) $\frac{3}{a}=1$, 즉 $a=3$일 때,

$f(x)=1$이므로 함수 $f(x)$의 최댓값이 4가 아니다.

(iii) $0<\frac{3}{a}<1$, 즉 $a>3$일 때,

함수 $f(x)$는 감소하는 함수이므로 $x=-1$에서 최댓값 4를 갖는다.

$f(-1)=\left(\frac{3}{a}\right)^{-1}=\frac{a}{3}=4$

에서 $a=12$

(i), (ii), (iii)에서 모든 양수 a의 값의 곱은

$\frac{3}{2}\times 12=18$

답 ②

68

닫힌구간 $[-1, 3]$에서 함수 $y=f(x)$의 그래프는 그림과 같다.

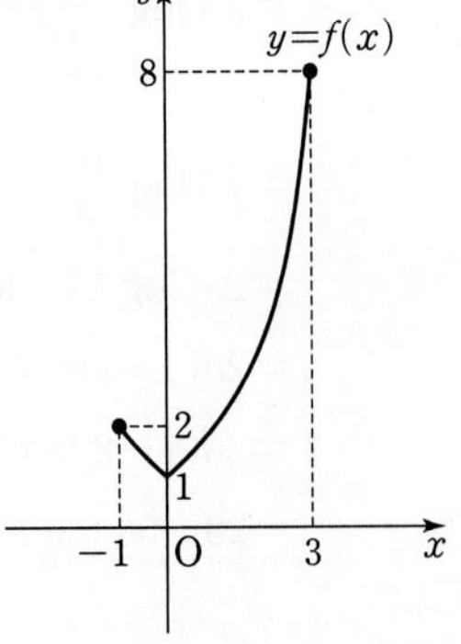

즉, 함수 $f(x)$는 $x=3$일 때 최댓값 8을 갖고, $x=0$일 때 최솟값 1을 갖는다.

따라서 구하는 최댓값과 최솟값의 합은

$8+1=9$

답 ③

69

함수 $f(x)=\left(\frac{1}{3}\right)^{2x-a}$은 감소하는 함수이므로

닫힌구간 $[2, 3]$에서 $x=2$일 때 최댓값을 갖는다.

$f(2)=\left(\frac{1}{3}\right)^{4-a}=27$에서

$3^{a-4}=3^3$, $a-4=3$, $a=7$

따라서 $f(x)=\left(\frac{1}{3}\right)^{2x-7}$이므로 함수 $f(x)$는 닫힌구간 $[2, 3]$에서 $x=3$일 때 최솟값을 갖는다. 즉,

$m=f(3)=\left(\frac{1}{3}\right)^{6-7}=3$

따라서 $a\times m=7\times 3=21$

답 21

70

점 A의 좌표는 $(t, 3^{2-t}+8)$, 점 B의 좌표는 $(t, 0)$,

점 C의 좌표는 $(t+1, 0)$, 점 D의 좌표는 $(t+1, 3^t)$

사각형 ABCD가 직사각형이므로

점 A의 y좌표와 점 D의 y좌표가 같아야 한다.

즉, $3^{2-t}+8=3^t$

$(3^t)^2-8\times 3^t-9=0$

$(3^t+1)(3^t-9)=0$

그런데 $3^t>0$이므로 $3^t=9$에서

$t=2$

그러므로 직사각형 ABCD의 가로의 길이는 1이고 세로의 길이는 $3^2=9$

따라서 직사각형 ABCD의 넓이는 9이다.

답 ①

71

$x\le -8$과 $x>-8$에서 함수 $y=f(x)$의 그래프는 각각 그림과 같다.

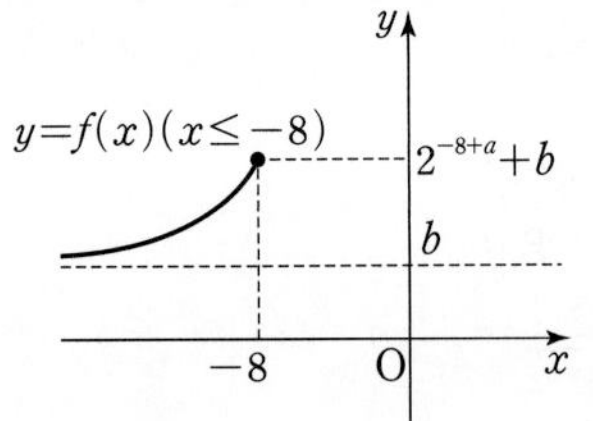

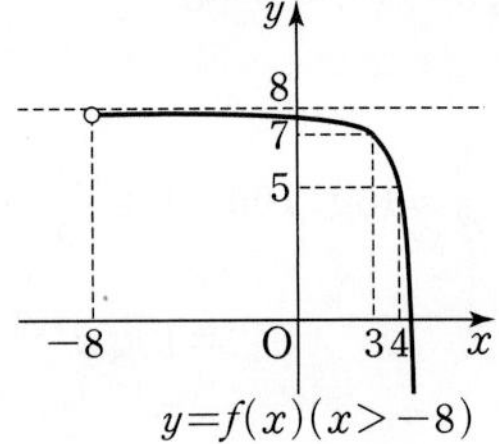

또한 주어진 조건에서 $3\le k<4$이므로

$x>-8$인 경우에 정수 $f(x)$는

$f(x)=6$ 또는 $f(x)=7$

따라서 주어진 조건을 만족시키기 위해서는

$x\le-8$인 경우에 정수 $f(x)$는 6뿐이어야 한다.

즉, $b=5$이고 $6\le f(-8)<7$이어야 하므로

$6\le2^{-8+a}+5<7$

$1\le2^{-8+a}<2$

$0\le-8+a<1$

$8\le a<9$

이때 a는 자연수이므로 $a=8$

따라서 $a+b=8+5=13$

답 ②

72

$g(x)=2^x$, $h(x)=\left(\frac{1}{4}\right)^{x+a}-\left(\frac{1}{4}\right)^{3+a}+8$이라 하면

곡선 $y=g(x)$의 점근선의 방정식은 $y=0$이고,

곡선 $y=h(x)$의 점근선의 방정식은 $y=-\left(\frac{1}{4}\right)^{3+a}+8$이다.

이때 주어진 조건을 만족시키기 위하여 함수 $y=f(x)$의 그래프를 좌표평면에 나타내면 그림과 같다.

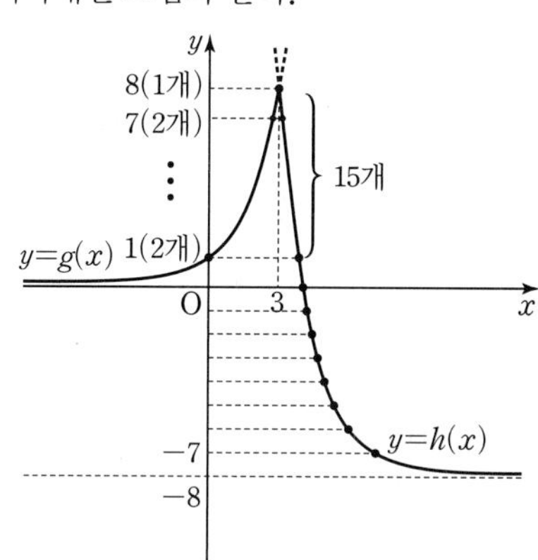

곡선 $y=f(x)$ 위의 점 중에서 y좌표가 정수인 점의 개수가 23이므로 $y\le0$에서 y좌표가 정수인 점의 개수는 8이다.

곡선 $y=h(x)$의 점근선이 직선 $y=-\left(\frac{1}{4}\right)^{3+a}+8$이므로

$-\left(\frac{1}{4}\right)^{3+a}+8$은 -8 이상 -7 미만이어야 한다.

즉, $-8\le-\left(\frac{1}{4}\right)^{3+a}+8<-7$

$15<\left(\frac{1}{4}\right)^{3+a}\le16$

$4<15<4^{-3-a}\le4^2$

$1<-3-a\le2$

$-5\le a<-4$

따라서 구하는 정수 a의 값은 -5이다.

답 ③

73

$f(x)=2^x$, $g(x)=-2x^2+2$로 놓으면

두 함수 $y=f(x)$, $y=g(x)$의 그래프는 그림과 같다.

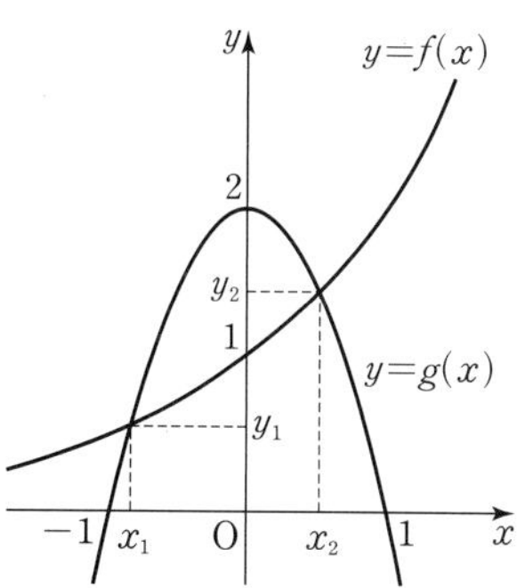

ㄱ. $f\left(\frac{1}{2}\right)=\sqrt{2}$, $g\left(\frac{1}{2}\right)=\frac{3}{2}$이므로 $f\left(\frac{1}{2}\right)<g\left(\frac{1}{2}\right)$

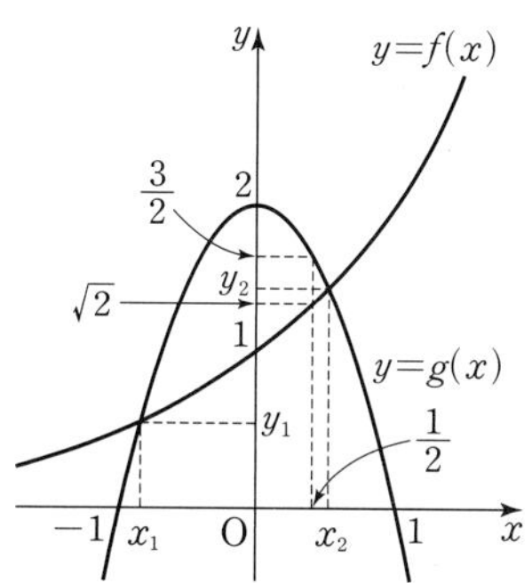

즉, $x_2>\frac{1}{2}$이다. (참)

ㄴ. 두 점 (x_1, y_1), (x_2, y_2)를 지나는 직선의 기울기는

$\frac{y_2-y_1}{x_2-x_1}$

이고, 두 점 $(0, 1)$, $(1, 2)$를 지나는 직선의 기울기는 1이다.

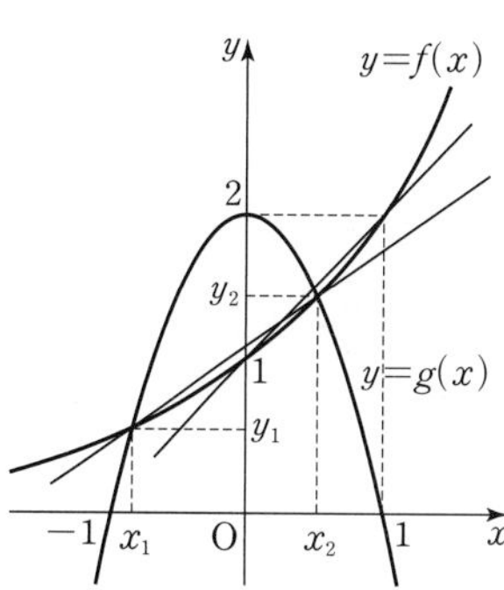

두 점 (x_1, y_1), (x_2, y_2)를 지나는 직선의 기울기가 1보다 작으므로

$\frac{y_2-y_1}{x_2-x_1}<1$에서

$y_2-y_1<x_2-x_1$ (참)

ㄷ. $f(-1)=\frac{1}{2}$이므로 $y_1>\frac{1}{2}$

$f\left(\frac{1}{2}\right)=\sqrt{2}$이므로 $y_2>\sqrt{2}$

즉, $y_1y_2>\frac{1}{2}\times\sqrt{2}=\frac{\sqrt{2}}{2}$ ...... ㉠

또, 그림과 같이 이차함수 $y=g(x)$의 그래프는 y축에 대하여 대칭이므로 $-x_1>x_2$이다.

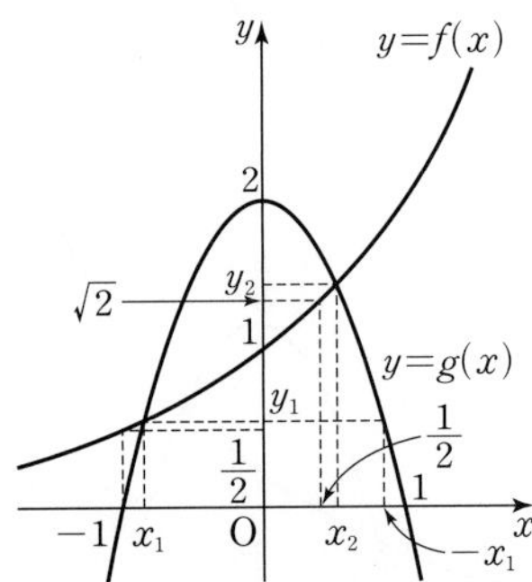

즉, $x_1+x_2<0$

이때 $y_1=2^{x_1}$, $y_2=2^{x_2}$이므로

$y_1y_2=2^{x_1}\times 2^{x_2}$

$=2^{x_1+x_2}<2^0=1$ …… ㉡

㉠, ㉡에서 $\frac{\sqrt{2}}{2}<y_1y_2<1$ (참)

이상에서 옳은 것은 ㄱ, ㄴ, ㄷ이다.

답 ⑤

74

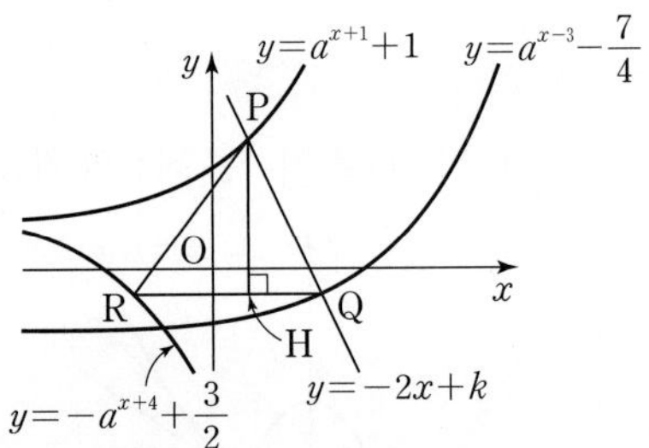

점 P에서 직선 QR에 내린 수선의 발을 H라 하자.

$\overline{HQ}=t$ $(t>0)$이라 하면

직선 PQ의 기울기가 -2이므로

$\overline{PH}=2t$이고 $\overline{HR}=5-t$이다.

직각삼각형 PRH에서 피타고라스 정리에 의하여

$(5-t)^2+(2t)^2=5^2$

$t(t-2)=0$, $t=2$

따라서 $\overline{PH}=4$, $\overline{HR}=3$

점 R의 x좌표를 m이라 하면

점 P의 x좌표는 $m+3$, 점 Q의 x좌표는 $m+5$이므로

$\mathrm{P}(m+3,\ a^{m+4}+1)$,

$\mathrm{Q}\left(m+5,\ a^{m+2}-\frac{7}{4}\right)$,

$\mathrm{R}\left(m,\ -a^{m+4}+\frac{3}{2}\right)$

점 P의 y좌표는 점 R의 y좌표보다 4만큼 크므로

$a^{m+4}+1=\left(-a^{m+4}+\frac{3}{2}\right)+4$

즉, $a^{m+4}=\frac{9}{4}$ …… ㉠

점 Q의 y좌표와 점 R의 y좌표가 같으므로

$a^{m+2}-\frac{7}{4}=-a^{m+4}+\frac{3}{2}$

이 식에 ㉠을 대입하여 정리하면

$a^{m+2}=1$

$a>1$에서 $m+2=0$이므로 $m=-2$

㉠에서 $a^2=\frac{9}{4}$, $a>1$이므로 $a=\frac{3}{2}$

따라서 점 $\mathrm{P}\left(1,\ \frac{13}{4}\right)$이 직선 $y=-2x+k$ 위의 점이므로

$\frac{13}{4}=-2+k$, $k=\frac{21}{4}$

따라서 $a+k=\frac{3}{2}+\frac{21}{4}=\frac{27}{4}$

답 ②

75

$\mathrm{A}(1,\ n)$, $\mathrm{B}(1,\ 2)$, $\mathrm{C}(2,\ n^2)$, $\mathrm{D}(2,\ 4)$이므로

$\overline{AB}=n-2$, $\overline{CD}=n^2-4$

사다리꼴 ABDC의 넓이가 18 이하이어야 하므로

$\frac{1}{2}\times(n-2+n^2-4)\times 1\le 18$

$\frac{1}{2}(n^2+n-6)\le 18$, $n^2+n-42\le 0$

$(n+7)(n-6)\le 0$, $-7\le n\le 6$

그러므로 3 이상의 자연수 n의 값은 3, 4, 5, 6이다.

따라서 모든 n의 값의 합은

$3+4+5+6=18$

답 18

76

두 점 A, B의 x좌표를 a라 하면

$\mathrm{A}(a,\ 1-2^{-a})$, $\mathrm{B}(a,\ 2^a)$

이므로

$\overline{AB}=2^a-(1-2^{-a})=2^a+2^{-a}-1$

두 점 C, D의 x좌표를 c라 하면

$\mathrm{C}(c,\ 2^c)$, $\mathrm{D}(c,\ 1-2^{-c})$

이므로

$\overline{CD}=2^c-(1-2^{-c})=2^c+2^{-c}-1$

이때 두 점 A, C의 y좌표가 같으므로

$2^c=1-2^{-a}$

즉,

$\overline{CD}=(1-2^{-a})+\frac{1}{1-2^{-a}}-1$

$=-2^{-a}+\frac{2^a}{2^a-1}$

주어진 조건에 의하여 $\overline{AB}=2\overline{CD}$이므로

$2^a+2^{-a}-1=-2^{-a+1}+\frac{2^{a+1}}{2^a-1}$

여기서 $2^a=t$로 놓으면

$t+\frac{1}{t}-1=-\frac{2}{t}+\frac{2t}{t-1}$

양변에 $t(t-1)$을 곱하여 정리하면

$t^3-4t^2+4t-3=0$

$(t-3)(t^2-t+1)=0$

t는 실수이므로 $t=3$

즉, $2^a=3$이므로 $a=\log_2 3$

이때

$2^c=1-2^{-a}=1-\frac{1}{3}=\frac{2}{3}$

이므로

$c=\log_2 \frac{2}{3}=1-\log_2 3$

따라서 조건을 만족시키는 사각형 ABCD의 넓이는

$\frac{1}{2}\times(a-c)\times(2^a-1+2^{-c})$

$=\frac{1}{2}\times(2\log_2 3-1)\times\left(3-1+\frac{3}{2}\right)$

$=\frac{7}{4}(2\log_2 3-1)$

$=\frac{7}{2}\log_2 3-\frac{7}{4}$

답 ③

유형 5 로그함수의 뜻과 그래프

77

함수 $f(x)=2\log_{\frac{1}{2}}(x+k)$의 밑은 1보다 작으므로 함수 $f(x)$는 $x=0$에서 최댓값 -4, $x=12$에서 최솟값 m을 갖는다.

$f(0)=2\log_{\frac{1}{2}}k=-2\log_2 k=-4$

$\log_2 k=2$

따라서 $k=2^2=4$

$m=f(12)=2\log_{\frac{1}{2}}(12+4)=2\log_{\frac{1}{2}}16$

$=-2\log_2 2^4=-2\times4=-8$

그러므로

$k+m=4+(-8)=-4$

답 ④

78

주어진 두 식을 연립하면

$\log_n x=-\log_n(x+3)+1$

$\log_n x+\log_n(x+3)=1$

$\log_n x(x+3)=1$

즉, $x(x+3)=n$

$f(x)=x(x+3)$, $g(x)=n$이라 하면 주어진 조건을 만족시키기 위해서는

$f(1)<n<f(2)$

따라서 $4<n<10$이므로

자연수 n의 값은 5, 6, 7, 8, 9이고, 그 합은

$5+6+7+8+9=35$

답 ②

79

함수 $y=\log_2(x-a)$의 그래프의 점근선은 직선 $x=a$이다.

곡선 $y=\log_2 \frac{x}{4}$와 직선 $x=a$가 만나는 점 A의 좌표는

$\left(a, \log_2 \frac{a}{4}\right)$

곡선 $y=\log_{\frac{1}{2}}x$와 직선 $x=a$가 만나는 점 B의 좌표는

$(a, \log_{\frac{1}{2}}a)$

한편, $a>2$에서

$\log_2 \frac{a}{4}>\log_2 \frac{2}{4}=-1$

$\log_{\frac{1}{2}}a<\log_{\frac{1}{2}}2=-1$

이므로

$\log_2 \frac{a}{4}>\log_{\frac{1}{2}}a$

이때

$\overline{AB}=\log_2 \frac{a}{4}-\log_{\frac{1}{2}}a$

$=(\log_2 a-2)+\log_2 a$

$=2\log_2 a-2$

이고, $\overline{AB}=4$이므로

$2\log_2 a-2=4$

$\log_2 a=3$

따라서 $a=2^3=8$

답 ③

80

선분 AB를 2 : 1로 내분하는 점의 좌표는

$\left(\frac{2(m+3)+m}{2+1}, \frac{2(m-3)+(m+3)}{2+1}\right)$

즉, $(m+2, m-1)$

점 $(m+2, m-1)$이 곡선 $y=\log_4(x+8)+m-3$ 위에 있으므로

$m-1=\log_4(m+10)+m-3$

$\log_4(m+10)=2$

따라서 $m+10=16$이므로 $m=6$

답 ⑤

81

점 P는 두 곡선 $y=\log_2(-x+k)$, $y=-\log_2 x$의 교점이므로

$\log_2(-x_1+k)=-\log_2 x_1$

$-x_1+k=\frac{1}{x_1}$

즉, $x_1^2-kx_1+1=0$ ...... ㉠

점 R은 두 곡선 $y=-\log_2(-x+k)$, $y=\log_2 x$의 교점이므로

$-\log_2(-x_3+k)=\log_2 x_3$

$\frac{1}{-x_3+k}=x_3$

즉, $x_3^2-kx_3+1=0$ ...... ㉡

㉠, ㉡에 의해 x_1, x_3은 이차방정식 $x^2-kx+1=0$의 서로 다른 두 실근이다.

즉, 이차방정식의 근과 계수의 관계에서 $x_1x_3=1$

그러므로 $x_3-x_1=2\sqrt{3}$에서

$(x_1+x_3)^2=(x_3-x_1)^2+4x_1x_3=(2\sqrt{3})^2+4\times1=16$

따라서 $x_1+x_3=4$

답 ③

82

두 곡선 $y=\log_{\sqrt{2}}(x-a)$와 $y=(\sqrt{2})^x+a$는 직선 $y=x$에 대하여 대칭이고, 직선 AB는 직선 $y=x$에 수직이므로 두 점 A, B는 직선 $y=x$에 대하여 대칭이다.

점 A의 좌표를 $A(2t, t)$ $(t>0)$이라 하면 점 B의 좌표는 $B(t, 2t)$이므로 $\overline{AB}=\sqrt{2}t$이다.

선분 AB의 중점을 M이라 하면

$M\left(\frac{3}{2}t, \frac{3}{2}t\right)$이므로 $\overline{OM}=\frac{3\sqrt{2}}{2}t$

삼각형 OAB는 $\overline{OA}=\overline{OB}$인 이등변삼각형이므로

$\overline{AB}\perp\overline{OM}$

삼각형 OAB의 넓이는 6이므로

$6=\frac{1}{2}\times\overline{AB}\times\overline{OM}=\frac{1}{2}\times\sqrt{2}t\times\frac{3\sqrt{2}}{2}t=\frac{3}{2}t^2$

$t^2=4$, $t=2$

즉, $A(4, 2)$이다.

점 $A(4, 2)$가 곡선 $y=\log_{\sqrt{2}}(x-a)$ 위의 점이므로

$2=\log_{\sqrt{2}}(4-a)$, $(\sqrt{2})^2=4-a$

따라서 $a=2$

답 ④

83

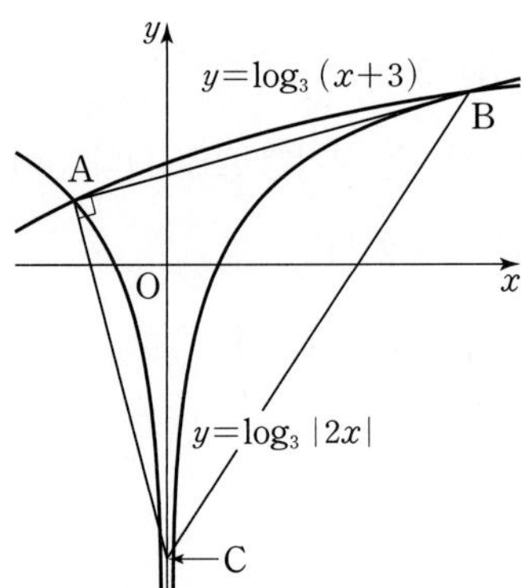

$x<0$일 때의 교점 A의 x좌표는 방정식

$\log_3(-2x)=\log_3(x+3)$의 근이므로

$-2x=x+3$, $3x=-3$, $x=-1$

따라서 점 A의 좌표는 $(-1, \log_3 2)$

$x>0$일 때의 교점 B의 x좌표는 방정식

$\log_3 2x=\log_3(x+3)$의 근이므로

$2x=x+3$, $x=3$

따라서 점 B의 좌표는 $(3, \log_3 6)$이다.

두 점 $A(-1, \log_3 2)$, $B(3, \log_3 6)$에 대하여

직선 AB의 기울기는

$\frac{\log_3 6-\log_3 2}{3-(-1)}=\frac{\log_3\frac{6}{2}}{4}=\frac{1}{4}$이므로

점 A를 지나고 직선 AB와 수직인 직선의 방정식은

$y-\log_3 2=-4(x+1)$

$y=-4x-4+\log_3 2$ ...... ㉠

직선 ㉠이 y축과 만나는 점 C의 좌표는

$(0,\ -4+\log_3 2)$이다. 이때

$\overline{AB}=\sqrt{4^2+(\log_3 6-\log_3 2)^2}=\sqrt{17}$

$\overline{AC}=\sqrt{(-1)^2+4^2}=\sqrt{17}$

따라서 직각삼각형 ABC의 넓이를 S라 하면

$S=\frac{1}{2}\times\overline{AB}\times\overline{AC}=\frac{1}{2}\times\sqrt{17}\times\sqrt{17}$

$=\frac{17}{2}$

답 ⑤

84

점 A의 x좌표를 a라 하면 점 $A(a,\ 2)$는 곡선 $y=\log_2 4x$ 위의 점이므로

$2=\log_2 4a,\ 4a=2^2,\ a=1$

따라서 점 A의 좌표는 $(1,\ 2)$

점 B의 x좌표를 b라 하면 점 $B(b,\ 2)$는 곡선 $y=\log_2 x$ 위의 점이므로

$2=\log_2 b,\ b=4$

따라서 점 B의 좌표는 $(4,\ 2)$

점 C의 x좌표를 c라 하면 점 $C(c,\ k)$는 곡선 $y=\log_2 4x$ 위의 점이므로

$k=\log_2 4c,\ 4c=2^k,\ c=2^{k-2}$

따라서 점 C의 좌표는 $(2^{k-2},\ k)$

점 D의 x좌표를 d라 하면 점 $D(d,\ k)$는 곡선 $y=\log_2 x$ 위의 점이므로

$k=\log_2 d,\ d=2^k$

따라서 점 D의 좌표는 $(2^k,\ k)$

점 E의 x좌표는 점 B의 x좌표와 같으므로 4이고,

점 E가 선분 CD를 $1:2$로 내분하므로

$4=\frac{1\times 2^k+2\times 2^{k-2}}{1+2}$

$=\frac{2\times 2^{k-1}+2^{k-1}}{3}$

$=\frac{3\times 2^{k-1}}{3}=2^{k-1}$

$k-1=2,\ k=3$

따라서 $C(2,\ 3)$, $D(8,\ 3)$, $E(4,\ 3)$이고

$\overline{AB}=3,\ \overline{CD}=6,\ \overline{BE}=1$

사각형 ABDC의 넓이 S는

$S=\frac{1}{2}\times(\overline{AB}+\overline{CD})\times\overline{BE}=\frac{1}{2}\times(3+6)\times 1=\frac{9}{2}$

따라서 $12S=12\times\frac{9}{2}=54$

답 54

85

점 P의 좌표를 $P(t,\ a^t)(t<0)$이라 하면 점 P를 직선 $y=x$에 대하여 대칭이동시킨 점 Q의 좌표는 $(a^t,\ t)$이다.

$\angle PQR=45°$이고 직선 PQ의 기울기가 -1이므로 두 점 Q, R의 x좌표는 같다.

즉, 점 R의 좌표는 $(a^t,\ -t)$이다.

직선 PR의 기울기는 $\frac{1}{7}$이므로 $\frac{a^t+t}{t-a^t}=\frac{1}{7}$에서

$a^t=-\frac{3}{4}t$ …… ㉠

$\overline{PR}=\frac{5\sqrt{2}}{2}$이므로 $\sqrt{(t-a^t)^2+(a^t+t)^2}=\frac{5\sqrt{2}}{2}$에서

$a^{2t}+t^2=\frac{25}{4}$ …… ㉡

㉠, ㉡에서 $t^2=4$이고 $t<0$이므로

$t=-2$

$t=-2$를 ㉠에 대입하면 $\frac{1}{a^2}=\frac{3}{2}$이고 $a>0$이므로

$a=\frac{\sqrt{6}}{3}$

답 ⑤

86

ㄱ. 점 A의 x좌표는

$\log_a x=1,\ x=a$

이므로 $A(a,\ 1)$

또, 점 B의 x좌표는

$\log_{4a} x=1,\ x=4a$

이므로 $B(4a,\ 1)$

그러므로 선분 AB를 $1:4$로 외분하는 점의 좌표는

$\left(\frac{1\times 4a-4\times a}{1-4},\ \frac{1\times 1-4\times 1}{1-4}\right)$

즉, $(0,\ 1)$ (참)

ㄴ. 사각형 ABCD가 직사각형이면 선분 AD가 y축과 평행하므로 두 점 A, D의 x좌표는 같아야 한다.

한편, 점 D의 x좌표는

$\log_{4a} x=-1,\ x=\frac{1}{4a}$

이므로 $D\left(\frac{1}{4a},\ -1\right)$

이때 $A(a,\ 1)$이므로

$a=\frac{1}{4a},\ a^2=\frac{1}{4}$

이때 $\frac{1}{4}<a<1$이므로

$a=\frac{1}{2}$ (참)

ㄷ. $\overline{AB}=4a-a=3a$

한편, 점 C의 x좌표는

$\log_a x=-1$, $x=\frac{1}{a}$이므로

$C\left(\frac{1}{a}, -1\right)$

그러므로

$\overline{CD}=\frac{1}{a}-\frac{1}{4a}=\frac{3}{4a}$

한편, $\overline{AB}<\overline{CD}$이면

$3a<\frac{3}{4a}$, $a^2<\frac{1}{4}$

이때 $\frac{1}{4}<a<1$이므로

$\frac{1}{4}<a<\frac{1}{2}$ (거짓)

이상에서 옳은 것은 ㄱ, ㄴ이다.

답 ③

87

$y=2^{-x}$, $y=|\log_2 x|$, $y=x$의 그래프는 그림과 같다.

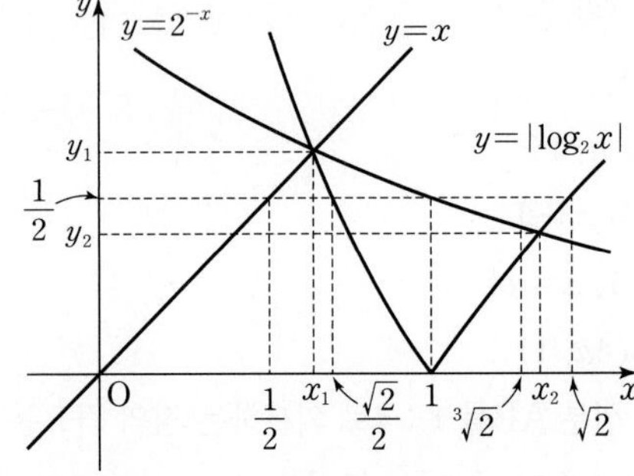

ㄱ. $0<x<1$일 때,

두 곡선 $y=2^{-x}$, $y=-\log_2 x$의 교점은

직선 $y=x$ 위에 있으므로

$x_1=y_1$이고 $x_1<1$, $y_1<1$

그림에서 $y=2^{-x}$은 감소하는 함수이므로

$2^{-1}<2^{-x_1}=y_1$

즉 $\frac{1}{2}<y_1=x_1$

한편, $-\log_2 \frac{\sqrt{2}}{2}=\frac{1}{2}<y_1=-\log_2 x_1$이고

$y=-\log_2 x$는 감소하는 함수이므로

$x_1<\frac{\sqrt{2}}{2}$

그러므로 $\frac{1}{2}<x_1<\frac{\sqrt{2}}{2}$ (참)

ㄴ. $2^{-\sqrt[3]{2}}=\frac{1}{2^{\sqrt[3]{2}}}$이고 $\log_2 \sqrt[3]{2}=\frac{1}{3}$

그런데 $8<9$이므로 $2^{\frac{3}{2}}<3$ …… ㉠

$\sqrt[3]{2}$와 $\frac{3}{2}$을 각각 세제곱하면

$(\sqrt[3]{2})^3<\left(\frac{3}{2}\right)^3$이므로 $\sqrt[3]{2}<\frac{3}{2}$

즉, $2^{\sqrt[3]{2}}<2^{\frac{3}{2}}$ …… ㉡

㉠, ㉡에서 $2^{\sqrt[3]{2}}<2^{\frac{3}{2}}<3$이므로

$\log_2 \sqrt[3]{2}<2^{-\sqrt[3]{2}}$

그러므로 $\sqrt[3]{2}<x_2$

또, $\log_2 \sqrt{2}=\frac{1}{2}$, $2^{-\sqrt{2}}=\frac{1}{2^{\sqrt{2}}}$

$\frac{1}{2}>\frac{1}{2^{\sqrt{2}}}$이므로 $\log_2 \sqrt{2}>2^{-\sqrt{2}}$

그림에서 $x_2<\sqrt{2}$

그러므로 $\sqrt[3]{2}<x_2<\sqrt{2}$ (참)

ㄷ. $y_1=x_1$이므로 ㄱ에서 $\frac{1}{2}<y_1<\frac{\sqrt{2}}{2}$

$y_2=\log_2 x_2$이고

$\sqrt[3]{2}<x_2<\sqrt{2}$,

$\log_2 \sqrt[3]{2}<\log_2 x_2<\log_2 \sqrt{2}$이므로

$\frac{1}{3}<y_2<\frac{1}{2}$

그러므로 $y_1-y_2<\frac{\sqrt{2}}{2}-\frac{1}{3}=\frac{3\sqrt{2}-2}{6}$ (참)

따라서 옳은 것은 ㄱ, ㄴ, ㄷ이다.

답 ⑤

88

두 점 A, B의 좌표를 각각 (x_1, y_1), (x_2, y_2)라 하자.

$-\log_2(-x)=\log_2(x+2a)$에서

$\log_2(x+2a)+\log_2(-x)=0$

$\log_2\{-x(x+2a)\}=0$

$-x(x+2a)=1$

$x^2+2ax+1=0$ …… ㉠

이차방정식 ㉠의 두 실근이 x_1, x_2이므로 근과 계수의 관계에 의하여

$x_1+x_2=-2a$, $x_1x_2=1$

이때

$y_1+y_2=-\log_2(-x_1)-\log_2(-x_2)$

$=-\log_2 x_1x_2$

$=-\log_2 1=0$

이므로 선분 AB의 중점의 좌표는 $(-a, 0)$이다.

선분 AB의 중점이 직선 $4x+3y+5=0$ 위에 있으므로

$-4a+5=0$에서 $a=\frac{5}{4}$

$a=\frac{5}{4}$를 ㉠에 대입하면

$x^2+\frac{5}{2}x+1=0$, $2x^2+5x+2=0$, $(x+2)(2x+1)=0$

$x=-2$ 또는 $x=-\frac{1}{2}$

따라서 두 교점의 좌표는 $(-2, -1)$, $\left(-\frac{1}{2}, 1\right)$이므로

$\overline{AB}=\sqrt{\left(\frac{3}{2}\right)^2+2^2}=\frac{5}{2}$

답 ⑤

89

점 A의 좌표는 $(k, 2^{k-1}+1)$이고 $\overline{AB}=8$이므로
점 B의 좌표는 $(k, 2^{k-1}-7)$이다.
직선 BC의 기울기가 -1이고 $\overline{BC}=2\sqrt{2}$이므로
두 점 B, C의 x좌표의 차와 y좌표의 차는 모두 2이다.
따라서 점 C의 좌표는 $(k-2, 2^{k-1}-5)$이다.
한편, 점 C는 곡선 $y=2^{x-1}+1$ 위의 점이므로
$2^{k-3}+1=2^{k-1}-5$
$\frac{1}{2}\times 2^k-\frac{1}{8}\times 2^k=6$, $2^k=16$, $k=4$
즉, A(4, 9), B(4, 1), C(2, 3)이다.
점 B가 곡선 $y=\log_2(x-a)$ 위의 점이므로
$1=\log_2(4-a)$
$4-a=2$, $a=2$
점 D의 x좌표는 $x-2=1$에서 $x=3$
사각형 ACDB의 넓이는 두 삼각형 ACB, CDB의 넓이의 합이고 $\overline{BC}\perp\overline{BD}$이므로
$\frac{1}{2}\times 8\times 2+\frac{1}{2}\times 2\sqrt{2}\times\sqrt{2}=10$

답 ⑤

90

$m=3^x$에서 $x=\log_3 m$이므로 $A_m(\log_3 m, m)$
$m=\log_2 x$에서 $x=2^m$이므로 $B_m(2^m, m)$
그러므로 $\overline{A_mB_m}=2^m-\log_3 m$
$\overline{A_mB_m}$이 자연수이기 위해서는 m과 2^m이 자연수이므로 $\log_3 m$이 음이 아닌 정수이다.
그러므로 $m=3^k$ (단, k는 음이 아닌 정수이다.)
$m=3^0$일 때, $a_1=2^1-\log_3 1=2$
$m=3^1$일 때, $a_2=2^3-\log_3 3=7$
$m=3^2$일 때, $a_3=2^9-\log_3 9=510$
따라서
$a_3=510$

답 ⑤

91

$\log_2\sqrt{-n^2+10n+75}$에서
진수 조건에 의하여
$\sqrt{-n^2+10n+75}>0$,
즉 $-n^2+10n+75>0$에서
$n^2-10n-75<0$
$(n+5)(n-15)<0$
$-5<n<15$
이때, n이 자연수이므로
$1\le n<15$ …… ㉠
또 $\log_4(75-kn)$에서
진수 조건에 의하여
$75-kn>0$,
즉 $n<\frac{75}{k}$ …… ㉡
한편,
$\log_2\sqrt{-n^2+10n+75}-\log_4(75-kn)$
의 값이 양수이므로
$\log_2\sqrt{-n^2+10n+75}-\log_4(75-kn)>0$
에서
$\log_4(-n^2+10n+75)-\log_4(75-kn)>0$
$\log_4(-n^2+10n+75)>\log_4(75-kn)$
이때 밑 4가 1보다 크므로
$-n^2+10n+75>75-kn$
$n(n-10-k)<0$
k가 자연수이므로
$0<n<10+k$ …… ㉢
주어진 조건을 만족시키는 자연수 n의 개수가 12이므로
㉠, ㉢에서
$10+k>12$
이어야 한다.
즉, $k>2$이어야 한다.

(i) $k=3$일 때,

㉠, ㉡, ㉢에서

$1\le n<13$

따라서 자연수 n의 개수가 12이므로 주어진 조건을 만족시킨다.

(ii) $k=4$일 때,

㉠, ㉡, ㉢에서

$1\le n<14$

따라서 자연수 n의 개수가 13이므로 주어진 조건을 만족시키지 못한다.

(iii) $k=5$일 때,

㉠, ㉡, ㉢에서

$1\le n<15$

따라서 자연수 n의 개수가 14이므로 주어진 조건을 만족시키지 못한다.

(iv) $k=6$일 때,

㉠, ㉡, ㉢에서

$1\le n<\frac{25}{2}$

따라서 자연수 n의 개수가 12이므로 주어진 조건을 만족시킨다.

(v) $k\ge 7$일 때

$\frac{75}{k}<11$이므로

주어진 조건을 만족시키지 못한다.

(i)~(v)에서

$k=3$ 또는 $k=6$

따라서 모든 자연수 k의 값의 합은

$3+6=9$

답 ④

92

두 점 A와 B의 y좌표는 모두 k이므로

$A(1, k)$, $B(\log_a k+k, k)$

두 점 C와 D의 x좌표는 모두 k이므로

$C(k, 2\log_a k+k)$, $D(k, 1)$

두 선분 AB와 CD가 만나는 점을 E라 하면 $E(k, k)$이므로

$\overline{AE}=k-1$, $\overline{BE}=\log_a k$, $\overline{CE}=2\log_a k$, $\overline{DE}=k-1$

사각형 ADBC의 넓이는 $\frac{1}{2}\times\overline{AB}\times\overline{CD}=\frac{85}{2}$이고,

삼각형 CAD의 넓이는 35이므로

삼각형 CBD의 넓이는

$\frac{85}{2}-35=\frac{15}{2}$

$\overline{AE}=p$, $\overline{BE}=q$라 하면 두 삼각형 CAD, CBD의 넓이의 비는

$p:q=35:\frac{15}{2}=14:3$, 즉 $q=\frac{3}{14}p$

이때 $\overline{CE}=2q$, $\overline{DE}=p$이므로

삼각형 CAD의 넓이는

$$\begin{aligned}\frac{1}{2}\times\overline{AE}\times\overline{CD}&=\frac{1}{2}\times\overline{AE}\times(\overline{CE}+\overline{DE})\\&=\frac{1}{2}\times p\times(2q+p)\\&=\frac{p}{2}\times\left(\frac{3}{7}p+p\right)\\&=\frac{5}{7}p^2=35\end{aligned}$$

즉, $p^2=49$이고 $p>0$이므로

$p=7$, $q=\frac{3}{2}$

이때 $k-1=p$, $\log_a k=q$이므로 $k=p+1=8$

$q=\log_a k=\log_a 8=\frac{3}{2}$, 즉 $a^{\frac{3}{2}}=8$에서 $a=4$

따라서 $a+k=4+8=12$

답 12

유형 6 방정식에의 활용

93

$2^x=t\ (t>0)$이라 하면 주어진 방정식은

$t^2-2kt+16=0$ …… ㉠

근과 계수의 관계에 의하여 두 근의 곱은 양수이므로

방정식 $t^2-2kt+16=0$은 양수인 중근을 갖는다.

이 방정식의 판별식을 D라 하면

$\frac{D}{4}=(-k)^2-16=k^2-16=(k+4)(k-4)=0$

이때 두 근의 합이 양수이므로 $k=4$

따라서 방정식 ㉠의 근이 4이므로

$2^x=4=2^2$에서 $\alpha=2$

따라서 $k+\alpha=6$

답 ④

94

로그의 진수의 조건에 의해

$x-3>0$, $3x-5>0$

즉, $x>3$ …… ㉠

$\log_2(x-3)=\log_4(3x-5)$ …… ㉡

이때

$\log_2 (x-3)=\log_{2^2} (x-3)^2=\log_4 (x-3)^2$

이므로 ㉡에서

$\log_4 (x-3)^2=\log_4 (3x-5)$

즉, $(x-3)^2=3x-5$에서

$x^2-6x+9=3x-5$

$x^2-9x+14=0$

$(x-2)(x-7)=0$

따라서 ㉠에 의해 $x=7$

답 7

95

진수 조건에서

$x>0,\ 2x-3>0$

즉, $x>\frac{3}{2}$ …… ㉠

한편, $\log_2 x=1+\log_4 (2x-3)$에서

$\log_2 x=1+\frac{1}{2}\log_2 (2x-3)$

$2\log_2 x=2+\log_2 (2x-3)$

$\log_2 x^2=\log_2 4+\log_2 (2x-3)$

$=\log_2 4(2x-3)$

이므로

$x^2=4(2x-3)$

$x^2-8x+12=0$

$(x-2)(x-6)=0$

$x=2$ 또는 $x=6$

이것은 모두 ㉠을 만족시키므로 구하는 모든 실수 x의 값의 곱은

$2\times6=12$

답 12

96

진수 조건에서

$3x+2>0,\ x-2>0$

즉, $x>2$

$\log_2 (3x+2)=2+\log_2 (x-2)$에서

$\log_2 (3x+2)=\log_2 2^2+\log_2 (x-2)$

$\log_2 (3x+2)=\log_2 \{4(x-2)\}$

이므로

$3x+2=4(x-2),\ 3x+2=4x-8$

따라서 $x=10$

답 10

97

로그의 진수의 조건에 의하여

$x+1>0,\ x-3>0$

즉 $x>3$ …… ㉠

$\log_{\frac{1}{2}} (x-3)=-\log_2 (x-3)$이므로

$\log_2 (x+1)-5=\log_{\frac{1}{2}} (x-3)$에서

$\log_2 (x+1)+\log_2 (x-3)=5$

$\log_2 (x+1)(x-3)=5$

$(x+1)(x-3)=2^5=32$

$x^2-2x-35=0$

$(x+5)(x-7)=0$

$x=-5$ 또는 $x=7$

이때 ㉠에 의하여

$x=7$

답 7

98

$\log_3 (x+2)-\log_{\frac{1}{3}} (x-4)$

$=\log_3 (x+2)-\log_{3^{-1}} (x-4)$

$=\log_3 (x+2)+\log_3 (x-4)$

$=\log_3 (x+2)(x-4)$

이므로

$\log_3 (x+2)(x-4)=3$

$(x+2)(x-4)=3^3$

$x^2-2x-35=0$

$(x+5)(x-7)=0$

진수 조건에 의해서 $x>4$

따라서 $x=7$

답 7

99

진수 조건에서

$x-1>0,\ 13+2x>0$이므로

$x>1$

$\log_2 (x-1)=\log_4 (13+2x)$에서

$\log_2 (x-1)=\frac{1}{2}\log_2 (13+2x)$

$2\log_2(x-1)=\log_2(13+2x)$

$\log_2(x-1)^2=\log_2(13+2x)$

$(x-1)^2=13+2x$

$x^2-4x-12=0$, $(x+2)(x-6)=0$

$x>1$이므로 $x=6$

답 6

100

진수 조건에서

$x-2>0$, $x+6>0$이므로

$x>2$

$\log_2(x-2)=1+\log_4(x+6)$에서

$\log_4(x-2)^2=\log_4 4(x+6)$

$(x-2)^2=4(x+6)$

$x^2-8x-20=0$, $(x+2)(x-10)=0$

$x>2$이므로 $x=10$

답 10

101

진수 조건에서

$x+2>0$이고 $x-2>0$

이어야 하므로

$x>2$ ⋯⋯ ㉠

$\log_2(x+2)+\log_2(x-2)=5$에서

$\log_2(x+2)(x-2)=5$

$\log_2(x^2-4)=5$

에서 $x^2-4=2^5$

$x^2=36$ ⋯⋯ ㉡

㉠, ㉡에서 $x=6$

답 6

102

진수 조건에서

$x-4>0$이고 $x+2>0$이어야 하므로

$x>4$ ⋯⋯ ㉠

$\log_3(x-4)=\log_{3^2}(x-4)^2=\log_9(x-4)^2$

이므로 주어진 방정식은

$\log_9(x-4)^2=\log_9(x+2)$

$(x-4)^2=x+2$

$x^2-8x+16=x+2$

$x^2-9x+14=0$, $(x-2)(x-7)=0$

따라서 $x=2$ 또는 $x=7$

㉠에서 구하는 실수 x의 값은 7이다.

답 7

103

$3^{-x}=3^{3x-24}$에서

$-x=3x-24$

따라서 $x=6$

답 6

104

$3^{x-8}=\left(\frac{1}{27}\right)^x$에서

$3^{x-8}=(3^{-3})^x$, $3^{x-8}=3^{-3x}$

즉, $x-8=-3x$, $4x=8$

따라서 $x=2$

답 2

105

$4^x=\left(\frac{1}{2}\right)^{x-9}$에서

$2^{2x}=(2^{-1})^{x-9}$, $2^{2x}=2^{-x+9}$

지수함수의 성질에 의하여

$2x=-x+9$

따라서 $x=3$

답 3

106

$\left(\frac{1}{4}\right)^{-x}=64$에서

$(4^{-1})^{-x}=4^3$, $4^x=4^3$

따라서 $x=3$

답 ④

107

두 점 A, B가 직선 $y=x$ 위에 있으므로 A(p, p), B(q, q) $(p<q)$로 놓으면

$\overline{AB}=6\sqrt{2}$

이므로

$\sqrt{(q-p)^2+(q-p)^2}=6\sqrt{2}$

$q-p=6$ ...... ㉠

또, 사각형 ACDB의 넓이가 30이므로

$\frac{1}{2}\times\overline{CD}\times(\overline{AC}+\overline{DB})=30$

$\frac{1}{2}\times(q-p)\times(p+q)=30$

$\frac{1}{2}\times6\times(p+q)=30$

$p+q=10$ ...... ㉡

㉠과 ㉡을 연립하면

$p=2$, $q=8$

두 점 A, B가 곡선 $y=2^{ax+b}$ 위에 있으므로

$2^{2a+b}=2$ ...... ㉢

$2^{8a+b}=8$ ...... ㉣

㉣÷㉢을 하면

$2^{6a}=4$, $2^{6a}=2^2$, $6a=2$, $a=\frac{1}{3}$

이 값을 ㉢에 대입하면

$2^{\frac{2}{3}+b}=2$

$\frac{2}{3}+b=1$, $b=\frac{1}{3}$

따라서 $a+b=\frac{1}{3}+\frac{1}{3}=\frac{2}{3}$

답 ④

108

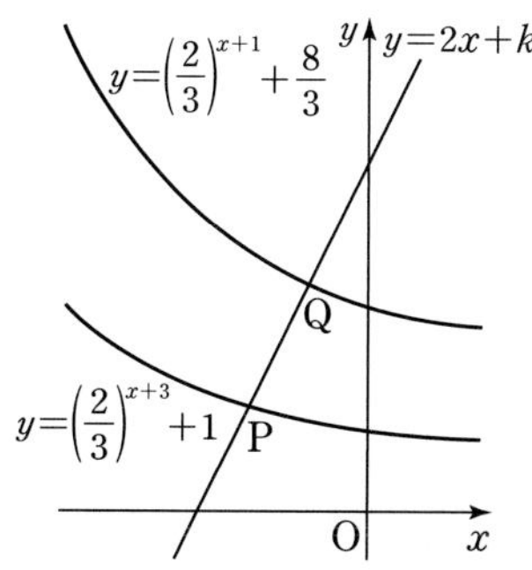

두 점 P, Q의 x좌표를 각각 p, q $(p<q)$라 하면

두 점 P, Q는 직선 $y=2x+k$ 위의 점이므로

P$(p, 2p+k)$, Q$(q, 2q+k)$로 놓을 수 있다.

이때 $\overline{PQ}=\sqrt{5}$, 즉 $\overline{PQ}^2=5$이므로

$(q-p)^2+(2q-2p)^2=5$, $(q-p)^2=1$

$q-p>0$이므로 $q-p=1$

즉, $q=p+1$

한편, 점 P는 함수 $y=\left(\frac{2}{3}\right)^{x+3}+1$의 그래프 위의 점이므로

$\left(\frac{2}{3}\right)^{p+3}+1=2p+k$ ...... ㉠

점 Q$(p+1,\ 2p+2+k)$는

함수 $y=\left(\frac{2}{3}\right)^{x+1}+\frac{8}{3}$의 그래프 위의 점이므로

$\left(\frac{2}{3}\right)^{p+2}+\frac{8}{3}=2p+2+k$ ...... ㉡

㉠, ㉡에서

$\left(\frac{2}{3}\right)^{p+2}+\frac{8}{3}=\left(\frac{2}{3}\right)^{p+3}+3$

$\left(\frac{2}{3}\right)^{p+2}=1$

$p+2=0$, 즉 $p=-2$

$p=-2$를 ㉠에 대입하면

$\left(\frac{2}{3}\right)^{-2+3}+1=2\times(-2)+k$

따라서 $k=\frac{17}{3}$

답 ④

109

$a^x=\sqrt{3}$에서 $x=\log_a\sqrt{3}$

이므로 점 A의 좌표는 $(\log_a\sqrt{3}, \sqrt{3})$이다.

직선 OA의 기울기는 $\frac{\sqrt{3}}{\log_a\sqrt{3}}$

직선 AB의 기울기는 $\frac{\sqrt{3}}{\log_a\sqrt{3}-4}$

직선 OA와 직선 AB가 서로 수직이므로

$\frac{\sqrt{3}}{\log_a\sqrt{3}}\times\frac{\sqrt{3}}{\log_a\sqrt{3}-4}=-1$

$(\log_a\sqrt{3})^2-4\log_a\sqrt{3}+3=0$에서

$(\log_a\sqrt{3}-1)(\log_a\sqrt{3}-3)=0$

$\log_a\sqrt{3}=1$ 또는 $\log_a\sqrt{3}=3$

$a=\sqrt{3}$ 또는 $a^3=\sqrt{3}$

따라서 $a=3^{\frac{1}{2}}$ 또는 $a=3^{\frac{1}{6}}$이므로

모든 a의 값의 곱은

$3^{\frac{1}{2}}\times3^{\frac{1}{6}}=3^{\frac{1}{2}+\frac{1}{6}}=3^{\frac{2}{3}}$

답 ②

110

선분 AB를 3 : 1로 외분하는 점을 Q라 하자.

점 Q의 x좌표는

$\frac{3\log_2 2\sqrt{2}-4}{3-1}=\frac{1}{2}\left(3\times\frac{3}{2}-4\right)=\frac{1}{4}$

점 Q는 직선 $y=4x$ 위에 있으므로

점 Q의 y좌표는 $4\times\frac{1}{4}=1$

$\frac{3\log_3\frac{3}{2}-\log_3 a}{3-1}=1$에서

$\left(\frac{3}{2}\right)^3\times\frac{1}{a}=3^2$

따라서 $a=\frac{3}{8}$

답 ①

유형 7 부등식에의 활용

111

$\left(\frac{1}{9}\right)^x<3^{21-4x}$에서

$3^{-2x}<3^{21-4x}$

$-2x<21-4x$

$2x<21$

$x<\frac{21}{2}$

따라서 자연수 x는 1, 2, …, 10이므로 그 개수는 10이다.

답 ⑤

112

$\log_2(x^2-7x)-\log_2(x+5)\le 1$에서

로그의 진수 조건에 의하여

$-5<x<0$ 또는 $x>7$ …… ㉠

$\log_2(x^2-7x)\le\log_2 2(x+5)$이므로

$x^2-7x\le 2x+10$

$x^2-9x-10\le 0$

$(x+1)(x-10)\le 0$

$-1\le x\le 10$ …… ㉡

㉠, ㉡에서 $-1\le x<0$ 또는 $7<x\le 10$

따라서 부등식을 만족시키는 정수 x는

-1, 8, 9, 10이므로 그 합은 26이다.

답 ③

113

$\log_{18}(n^2-9n+18)<1$에서

로그의 진수 조건에 의하여

$n^2-9n+18>0$

$(n-3)(n-6)>0$

$n<3$ 또는 $n>6$ …… ㉠

$\log_{18}(n^2-9n+18)<1$에서

$n^2-9n+18<18$

$n^2-9n<0$

$n(n-9)<0$

$0<n<9$ …… ㉡

㉠, ㉡을 모두 만족시키는 n의 값의 범위는

$0<n<3$ 또는 $6<n<9$

이를 만족시키는 자연수는 1, 2, 7, 8이므로

구하는 모든 자연수 n의 값의 합은

$1+2+7+8=18$

답 ⑤

114

이차방정식 $3x^2-2(\log_2 n)x+\log_2 n=0$의 판별식을 D라 하자.

모든 실수 x에 대하여 주어진 이차부등식이 성립하기 위해서는

$\frac{D}{4}=(\log_2 n)^2-3\times\log_2 n<0$

$\log_2 n(\log_2 n-3)<0$

$0<\log_2 n<3$

$1<n<8$

n은 자연수이므로

$n=2, 3, 4, 5, 6, 7$

따라서 조건을 만족하는 자연수 n의 개수는 6이다.

답 6

115

$\log_2(x^2-1)+\log_2 3\le 5$에서

로그의 진수 조건에 의하여

$x^2-1>0$, $x^2>1$ …… ㉠

$\log_2(x^2-1)+\log_2 3\le 5$에서

$\log_2(x^2-1)\le 5-\log_2 3$

$\log_2 (x^2-1) \le \log_2 \frac{32}{3}$

로그의 밑이 1보다 크므로

$x^2-1 \le \frac{32}{3}$, $x^2 \le \frac{35}{3}$ ...... ㉡

㉠, ㉡에서 $1 < x^2 < \frac{35}{3}$

이를 만족시키는 정수 x는

$-3, -2, 2, 3$

이므로 정수 x의 개수는 4이다.

답 ④

116

$\left(\frac{1}{4}\right)^x = (2^{-2})^x = 2^{-2x}$이므로 주어진 부등식은

$2^{x-6} \le 2^{-2x}$

양변의 밑 2가 1보다 크므로

$x-6 \le -2x$

$3x \le 6$

$x \le 2$

따라서 모든 자연수 x의 값의 합은

$1+2=3$

답 3

117

로그의 진수 조건에서

$f(x)>0$이므로 $0<x<7$ ...... ㉠

$x-1>0$이므로 $x>1$ ...... ㉡

㉠, ㉡에서 $1<x<7$ ...... ㉢

$\log_3 f(x) + \log_{\frac{1}{3}} (x-1) \le 0$에서

$\log_3 f(x) - \log_3 (x-1) \le 0$

$\log_3 f(x) \le \log_3 (x-1)$

$f(x) \le x-1$

그러므로 ㉢과 주어진 그래프에서

$4 \le x < 7$

따라서 부등식을 만족시키는 모든 자연수 x의 값은 4, 5, 6이고 그 합은

$4+5+6=15$

답 15

유형 8 지수함수와 로그함수를 활용한 외적문제

118

$a>0$에서 $0<2^{-\frac{2}{a}}<1$

즉, $1-2^{-\frac{2}{a}}>0$이므로

$$\frac{Q(4)}{Q(2)} = \frac{Q_0\left(1-2^{-\frac{4}{a}}\right)}{Q_0\left(1-2^{-\frac{2}{a}}\right)} = \frac{1-\left(2^{-\frac{2}{a}}\right)^2}{1-2^{-\frac{2}{a}}}$$

$$= \frac{\left(1-2^{-\frac{2}{a}}\right)\left(1+2^{-\frac{2}{a}}\right)}{1-2^{-\frac{2}{a}}} = 1+2^{-\frac{2}{a}}$$

$\frac{Q(4)}{Q(2)} = \frac{3}{2}$에서

$1+2^{-\frac{2}{a}} = \frac{3}{2}$, $2^{-\frac{2}{a}} = \frac{1}{2} = 2^{-1}$, $-\frac{2}{a} = -1$

따라서 $a=2$

답 ②

다른 풀이

$\frac{Q(4)}{Q(2)} = \frac{3}{2}$에서 $2Q(4)=3Q(2)$

$2Q_0\left(1-2^{-\frac{4}{a}}\right) = 3Q_0\left(1-2^{-\frac{2}{a}}\right)$

$2^{-\frac{2}{a}}=t$로 놓으면 $a>0$이므로 $0<t<1$이다.

$2(1-t^2)=3(1-t)$

$2(1-t)(1+t)=3(1-t)$

$2(1+t)=3$, $t=\frac{1}{2}$

즉, $2^{-\frac{2}{a}} = \frac{1}{2} = 2^{-1}$에서 $-\frac{2}{a}=-1$

따라서 $a=2$

도전 1등급 문제

본문 39~41쪽

01 9	02 ⑤	03 13	04 10	05 13
06 10	07 12	08 33	09 8	10 36
11 75	12 15	13 192	14 24	15 220
16 78				

01

정답률 **29.8%**

정답 공식 **개념만 확실히 알자!**

로그의 정의

$a>0$, $a\neq1$, $N>0$일 때

$a^x=N \Longleftrightarrow x=\log_a N$

풀이 전략 로그의 밑과 진수 조건을 이용한다.

문제 풀이

[STEP 1] 로그의 밑의 조건을 확인한다.

x가 밑이므로 $x>0$, $x\neq1$ ······ ㉠

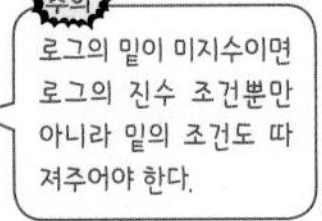

[STEP 2] 로그의 진수 조건을 이용하여 이차부등식을 푼다.

로그의 진수 조건에 의하여 $-x^2+4x+5>0$이므로

$x^2-4x-5<0$, $(x+1)(x-5)<0$

$-1<x<5$ ······ ㉡

[STEP 3] 조건을 만족시키는 모든 정수 x의 값의 합을 구한다.

㉠, ㉡에서 $0<x<1$ 또는 $1<x<5$

따라서 정수 x는 2, 3, 4이므로 구하는 합은

$2+3+4=9$

답 9

02

정답률 **29.5%**

정답 공식 **개념만 확실히 알자!**

지수함수와 로그함수의 그래프

(1) 지수함수 $y=2^x$과 로그함수 $y=\log_2 x$의 그래프는 다음과 같다.

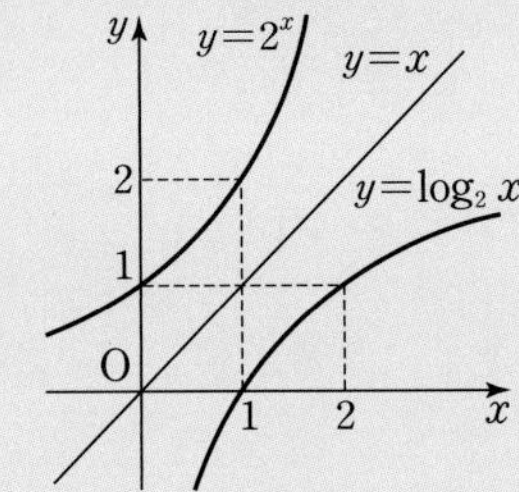

(2) 지수함수 $y=2^x$과 로그함수 $y=\log_2 x$의 그래프는 직선 $y=x$에 대하여 대칭이다.

풀이 전략 $y=2^x$과 $y=\log_2 x$의 그래프는 직선 $y=x$에 대하여 대칭임을 이용한다.

문제 풀이

[STEP 1] 직선 A_nB_n의 기울기가 3임을 이용한다.

두 점 A_n, B_n의 좌표를 각각

$A_n(a_n, 2^{a_n})$, $B_n(b_n, 2^{b_n})$ $(a_n<b_n)$

이라 하면 조건 (가)에 의하여

$\dfrac{2^{b_n}-2^{a_n}}{b_n-a_n}=3$ ······ ㉠ (직선 A_nB_n의 기울기는 3)

조건 (나)에 의하여

$(b_n-a_n)^2+(2^{b_n}-2^{a_n})^2=10n^2$ ······ ㉡

㉠에서 $2^{b_n}-2^{a_n}=3(b_n-a_n)$이므로 이것을 ㉡에 대입하여 정리하면

$(b_n-a_n)^2=n^2$

$a_n<b_n$이므로 $b_n-a_n=n$, 즉 $a_n=b_n-n$

이것을 ㉠에 대입하여 정리하면

$2^{b_n}-2^{b_n-n}=3n$

이므로

$2^{b_n}\left(1-\dfrac{1}{2^n}\right)=3n$

$2^{b_n}=3n\times\dfrac{2^n}{2^n-1}$

[STEP 2] $y=2^x$과 $y=\log_2 x$의 그래프는 직선 $y=x$에 대하여 대칭이므로 x_n은 점 B_n의 y좌표임을 활용한다.

곡선 $y=2^x$과 곡선 $y=\log_2 x$는 직선 $y=x$에 대하여 대칭이므로 x_n은 점 B_n의 y좌표와 같다.

따라서

$x_n=2^{b_n}=3n\times\dfrac{2^n}{2^n-1}$ ($x_1=3\times\dfrac{2}{1}=6$, $x_2=6\times\dfrac{4}{3}=8$, $x_3=9\times\dfrac{8}{7}=\dfrac{72}{7}$)

이므로

$x_1+x_2+x_3=6+8+\dfrac{72}{7}=\dfrac{170}{7}$

답 ⑤

03

정답률 **27.4%**

정답 공식 **개념만 확실히 알자!**

로그의 성질

$a>0$, $a\neq1$, $M>0$, $N>0$일 때

(1) $\log_a \dfrac{M}{N}=\log_a M-\log_a N$

(2) $\log_a M^k=k\log_a M$ (단, k는 실수)

풀이 전략 로그의 성질과 거듭제곱근의 성질을 이용한다.

문제 풀이

[STEP 1] 로그의 성질을 이용하여 주어진 식을 간단히 한다.

$$\log_4 2n^2 - \frac{1}{2}\log_2 \sqrt{n} = \log_4 2n^2 - \log_4 \sqrt{n}$$
$$= \log_4 \frac{2n^2}{\sqrt{n}}$$
$$= \log_4 (2n^{\frac{3}{2}})$$

[STEP 2] 주어진 조건을 만족시키는 자연수 n의 형태를 파악한다.

이 값이 40 이하의 자연수가 되려면

$2n^{\frac{3}{2}} = 4^k$ $(k=1, 2, 3, \cdots, 40)$

이어야 한다.

즉, $n = 4^{\frac{2k-1}{3}}$에서 $\frac{2k-1}{3}$이 자연수가 되어야 하므로

$k = 2, 5, 8, \cdots, 38$

→ $\frac{2k-1}{3}$에서 $2k-1$은 3의 배수의 꼴, 즉 $2k-1 = 3, 9, 15, \cdots, 75$

[STEP 3] 자연수 n의 개수를 구한다.

따라서 조건을 만족시키는 자연수 n의 개수는 13이다.

답 13

04

정답률 25.1%

정답 공식 개념만 확실히 알자!

로그의 성질

$a>0$, $a\neq1$, $M>0$, $N>0$일 때

(1) $\log_a \frac{M}{N} = \log_a M - \log_a N$

(2) $\log_a M^k = k\log_a M$ (단, k는 실수)

풀이 전략 로그의 성질을 이해하여 조건을 만족시키는 값을 구한다.

문제 풀이

[STEP 1] 로그의 성질을 이용하여 주어진 식을 간단히 한다.

$$\log x^3 - \log \frac{1}{x^2} = 3\log x - (-2\log x)$$
$$= 5\log x$$

[STEP 2] x의 값의 범위를 이용하여 $5\log x$의 값의 범위를 구한다.

$10 \le x < 1000$에서

$1 \le \log x < 3$, $5 \le 5\log x < 15$

→ 양변에 상용로그를 취하면 $\log 10 \le \log x < \log 1000$이므로 $1 \le \log x < 3$

따라서 $5\log x$의 값이 자연수가 되도록 하는 x의 개수는 10이다.

답 10

보충 설명

$5\log x$의 값이 자연수 5, 6, 7, $\cdots$, 14가 되도록 하는 x의 값을 각각 구하면

$x = 10$, $10^{\frac{6}{5}}$, $10^{\frac{7}{5}}$, $\cdots$, $10^{\frac{14}{5}}$

05

정답률 24.4%

정답 공식 개념만 확실히 알자!

지수함수와 로그함수의 그래프의 평행이동

(1) 지수함수 $y=a^x+2$와 로그함수 $y=\log_a x+2$의 그래프는 다음과 같다.

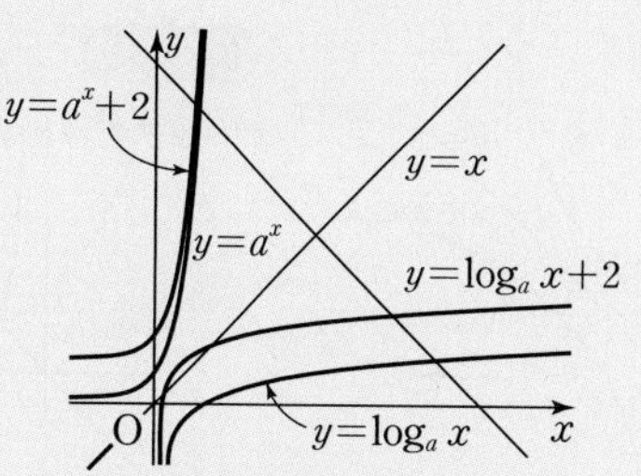

(2) 각각 y축으로 -2만큼 평행이동한 지수함수 $y=2^x$과 로그함수 $y=\log_2 x$의 그래프는 직선 $y=x$에 대하여 대칭이다.

풀이 전략 $y=a^x+2$와 $y=\log_a x+2$의 그래프를 각각 y축으로 -2만큼 평행이동한 $y=2^x$과 $y=\log_2 x$의 그래프는 직선 $y=x$에 대하여 대칭임을 이용한다.

문제 풀이

[STEP 1] 선분 AB를 지름으로 하는 원의 중심의 좌표를 구한다.

선분 AB를 지름으로 하는 원의 중심을 점 $C\left(k, \frac{19}{2}\right)$라 할 때, 점 C는 선분 AB의 중점이다.

두 곡선 $y=a^x+2$, $y=\log_a x+2$를 y축의 방향으로 각각 -2만큼 평행이동한 두 곡선 $y=a^x$, $y=\log_a x$가 직선 $y=x$에 대하여 대칭이므로 두 점 A, B를 y축의 방향으로 각각 -2만큼 평행이동한 두 점 A′, B′도 직선 $y=x$에 대하여 대칭이다.

점 C를 y축의 방향으로 -2만큼 평행이동한 점 $C'\left(k, \frac{15}{2}\right)$가 선분 A′B′의 중점이므로 점 C′은 직선 $y=x$ 위에 있다. 그러므로 $k=\frac{15}{2}$이다.

[STEP 2] 원의 반지름의 길이와 직선 A′B′의 기울기가 -1임을 이용하여 점 A′의 좌표를 구한다.

넓이가 $\frac{121}{2}\pi$인 원의 반지름의 길이는 $\overline{A'C'} = \frac{11\sqrt{2}}{2}$

이고 직선 A′B′의 기울기가 -1이므로

점 A′의 좌표는 $\left(\frac{15}{2}-\frac{11}{2}, \frac{15}{2}+\frac{11}{2}\right)$

즉, $(2, 13)$이다.

점 A′(2, 13)이 곡선 $y=a^x$ 위의 점이므로

$a^2=13$

답 13

06

정답률 20.6%

정답 공식 **개념만 확실히 알자!**

로그함수의 그래프
로그함수 $y=\log_a x$ $(a>0,\ a\neq0)$의 그래프는 a의 값의 범위에 따라 다음과 같다.

$a>1$

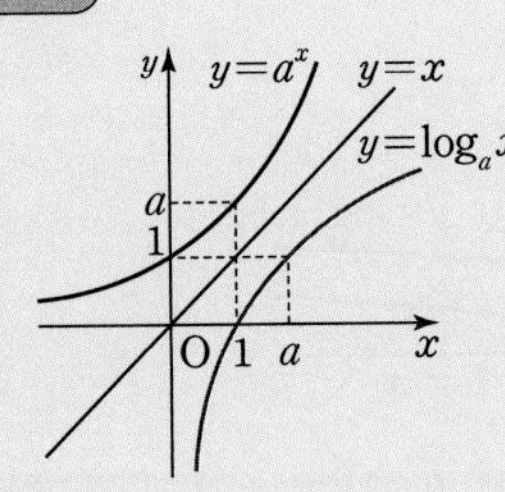

$0<a<1$

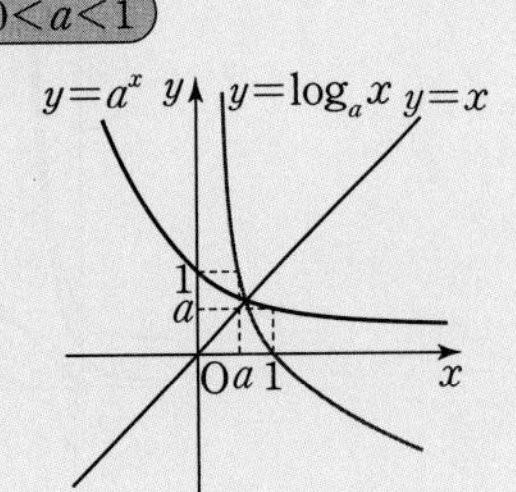

풀이 전략 로그함수의 그래프를 이해하여 활용한다.

문제 풀이

[STEP 1] 주어진 함수의 그래프를 그리고 구간의 의미를 파악하여 $g(t)$의 범위를 생각한다.

주어진 함수 $f(x)$의 $x\geq6$에서의 로그함수의 그래프는 다음 그림과 같이 증가하는 형태로 그려진다.

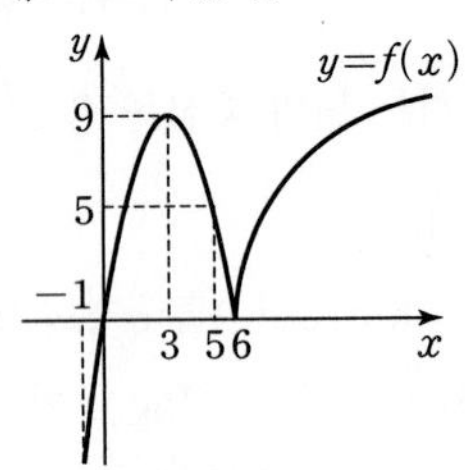

$t=0$일 때, 구간 $[-1,\ 1]$에서 함수 $f(x)$는 $x=1$에서 최댓값 5를 가지므로

$g(0)=5$

한편, 함수 $y=-x^2+6x$는 직선 $x=3$에 대하여 대칭이고

$f(5)=5$이므로

$1\leq t\leq5$일 때, $g(t)\geq5$ → $-1\leq x\leq6$일 때의 $f(x)$의 그래프를 이용하면 $f(x)$의 최댓값은 모두 5 이상이다.

[STEP 2] 구간 $[0,\ \infty)$에서 함수 $g(t)$가 최솟값 5를 갖기 위한 로그함수의 그래프를 파악한다.

구간 $[0,\ \infty)$에서 함수 $g(t)$가 최솟값을 5로 갖기 위해서는 $t=6$일 때, 즉 구간 $[5,\ 7]$에서 함수 $f(x)$의 최댓값이 5 이상이어야 한다.

→ $x\geq6$에서의 로그함수 $y=a\log_4(x-5)$의 그래프가 $x=7$일 때 y의 값은 5 이상이어야 한다.

[STEP 3] 양수 a의 값을 구한다.

즉, $f(7)\geq5$이어야 하므로

$a\log_4(7-5)\geq5$

$a\log_{2^2}2\geq5,\ \frac{a}{2}\geq5,\ a\geq10$

따라서 양수 a의 최솟값은 10이다.

답 10

07

정답률 17.0%

정답 공식 **개념만 확실히 알자!**

지수가 포함된 방정식의 풀이
a^x 꼴이 반복되는 경우에는 $a^x=t$ $(t>0)$로 치환하여 t에 대한 방정식을 푼다.

풀이 전략 지수함수와 로그함수의 그래프의 대칭성을 이용한다.

[STEP 1] 주어진 점을 이용하여 두 조건 (가), (나)를 만족시키도록 식을 세운다.

점 $\mathrm{A}(a,\ b)$를 직선 $y=x$에 대하여 대칭이동한 점을 B라 하면 $\mathrm{B}(b,\ a)$이다.

조건 (가)에서 점 $\mathrm{A}(a,\ b)$가 곡선 $y=\log_2(x+2)+k$ 위의 점이므로

$b=\log_2(a+2)+k$ …… ㉠

조건 (나)에서 점 $\mathrm{B}(b,\ a)$가 곡선 $y=4^{x+k}+2$ 위의 점이므로

$a=4^{b+k}+2$ …… ㉡

[STEP 2] 두 식을 연립하여 하나의 식을 세운 후 점 A의 조건을 이용한다.

㉠에서

$b-k=\log_2(a+2),\ 2^{b-k}=a+2$

$a=2^{b-k}-2$ …… ㉢

㉡, ㉢을 연립하여 정리하면

$4^{b+k}+2=2^{b-k}-2$

$4^k\times4^b-2^{-k}\times2^b+4=0$ …… ㉣

조건을 만족시키는 점 A가 오직 하나이므로 방정식 ㉣을 만족시키는 실수 b는 오직 하나이다.

$2^b=t$ $(t>0)$으로 놓으면 t에 대한 이차방정식

$4^kt^2-2^{-k}t+4=0$ …… ㉤

은 오직 하나의 양의 실근을 갖는다.

t에 대한 이차방정식 ㉤의 두 근의 곱은 $\frac{4}{4^k}=4^{1-k}>0$이므로 오직 하나의 양의 실근을 가지려면 이차방정식 ㉤의 판별식을 D라 할 때 $D=0$이어야 한다.

$D=(-2^{-k})^2-4\times4^k\times4=4^{-k}-16\times4^k=0$

위의 방정식의 양변에 4^k을 곱하여 정리하면

$2^{4k+4}=1,\ k=-1$

[STEP 3] a, b의 값을 구하여 $a\times b$의 값을 구한다.

k의 값을 ㉤에 대입하여 정리하면

$\frac{1}{4}t^2-2t+4=0,\ \frac{1}{4}(t-4)^2=0,\ t=4$

즉, $2^b=4$에서 $b=2$이다.

$k=-1,\ b=2$를 ㉡에 대입하여 정리하면

$a=4^{2+(-1)}+2=6$

따라서 $a\times b=6\times2=12$

답 12

수능이 보이는 강의

이 문제는 점 A가 로그함수의 그래프 위에 있고, 점 A를 직선 $y=x$에 대하여 대칭이동한 점이 지수함수의 그래프 위에 있으므로 주어진 두 함수가 서로 역함수 관계인 것 같은 생각이 들 거야.
만약 그렇다면 점 A는 오직 하나만 존재하지는 않겠지.
그리고 실제로 역함수를 구해 보면 서로 역함수 관계가 아님을 알 수 있어.
즉, 이 문제는 k의 값을 구하여 점 A와 점 A를 대칭이동시킨 점이 지나는 각각의 함수의 식을 완성시키는 문제야. 주어진 조건을 만족시키도록 점의 좌표를 대입하여 식을 이끌어 내고 점 A의 조건을 이용하면 상수 k의 값을 구할 수 있어. 대입하거나 조건을 이용하여 세운 식이 여러 개이니까 그 식들을 잘 연립하여 점 A의 좌표의 값을 실수 없이 구할 수 있도록 하자.

08

정답률 **15.0%**

정답 공식 **개념만 확실히 알자!**

지수함수와 로그함수의 그래프의 평행이동

(1) 지수함수 $y=a^x$의 그래프를
x축의 방향으로 m만큼 평행이동하면
$y=a^{x-m}$
y축의 방향으로 n만큼 평행이동하면
$y=a^x+n$
x축의 방향으로 m만큼, y축의 방향으로 n만큼 평행이동하면
$y=a^{x-m}+n$

(2) 로그함수 $y=\log_a x$의 그래프를
x축의 방향으로 m만큼 평행이동하면
$y=\log_a (x-m)$
y축의 방향으로 n만큼 평행이동하면
$y=\log_a x+n$
x축의 방향으로 m만큼, y축의 방향으로 n만큼 평행이동하면
$y=\log_a (x-m)+n$

풀이 전략 지수함수와 로그함수의 그래프의 평행이동을 이용한다.

문제 풀이

[STEP 1] 지수함수의 그래프를 이용하여 $x<0$인 경우의 $y=f(x)$의 그래프를 그린다.

함수 $y=3^{x+2}-n$의 그래프는 함수 $y=3^x$의 그래프를 x축의 방향으로 -2만큼, y축의 방향으로 $-n$만큼 평행이동한 그래프이다.

함수 $y=|3^{x+2}-n|$의 그래프는 점 $(0,\ |9-n|)$을 지나고 점근선의 방정식은 $y=n$이다.

$x<0$일 때, 자연수 n의 값에 따른 함수 $y=|3^{x+2}-n|$의 그래프는 다음과 같다.

$1\le n<9$일 때,
→ $y=3^{x+2}-n$의 그래프가 $x=0,\ y>0$인 점을 지날 때

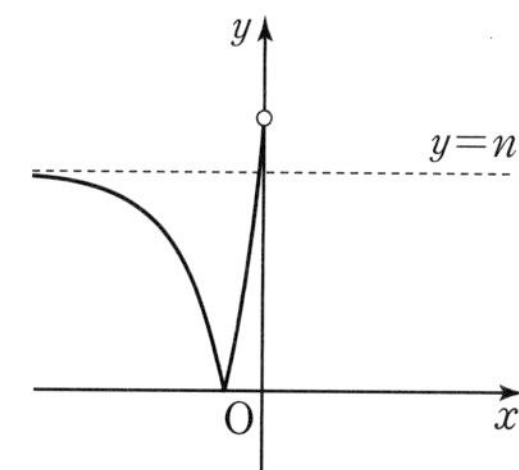

$n=9$일 때,
→ $y=3^{x+2}-n$의 그래프가 $x=0,\ y=0$인 점을 지날 때

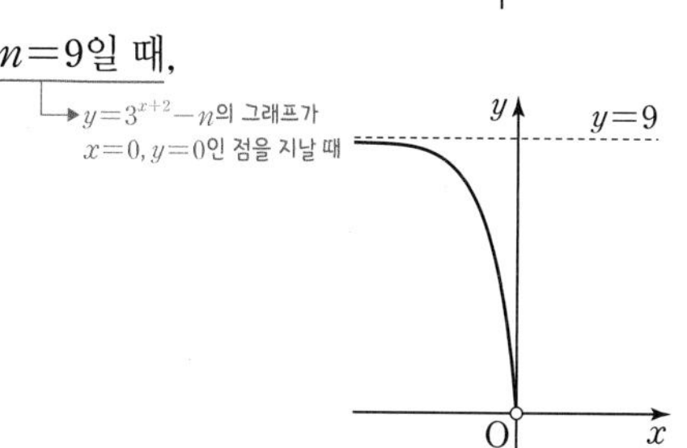

$n>9$일 때,
→ $y=3^{x+2}-n$의 그래프가 $x=0,\ y<0$인 점을 지날 때

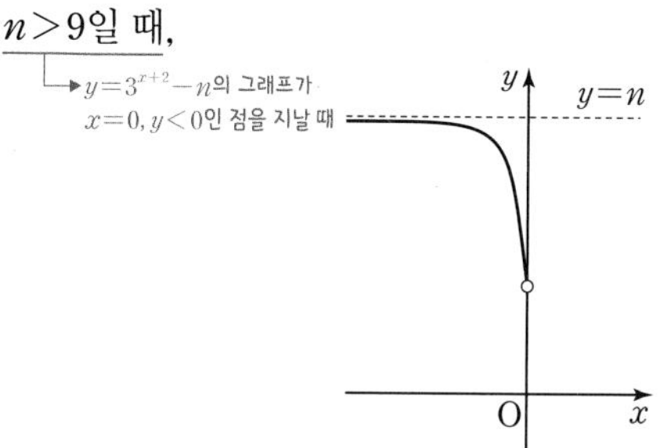

[STEP 2] 로그함수의 그래프를 이용하여 $x\ge0$인 경우의 $y=f(x)$의 그래프를 그린다.

함수 $y=\log_2(x+4)-n$의 그래프는 함수 $y=\log_2 x$의 그래프를 x축의 방향으로 -4만큼, y축의 방향으로 $-n$만큼 평행이동한 그래프이다.

함수 $y=|\log_2(x+4)-n|$의 그래프는 점 $(0,\ |2-n|)$을 지나고 점근선의 방정식은 $x=-4$이다.

$x\ge0$일 때, 자연수 n의 값에 따른 함수 $y=|\log_2(x+4)-n|$의 그래프는 다음과 같다.

$n=1$일 때,
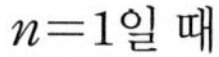
→ $y=\log_2(x+4)-n$의 그래프가 $x=0,\ y>0$인 점을 지날 때

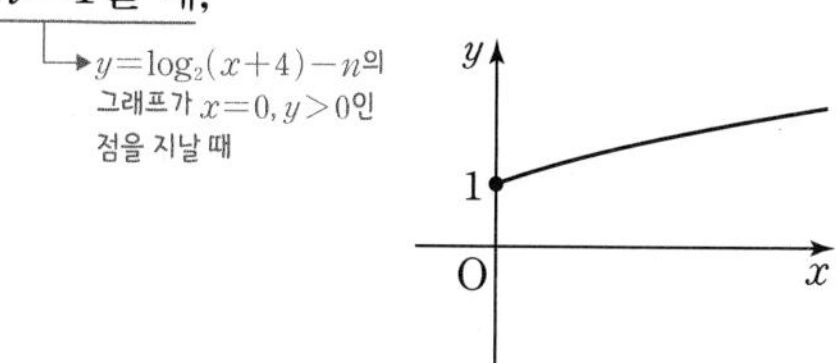

$n=2$일 때,
→ $y=\log_2(x+4)-n$의 그래프가 $x=0,\ y=0$인 점을 지날 때

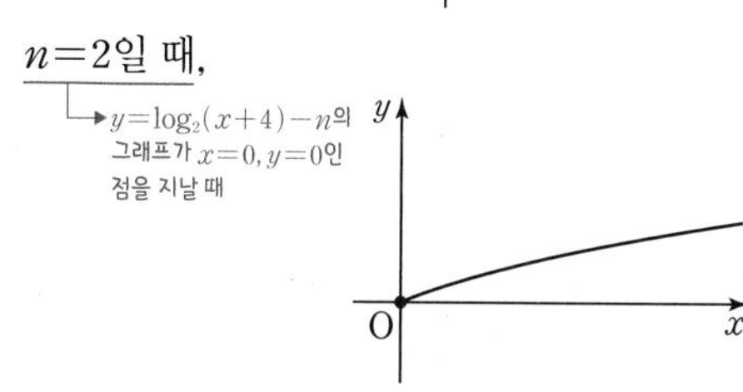

$n>2$일 때,
→ $y=\log_2(x+4)-n$의 그래프가 $x=0,\ y<0$인 점을 지날 때

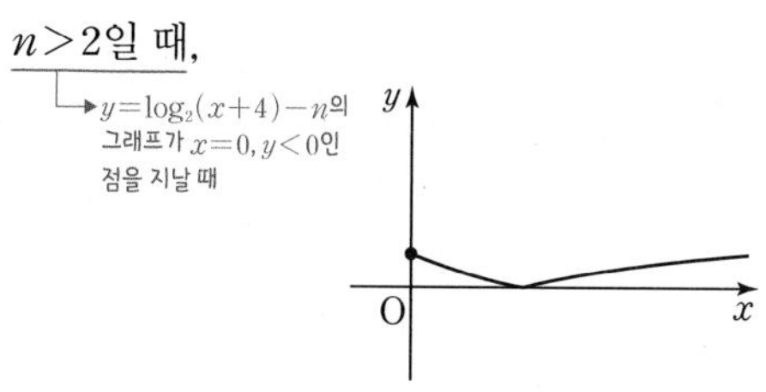

[STEP 3] 방정식 $f(x)=t$의 서로 다른 근이 4개가 되기 위한 $y=f(x)$의 그래프의 조건을 알아본다.

x에 대한 방정식 $f(x)=t$의 서로 다른 실근의 개수 $g(t)$는 함수 $y=f(x)$의 그래프와 직선 $y=t$가 만나는 점의 개수와 같다.

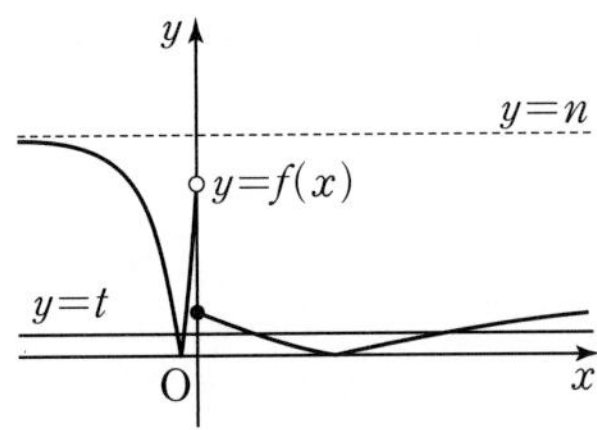

함수 $g(t)$의 최댓값이 4이므로

$9-n>0$이고 $2-n<0$이어야 한다.

즉, $2<n<9$이다.

[STEP 4] 조건을 만족시키는 n의 값의 합을 구한다.

따라서 자연수 n의 값은

3, 4, 5, 6, 7, 8

이므로 그 합은

$3+4+5+6+7+8=33$

답 33

09

정답률 12.0%

정답 공식 **개념만 확실히 알자!**

지수함수의 그래프

지수함수 $y=a^x$ $(a>0,\ a\neq 0)$의 그래프는 a의 값의 범위에 따라 다음과 같다.

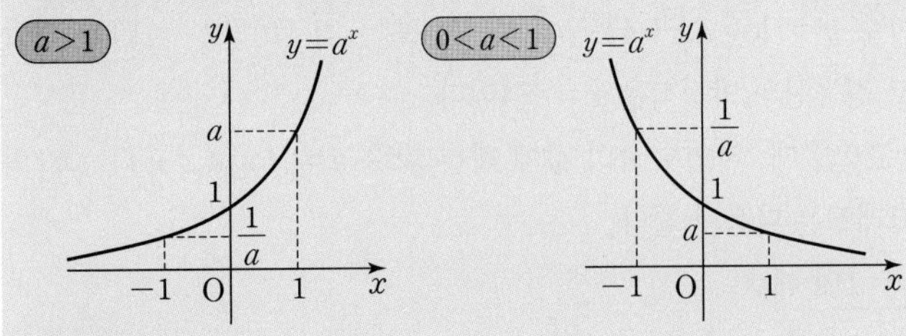

풀이 전략 지수함수의 그래프를 활용하여 지수방정식을 푼다.

문제 풀이

[STEP 1] 주어진 비례식을 이용하여 선분 AB의 길이를 비례상수 k로 표현한다.

$\overline{OA}:\overline{OB}=\sqrt{3}:\sqrt{19}$이므로

$\overline{OA}=\sqrt{3}k\ (k>0)$이라 하면 $\overline{OB}=\sqrt{19}k$이고

$\overline{AB}=\sqrt{(\sqrt{19}k)^2-(\sqrt{3}k)^2}=4k$

[STEP 2] 직선 $y=-\sqrt{3}x$와 직선 AB의 기울기를 이용하여 두 점 A, B의 좌표를 k로 표현한다.

두 점 A, B의 좌표를 각각 $(x_1,\ y_1)$, $(x_2,\ y_2)$라 하자.

직선 OA와 x축이 이루는 예각의 크기가 60°이므로

$x_1=-\dfrac{\sqrt{3}}{2}k,\ y_1=\dfrac{3}{2}k$

→ $\sin 60°=\dfrac{y_1}{\overline{OA}}$이므로 $\dfrac{\sqrt{3}}{2}=\dfrac{y_1}{\sqrt{3}k}$에서 $y_1=\dfrac{3}{2}k$

$\cos 60°=\dfrac{-x_1}{\overline{OA}}$이므로 $\dfrac{1}{2}=\dfrac{-x_1}{\sqrt{3}k}$에서 $x_1=-\dfrac{\sqrt{3}}{2}k$

따라서 $A\left(-\dfrac{\sqrt{3}}{2}k,\ \dfrac{3}{2}k\right)$

직선 AB의 기울기는 $\dfrac{\sqrt{3}}{3}$이므로 직선 AB와 x축이 이루는 예각의 크기가 30°이다.

$x_2-x_1=4k\cos 30°=2\sqrt{3}k$에서

$x_2=x_1+2\sqrt{3}k=\dfrac{3\sqrt{3}}{2}k$

$y_2-y_1=4k\sin 30°=2k$에서

$y_2=y_1+2k=\dfrac{7}{2}k$

따라서 $B\left(\dfrac{3\sqrt{3}}{2}k,\ \dfrac{7}{2}k\right)$

[STEP 3] 두 점 A, B가 각각의 지수함수의 그래프 위에 있음을 이용하여 식을 세워 선분 AB의 길이를 구한다.

점 A는 곡선 $y=a^{-2x}-1$ 위의 점이므로

$\dfrac{3}{2}k=a^{\sqrt{3}k}-1$에서 $a^{\sqrt{3}k}=\dfrac{3k+2}{2}$ …… ㉠

점 B는 곡선 $y=a^x-1$ 위의 점이므로

$\dfrac{7}{2}k=a^{\frac{3\sqrt{3}}{2}k}-1$에서 $a^{\frac{3\sqrt{3}}{2}k}=\dfrac{7k+2}{2}$ …… ㉡

→ $a^{\frac{3\sqrt{3}}{2}k\times\frac{2}{3}}=\left(\dfrac{7k+2}{2}\right)^{\frac{2}{3}}$이므로 $a^{\sqrt{3}k}=\left(\dfrac{7k+2}{2}\right)^{\frac{2}{3}}$

㉠, ㉡에서

$\left(\dfrac{3k+2}{2}\right)^3=\left(\dfrac{7k+2}{2}\right)^2$

$27k^3-44k^2-20k=0$

$k(k-2)(27k+10)=0$

$k>0$이므로 $k=2$

따라서 $\overline{AB}=4k=8$

답 8

10

정답률 11.6%

정답 공식 **개념만 확실히 알자!**

지수함수의 그래프

지수함수 $y=a^x$ $(a>0,\ a\neq 0)$의 그래프는 a의 값의 범위에 따라 다음과 같다.

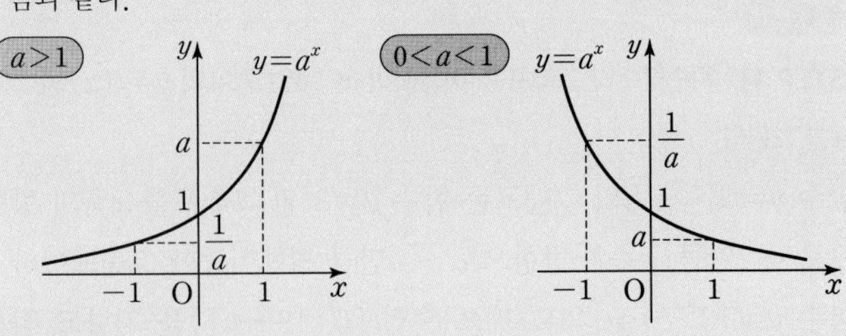

풀이 전략 지수의 성질과 지수함수의 그래프를 이용한다.

문제 풀이

[STEP 1] 곡선 $y=\left(\dfrac{1}{5}\right)^{x-3}$과 직선 $y=x$가 만나는 점의 x좌표를 k로 두고 식을 세운다.

곡선 $y=\left(\frac{1}{5}\right)^{x-3}$과 직선 $y=x$는 다음 그림과 같다.

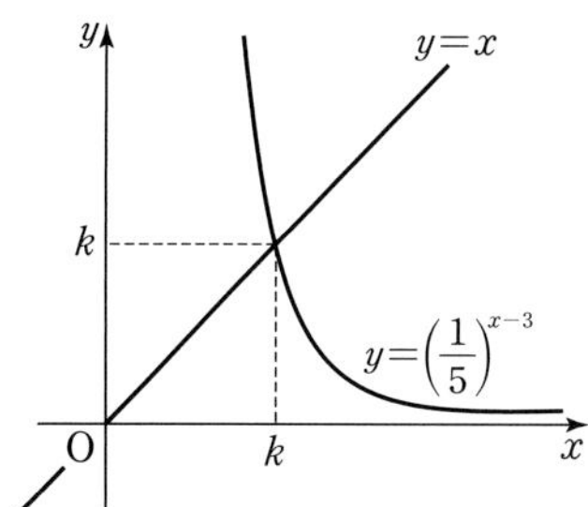

$x>k$인 모든 실수 x에 대하여

$f(f(x))=3x$ …… ㉠

곡선 $y=\left(\frac{1}{5}\right)^{x-3}$과 직선 $y=x$가 만나는 점의 x좌표가 k이므로

$\left(\frac{1}{5}\right)^{k-3}=k$

즉, $\left(\frac{1}{5}\right)^{k}\times\left(\frac{1}{5}\right)^{-3}=k$에서

$k\times5^{k}=5^{3}$

그러므로 구하는 값은 다음과 같다.

$$f\left(\frac{1}{k^{3}\times5^{3k}}\right)=f\left(\left(\frac{1}{k\times5^{k}}\right)^{3}\right)$$
$$=f\left(\left(\frac{1}{5^{3}}\right)^{3}\right)$$
$$=f\left(\frac{1}{5^{9}}\right) \quad \cdots\cdots ㉡$$

[STEP 2] 함수 $y=f(x)$가 감소함수임을 이용하여 $f(\alpha)=\frac{1}{5^{9}}$을 만족시키는 α를 구한다.

$x>k$에서 $f(x)=\left(\frac{1}{5}\right)^{x-3}$이므로 (→ $0<\frac{1}{5}<1$이므로 $y=f(x)$는 감소함수이다.)

k보다 작은 임의의 두 양수

y_1, y_2 $(y_1<y_2)$에 대하여

$f(x_1)=\left(\frac{1}{5}\right)^{x_1-3}=y_1$

$f(x_2)=\left(\frac{1}{5}\right)^{x_2-3}=y_2$

인 x_1, x_2 $(k<x_2<x_1)$이 존재한다. (→ $f(x_1)<f(x_2)$)

㉠에서

$f(f(x_1))=3x_1$, $f(f(x_2))=3x_2$

이므로

$f(f(x_1))>f(f(x_2))$

즉, $f(y_1)>f(y_2)$이므로 함수 $f(x)$는 $x<k$에서 감소한다.

$x>k$에서 $f(x)=\left(\frac{1}{5}\right)^{x-3}$이므로 함수 $f(x)$는 실수 전체의 집합에서 감소한다.

그러므로 ㉡에서

$f(\alpha)=\frac{1}{5^{9}}$인 실수 α $(\alpha>k)$가 존재한다. (→ 감소함수는 일대일함수이다.)

이때

$f(\alpha)=\left(\frac{1}{5}\right)^{\alpha-3}=\frac{1}{5^{9}}$

에서

$\alpha-3=9$, 즉 $\alpha=12$

따라서 ㉠에 의하여 구하는 값은

$$f\left(\frac{1}{k^{3}\times5^{3k}}\right)=f\left(\frac{1}{5^{9}}\right)$$
$$=f(f(\alpha))$$
$$=3\alpha$$
$$=3\times12$$
$$=36$$

답 36

11

정답률 **11.3%**

정답 공식 **개념만 확실히 알자!**

로그의 정의

$a>0$, $a\neq1$, $N>0$일 때

$a^{x}=N \Longleftrightarrow x=\log_{a}N$

로그의 성질

$a>0$, $a\neq1$, $b>0$, $b\neq1$, $c>0$, $c\neq1$일 때

$\log_{a}b=\frac{1}{\log_{b}a}$, $\log_{a}b=\frac{\log_{c}b}{\log_{c}a}$

풀이 전략 로그의 정의와 성질을 이용하여 식의 값을 구한다.

문제 풀이

[STEP 1] 조건 (가)의 값을 d로 놓고 로그의 정의를 이용한다.

조건 (가)에서

$3^{a}=5^{b}=k^{c}=d$ $(d>1)$로 놓으면

$3^{a}=d$에서

$a=\log_{3}d$ …… ㉠

$5^{b}=d$에서

$b=\log_{5}d$ …… ㉡

$k^{c}=d$에서

$c=\log_{k}d$ …… ㉢

[STEP 2] 조건 (나)에서 로그의 성질을 이용하여 a, b, c에 대한 관계식을 구한다.

조건 (나)에서

$$\log c=\log(2ab)-\log(2a+b)$$
$$=\log\frac{2ab}{2a+b}$$

$c=\frac{2ab}{2a+b}$

$c(2a+b)=2ab$ …… ㉣

[STEP 3] 관계식에 로그의 값을 대입하여 k^2의 값을 구한다.

㉠, ㉡, ㉢을 ㉣에 대입하면

$\log_k d \times (2\log_3 d + \log_5 d) = 2\log_3 d \times \log_5 d$

> 주의 로그의 진수가 d로 같으므로 로그의 밑의 변환 공식을 이용하여 로그의 밑을 d로 통일하도록 한다.

$\dfrac{1}{\log_d k} \times \dfrac{2}{\log_d 3} + \dfrac{1}{\log_d k} \times \dfrac{1}{\log_d 5}$

$= \dfrac{2}{\log_d 3} \times \dfrac{1}{\log_d 5}$

양변에 $\log_d k \times \log_d 3 \times \log_d 5$를 곱하면

$2\log_d 5 + \log_d 3 = 2\log_d k$

$\log_d 75 = \log_d k^2$

따라서 $k^2 = 75$

답 75

12

정답률 **10.2%**

정답 공식 **개념만 확실히 알자!**

유리함수 $y=\dfrac{k}{x-p}+q\ (k\neq0)$의 그래프

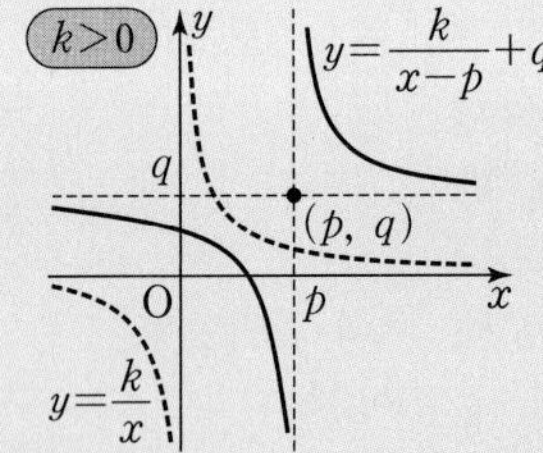

(1) 정의역: $\{x \mid x\neq p$인 실수$\}$
 치역: $\{y \mid y\neq q$인 실수$\}$

(2) 점근선은 두 직선 $x=p$, $y=q$이다.

(3) 점 (p, q)에 대하여 대칭이고, 두 직선 $y=(x-p)+q$, $y=-(x-p)+q$에 대하여 대칭이다.

풀이 전략 $x<0$에서 유리함수 $y=\dfrac{4}{x-3}+a$는 감소하고 로그함수 $y=5\log_2 x-b$는 증가함을 이용한다.

문제 풀이

[STEP 1] $f(2)=|5-b|$에서 $b>5$인 경우에 $f(x)$를 구한다.

(i) $5-b<0$, $b>5$인 경우

$a-4<b-5$이면 함수 $y=f(x)$의 그래프의 개형은 다음과 같다.

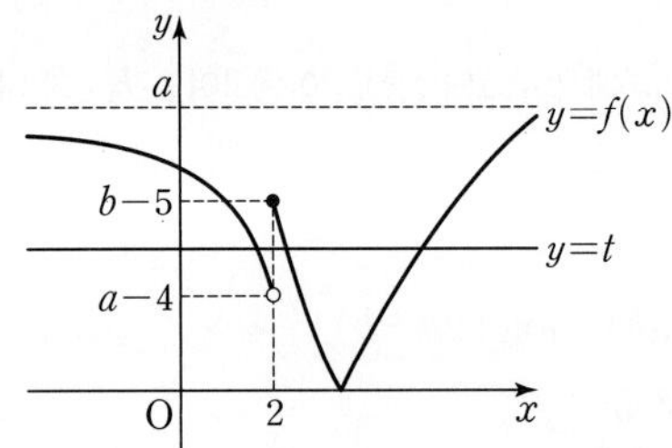

(가)에서 함수 $y=f(x)$의 그래프와 직선 $y=t$는 서로 다른 세 점에서 만나지 않아야 하므로 다음 그림과 같이 $a-4\geq b-5$, 즉 $b-a\leq1$을 만족시켜야 한다.

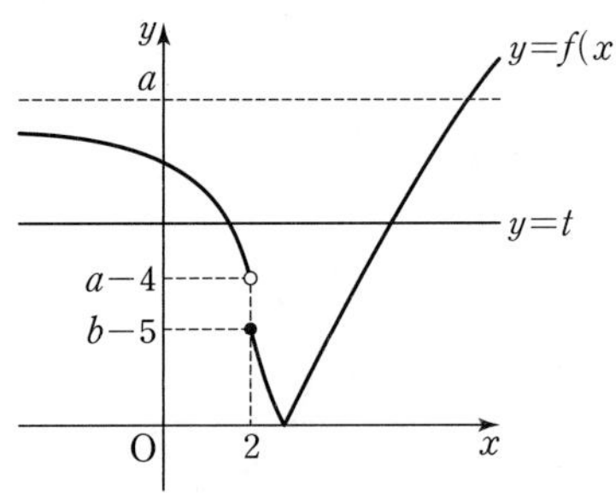

(나)에서 $g(t)=2$가 되도록 하는 자연수 t는 $a-1$, $a-2$, $a-3$과 $b-5$ 이하의 자연수이므로 t의 개수가 6이면 $b-5=3$, $b=8$이다.

$b-a\leq1$이므로 $8-a\leq1$에서 $a\geq7$이다.

그러므로 $a\geq7$, $b=8$이다.

[STEP 2] $f(2)=|5-b|$에서 $b\leq5$인 경우에 $f(x)$를 구한다.

(ii) $5-b\geq0$, $b\leq5$인 경우

함수 $y=f(x)$의 그래프의 개형은 다음과 같다.

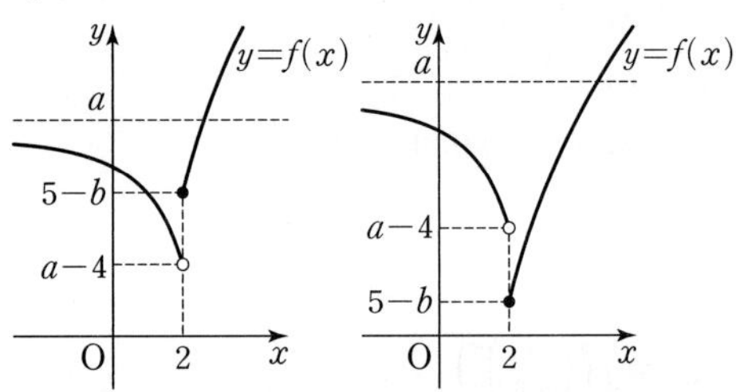

$g(t)=2$이면 함수 $y=f(x)$의 그래프와 직선 $y=t$는 $x<2$에서 한 점에서 만나고, $x\geq2$에서 한 점에서 만난다.

그런데 $x<2$에서 $a-4<f(x)<a$이고, $a-4$보다 크고 a보다 작은 정수는 $a-3$, $a-2$, $a-1$로 3개뿐이므로 자연수 t의 최대 개수는 3이고 (나)를 만족시키지 않는다.

(i), (ii)에서 $a\geq7$, $b=8$이므로 $a+b\geq15$

따라서 $a+b$의 최솟값은 15이다.

답 15

13

정답률 **10.0%**

정답 공식 **개념만 확실히 알자!**

지수함수와 로그함수의 그래프

(1) 지수함수 $y=a^x$과 로그함수 $y=\log_a x$의 그래프는 a의 값의 범위에 따라 다음과 같다.

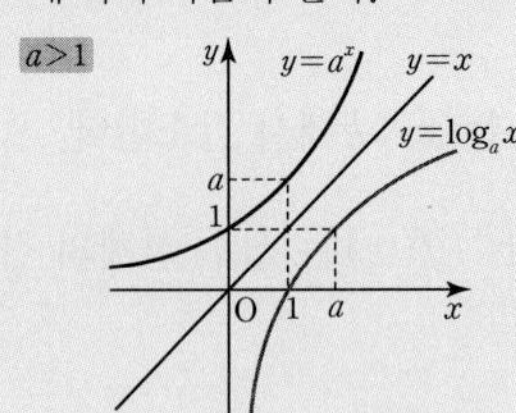

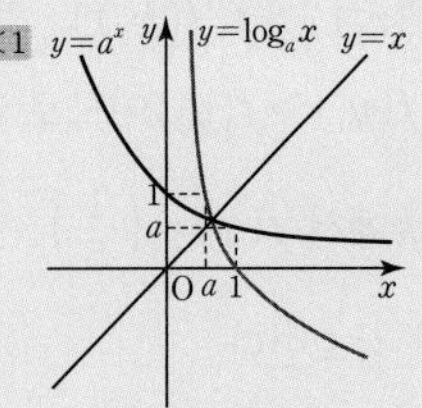

(2) 지수함수 $y=a^x$과 로그함수 $y=\log_a x$의 그래프는 직선 $y=x$에 대하여 대칭이다.

풀이 전략 지수함수와 로그함수의 그래프의 성질을 이용한다.

문제 풀이

[STEP 1] 주어진 두 함수의 형태를 파악한다.

→ 평행이동한 그래프는 모양이 바뀌지 않으므로 직선 $y=x$를 x축의 방향으로 1만큼 평행이동한 직선 $y=x-1$에 대하여 대칭이 된다.

곡선 $y=a^{x-1}$은 곡선 $y=a^x$을 x축의 방향으로 1만큼 평행이동한 것이고, 곡선 $y=\log_a(x-1)$은 곡선 $y=\log_a x$를 x축의 방향으로 1만큼 평행이동한 것이므로 두 곡선 $y=a^{x-1}$, $y=\log_a(x-1)$은 직선 $y=x-1$에 대하여 대칭이다.

[STEP 2] 두 직선 $y=-x+4$, $y=x-1$의 교점이 선분 AB의 중점임을 이용하여 a의 값을 구한다.

두 직선 $y=-x+4$, $y=x-1$의 교점을 M이라 하면 점 M의 좌표는

$-x+4=x-1$에서 $x=\frac{5}{2}$

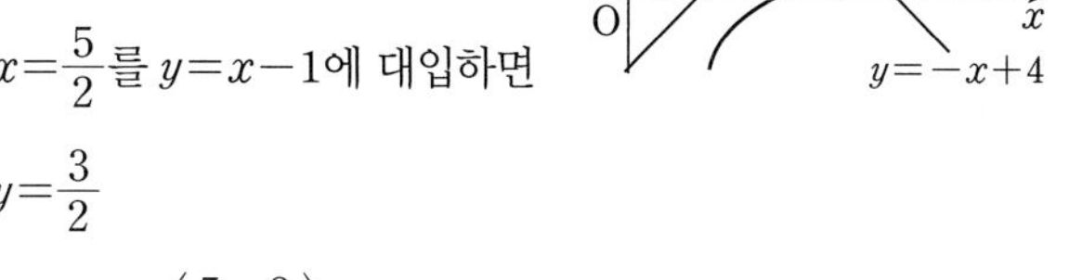

$x=\frac{5}{2}$를 $y=x-1$에 대입하면

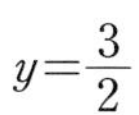

$y=\frac{3}{2}$

따라서 $\mathrm{M}\left(\frac{5}{2}, \frac{3}{2}\right)$이고, 점 M은 선분 AB의 중점이므로

$\overline{\mathrm{AM}}=\frac{1}{2}\overline{\mathrm{AB}}=\frac{1}{2}\times 2\sqrt{2}=\sqrt{2}$

점 A의 좌표를 $(k, -k+4)$라 하면

$\overline{\mathrm{AM}}^2=\left(k-\frac{5}{2}\right)^2+\left(-k+\frac{5}{2}\right)^2=2$

에서 $k=\frac{3}{2}$

즉, $\mathrm{A}\left(\frac{3}{2}, \frac{5}{2}\right)$이고 곡선 $y=a^{x-1}$ 위의 점이므로

$\frac{5}{2}=a^{\frac{3}{2}-1}$, $a^{\frac{1}{2}}=\frac{5}{2}$, $a=\frac{25}{4}$

[STEP 3] 점 C와 직선 $y=-x+4$ 사이의 거리가 삼각형 ABC의 높이임을 이용하여 넓이를 구한다.

이때 점 C의 좌표는 $\left(0, \frac{1}{a}\right)$, 즉 $\left(0, \frac{4}{25}\right)$

점 C에서 직선 $y=-x+4$에 내린 수선의 발을 H라 하면 선분 CH의 길이는 점 C와 직선 $y=-x+4$ 사이의 거리와 같으므로

→ 점 (x_1, y_1)과 직선 $ax+by+c=0$ 사이의 거리 d는 $d=\frac{|ax_1+by_1+c|}{\sqrt{a^2+b^2}}$

$\overline{\mathrm{CH}}=\frac{\left|0+\frac{4}{25}-4\right|}{\sqrt{2}}=\frac{48\sqrt{2}}{25}$

따라서 삼각형 ABC의 넓이는

$S=\frac{1}{2}\times\overline{\mathrm{AB}}\times\overline{\mathrm{CH}}=\frac{1}{2}\times 2\sqrt{2}\times\frac{48\sqrt{2}}{25}=\frac{96}{25}$

이므로

$50\times S=50\times\frac{96}{25}=192$

답 192

14

정답률 **9.0%**

정답 공식 **개념만 확실히 알자!**

실수 a의 실수인 n제곱근

n이 2 이상의 자연수일 때, a의 n제곱근은 다음과 같다.

	$a>0$	$a=0$	$a<0$
n이 홀수, 실수인 n제곱근	$\sqrt[n]{a}$	0	$\sqrt[n]{a}$
n이 짝수, 실수인 n제곱근	$\sqrt[n]{a}$, $-\sqrt[n]{a}$	0	없다.

풀이 전략 a의 n제곱근의 의미를 이해하고 문제를 해결한다.

문제 풀이

[STEP 1] 조건 (가)를 이용하여 주어진 방정식의 해의 형태를 파악한다.

x에 대한 방정식 $(x^n-64)f(x)=0$에서

$x^n-64=0$ 또는 $f(x)=0$

이때 이차함수 $f(x)$는 최고차항의 계수가 1이고 최솟값이 음수이므로 방정식 $f(x)=0$은 서로 다른 두 실근을 갖는다.

$x^n-64=0$에서

(i) n이 홀수일 때,

방정식 $x^n=64$의 실근의 개수는 1이다.

그러므로 조건 (가)에서 방정식

$(x^n-64)f(x)=0$의 근이 모두 중근일 수 없다.

(ii) n이 짝수일 때,

방정식 $x^n=64$의 실근은

$x=\sqrt[n]{64}$ 또는 $x=-\sqrt[n]{64}$

즉, $x=2^{\frac{6}{n}}$ 또는 $x=-2^{\frac{6}{n}}$

이때 조건 (가)를 만족하기 위해서는

$f(x)=\left(x-2^{\frac{6}{n}}\right)\left(x+2^{\frac{6}{n}}\right)$ …… ㉠

이어야 한다.

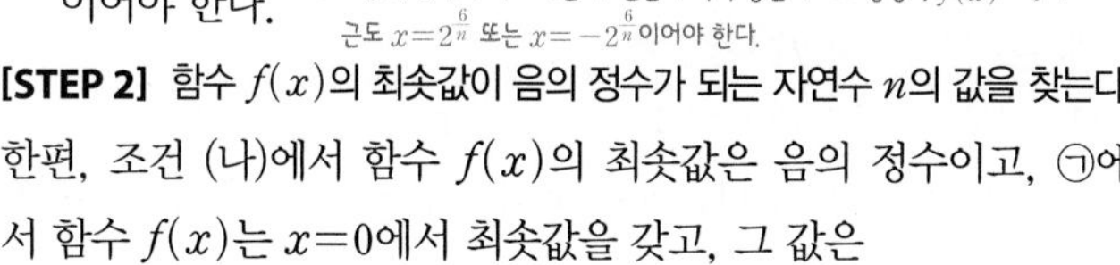

→ 조건 (가)에서 서로 다른 두 실근이 각각 중근이므로 방정식 $f(x)=0$의 근도 $x=2^{\frac{6}{n}}$ 또는 $x=-2^{\frac{6}{n}}$이어야 한다.

[STEP 2] 함수 $f(x)$의 최솟값이 음의 정수가 되는 자연수 n의 값을 찾는다.

한편, 조건 (나)에서 함수 $f(x)$의 최솟값은 음의 정수이고, ㉠에서 함수 $f(x)$는 $x=0$에서 최솟값을 갖고, 그 값은

$-2^{\frac{6}{n}}\times 2^{\frac{6}{n}}=-2^{\frac{12}{n}}$

즉, 이 값이 음의 정수이기 위해서는 n의 값은 12의 약수인 1, 2, 3, 4, 6, 12이다.

그런데 n은 짝수이어야 하므로 2, 4, 6, 12이다.

따라서 모든 n의 값의 합은

$2+4+6+12=24$

답 24

15

정답률 **8.0%**

정답 공식 **개념만 확실히 알자!**

지수함수의 그래프

지수함수 $y=a^x\,(a>0,\ a\neq 0)$의 그래프는 a의 값의 범위에 따라 다음과 같다.

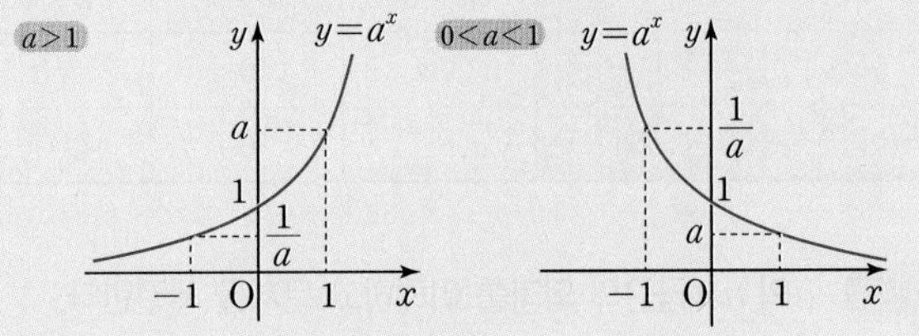

풀이 전략 지수함수의 그래프를 이용한다.

문제 풀이

[STEP 1] 그래프 위의 두 점 P, Q에서 x축에 수선의 발을 각각 내려 만든 두 삼각형이 서로 닮음임을 이용한다.

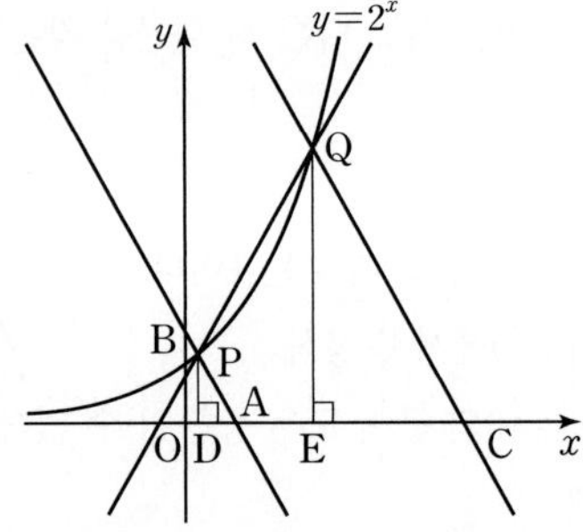

위 그림과 같이 두 점 P, Q에서 x축에 내린 수선의 발을 각각 D, E라 하자.

$\overline{PB}=k$라 하면

$\overline{AP}=\overline{AB}-\overline{PB}=4\overline{PB}-\overline{PB}=3\overline{PB}=3k$

$\overline{CQ}=3\overline{AB}=3\times 4\overline{PB}=12\overline{PB}=12k$

$\overline{AP}:\overline{CQ}=3k:12k=1:4$

이때 $\triangle PDA \backsim \triangle QEC$이므로 → $\overline{PA}/\!/\overline{QC}$에서 $\angle PAD=\angle QCE$이고 $\angle D=\angle E=90^\circ$이므로 AA 닮음

$\overline{PD}:\overline{QE}=\overline{AP}:\overline{CQ}=1:4$

[STEP 2] 삼각형의 닮음비를 이용하여 직선 AB의 방정식을 지수함수의 꼴로 나타낸다.

즉, $2^a:2^b=1:4$이므로

$2^b=4\times 2^a=2^{a+2},\ b=a+2$

직선 PQ의 기울기가 m이므로

$$m=\frac{2^b-2^a}{b-a}=\frac{2^{a+2}-2^a}{(a+2)-a}=\frac{3\times 2^a}{2}=3\times 2^{a-1}$$

따라서 직선 AB의 방정식은 → 한 점 $P(a, 2^a)$을 지나고 기울기가 $-m$인 직선의 방정식이다.

$y-2^a=-3\times 2^{a-1}(x-a)$ ...... ㉠

[STEP 3] a, b의 값을 구하여 $90\times(a+b)$의 값을 구한다.

㉠에 $y=0$을 대입하면

$-2^a=-3\times 2^{a-1}(x-a)$

$x-a=\frac{2}{3},\ x=a+\frac{2}{3}$

즉, 점 A의 x좌표는 $a+\frac{2}{3}$이다.

이때 원점 O에 대하여 $\triangle APD \backsim \triangle ABO$이므로

$\overline{AO}:\overline{DO}=\overline{AB}:\overline{PB}=4:1$

즉, $a+\frac{2}{3}:a=4:1$

$a+\frac{2}{3}=4a,\ a=\frac{2}{9}$

$b=a+2=\frac{2}{9}+2=\frac{20}{9}$

따라서

$$90\times(a+b)=90\times\left(\frac{2}{9}+\frac{20}{9}\right)=90\times\frac{22}{9}=220$$

답 220

16

정답률 **3.4%**

정답 공식 **개념만 확실히 알자!**

로그의 밑과 진수의 조건

$a^x=N \Longleftrightarrow \log_a N=x$

① 로그의 밑의 조건: $a>0,\ a\neq 1$

② 로그의 진수의 조건: $N>0$

풀이 전략 로그의 성질을 이용한다.

문제 풀이

[STEP 1] 로그의 진수 조건과 두 수가 같음을 이용하여 관계식을 세운다.

로그의 진수 조건에서

$na-a^2>0,\ nb-b^2>0$이므로

$0<a<n,\ 0<b<n$

→ $b^2-nb<0$에서 $b(b-n)<0$

→ $a^2-na<0$에서 $a(a-n)<0$

또 $\log_2(na-a^2)=\log_2(nb-b^2)$에서

$na-a^2=nb-b^2$

$b^2-a^2-nb+na=0$

$(b-a)(b+a)-n(b-a)=0$

$(b-a)(b+a-n)=0$ → $b+a-n=0$에서 $b+a=n$

$b-a>0$이므로

$b+a=n$

[STEP 2] $\log_2(na-a^2)$과 $\log_2(nb-b^2)$이 같은 자연수임을 이용하여 $ab=2^k\,(k=1, 2, 3, \cdots)$의 꼴이어야 함을 이해한다.

$\log_2(na-a^2)$이 자연수이고

$na-a^2=(b+a)a-a^2=ab$이므로

$ab=2^k\,(k=1, 2, 3, \cdots)$의 꼴이어야 한다. → $\log_2 ab=k$ (k는 자연수)에서 $ab=2^k$

[STEP 3] a, b를 두 근으로 하는 이차방정식을 이용한다.

$a+b=n$, $ab=2^k$ ($k=1, 2, 3, \cdots$)이므로 a, b는 이차방정식 $x^2-nx+2^k=0$의 서로 다른 두 실근이다.

위의 이차방정식의 판별식을 D라 하면

$D=n^2-4\times 2^k>0$

$n^2>4\times 2^k$ $\cdots\cdots$ ㉠

> 주의
> 조건에서 $0<b-a\le\frac{n}{2}$ 이므로 $a\ne b$
> 즉, a, b는 서로 다른 두 실근이므로 판별식 $D>0$임을 이해한다.

한편, $0<b-a\le\frac{n}{2}$에서

$(b-a)^2=(b+a)^2-4ab\le\frac{n^2}{4}$

$n^2-4\times 2^k\le\frac{n^2}{4}$

$n^2\le\frac{16}{3}\times 2^k$ $\cdots\cdots$ ㉡

㉠, ㉡에서 $4\times 2^k<n^2\le\frac{16}{3}\times 2^k$

[STEP 4] $k=1, 2, 3, \cdots$을 대입하여 자연수 n의 값을 구한다.

$k=1$일 때 $8<n^2\le\frac{32}{3}$ 이므로 $n=3$

$k=2$일 때 $16<n^2\le\frac{64}{3}$ 이므로 만족하는 n의 값은 없다.

$k=3$일 때 $32<n^2\le\frac{128}{3}$ 이므로 $n=6$

$k=4$일 때 $64<n^2\le\frac{256}{3}$ 이므로 $n=9$

$k=5$일 때 $128<n^2\le\frac{512}{3}$ 이므로 $n=12, 13$

$k=6$일 때 $256<n^2\le\frac{1024}{3}$ 이므로 $n=17, 18$

$k=7$일 때 $512<n^2\le\frac{2048}{3}$ 이므로 20 이하의 자연수 n은 존재하지 않는다.

따라서 조건을 만족시키는 20 이하의 자연수 n의 값은

3, 6, 9, 12, 13, 17, 18

이므로 그 합은

$3+6+9+12+13+17+18=78$

답 78

수능이 보이는 강의

이 문제는 로그의 진수 조건을 이용하지 않아도 풀 수 있어.
$\log_2(na-a^2)$과 $\log_2(nb-b^2)$의 값이 같은 자연수라고 했으므로
$na-a^2=2^k$, $nb-b^2=2^k$(k는 자연수)로 놓을 수 있지.
이때 a, b만 다를 뿐 형태가 같으므로 a, b는 이차방정식
$nx-x^2=2^k$, 즉 $x^2-nx+2^k=0$의 두 근임을 알 수 있어.
이때 이차방정식의 근과 계수의 관계를 이용하면
$a+b=n$, $ab=2^k$이 성립해.

Ⅱ 삼각함수

본문 44~67쪽

수능 유형별 기출문제

01 ①	02 ④	03 ①	04 ②	05 ②
06 ②	07 ⑤	08 ⑤	09 ②	10 ②
11 ④	12 48	13 ①	14 ⑤	15 ②
16 ④	17 ①	18 ②	19 ⑤	20 ①
21 32	22 ④	23 80	24 ②	25 ③
26 6	27 ④	28 ④	29 ①	30 ③
31 ③	32 ②	33 ③	34 ③	35 ③
36 ④	37 ①	38 ③	39 ④	40 ④
41 15	42 ④	43 8	44 ④	45 ④
46 ②	47 ⑤	48 ②	49 ①	50 ③
51 32	52 36	53 ②	54 ②	55 ⑤
56 ③	57 21	58 ③	59 ①	60 ③
61 ②	62 ⑤	63 ①	64 ③	65 ③
66 ②	67 ①	68 98	69 ④	70 ①
71 ②	72 ①	73 ④	74 ⑤	75 ①
76 ②	77 ①	78 ②	79 ⑤	

유형 1 삼각함수의 정의

01

$\sin^2\theta+\cos^2\theta=1$이고 $\frac{\pi}{2}<\theta<\pi$이므로

$$\cos\theta=-\sqrt{1-\left(\frac{\sqrt{21}}{7}\right)^2}=-\frac{2\sqrt{7}}{7}$$

따라서

$$\tan\theta=\frac{\sin\theta}{\cos\theta}=\frac{\frac{\sqrt{21}}{7}}{-\frac{2\sqrt{7}}{7}}=-\frac{\sqrt{3}}{2}$$

답 ①

02

$\cos^2\theta=\frac{4}{9}$이고

$\frac{\pi}{2}<\theta<\pi$일 때 $\cos\theta<0$이므로

$\cos\theta=-\frac{2}{3}$

한편, $\sin^2\theta+\cos^2\theta=1$이므로

$\sin^2\theta=1-\cos^2\theta=1-\frac{4}{9}=\frac{5}{9}$

따라서 $\sin^2\theta+\cos\theta=\frac{5}{9}+\left(-\frac{2}{3}\right)=-\frac{1}{9}$

답 ④

03

$\tan\theta=\frac{12}{5}$이고 $\pi<\theta<\frac{3}{2}\pi$이므로

각 θ가 나타내는 동경과 원점 O를 중심으로 하는 어떤 원의 교점이 $\mathrm{P}(-5,\ -12)$이다.

따라서 원점 O에 대하여

$\overline{\mathrm{OP}}=\sqrt{(-5)^2+(-12)^2}=13$

이므로

$\sin\theta+\cos\theta=\frac{-12}{13}+\frac{-5}{13}=-\frac{17}{13}$

답 ①

04

$\sin(-\theta)=-\sin\theta=\frac{1}{3}$에서 $\sin\theta=-\frac{1}{3}$

$\frac{3}{2}\pi<\theta<2\pi$이므로

$\cos\theta=\sqrt{1-\sin^2\theta}=\sqrt{1-\frac{1}{9}}=\frac{2\sqrt{2}}{3}$

따라서 $\tan\theta=\frac{\sin\theta}{\cos\theta}=\frac{-\frac{1}{3}}{\frac{2\sqrt{2}}{3}}=-\frac{1}{2\sqrt{2}}=-\frac{\sqrt{2}}{4}$

답 ②

05

$\sin\theta+\cos\theta\tan\theta=-1$에서

$\sin\theta+\cos\theta\times\frac{\sin\theta}{\cos\theta}=-1$이므로 $\sin\theta=-\frac{1}{2}$

$\cos^2\theta=1-\sin^2\theta=\frac{3}{4}$이고 $\cos\theta>0$이므로 $\cos\theta=\frac{\sqrt{3}}{2}$

따라서 $\tan\theta=\frac{\sin\theta}{\cos\theta}=\frac{-\frac{1}{2}}{\frac{\sqrt{3}}{2}}=-\frac{\sqrt{3}}{3}$

답 ②

06

$\cos\theta=\frac{\sqrt{6}}{3}$이고 $\frac{3}{2}\pi<\theta<2\pi$이므로

$\sin\theta=-\sqrt{1-\cos^2\theta}=-\sqrt{1-\left(\frac{\sqrt{6}}{3}\right)^2}$

$=-\frac{\sqrt{3}}{3}$

따라서

$\tan\theta=\frac{\sin\theta}{\cos\theta}=\frac{-\frac{\sqrt{3}}{3}}{\frac{\sqrt{6}}{3}}=-\frac{1}{\sqrt{2}}=-\frac{\sqrt{2}}{2}$

답 ②

07

$\cos\left(\frac{\pi}{2}+\theta\right)=-\sin\theta$이므로

$\sin\theta=\frac{1}{5}$

따라서

$\frac{\sin\theta}{1-\cos^2\theta}=\frac{\sin\theta}{\sin^2\theta}=\frac{1}{\sin\theta}=\frac{1}{\frac{1}{5}}=5$

답 ⑤

08

$\cos\left(\frac{\pi}{2}+\theta\right)=-\sin\theta$이므로

$\sin\theta=-\frac{\sqrt{5}}{5}$

$\tan\theta<0$, $\sin\theta<0$이므로 θ는 제4사분면의 각이고, $\cos\theta>0$이다.

$\cos^2\theta=1-\sin^2\theta=1-\left(-\frac{\sqrt{5}}{5}\right)^2=\frac{4}{5}$

에서

$\cos\theta=-\frac{2\sqrt{5}}{5}$ 또는 $\cos\theta=\frac{2\sqrt{5}}{5}$

따라서 $\cos\theta>0$이므로

$\cos\theta=\frac{2\sqrt{5}}{5}$

답 ⑤

09

$\cos(\pi+\theta)=\frac{2\sqrt{5}}{5}$에서

$\cos(\pi+\theta)=-\cos\theta$이므로

$-\cos\theta=\frac{2\sqrt{5}}{5}$, 즉 $\cos\theta=-\frac{2\sqrt{5}}{5}$

$\frac{\pi}{2}<\theta<\pi$에서 $\sin\theta>0$이므로

$\sin\theta=\sqrt{1-\cos^2\theta}$

$=\sqrt{1-\left(-\frac{2\sqrt{5}}{5}\right)^2}=\sqrt{\frac{1}{5}}=\frac{\sqrt{5}}{5}$

따라서

$\sin\theta+\cos\theta=\frac{\sqrt{5}}{5}+\left(-\frac{2\sqrt{5}}{5}\right)=-\frac{\sqrt{5}}{5}$

답 ②

10

$\sin(\pi-\theta)=\sin\theta$이므로

$\sin\theta=\frac{5}{13}$

이때

$\cos^2\theta=1-\sin^2\theta=1-\left(\frac{5}{13}\right)^2$

$=1-\frac{25}{169}=\frac{144}{169}$

$=\left(\frac{12}{13}\right)^2$

이고, 주어진 조건에 의하여 $\cos\theta<0$이므로

$\cos\theta=-\frac{12}{13}$

따라서

$\tan\theta=\frac{\sin\theta}{\cos\theta}=\frac{\frac{5}{13}}{-\frac{12}{13}}=-\frac{5}{12}$

답 ②

11

$\cos\frac{\pi}{6}=\frac{\sqrt{3}}{2}$, $\tan\frac{2\pi}{3}=-\sqrt{3}$

이므로

$\cos^2\left(\frac{\pi}{6}\right)+\tan^2\left(\frac{2\pi}{3}\right)=\left(\frac{\sqrt{3}}{2}\right)^2+(-\sqrt{3})^2$

$=\frac{3}{4}+3=\frac{15}{4}$

답 ④

12

$\sin\left(\frac{\pi}{2}+\theta\right)\tan(\pi-\theta)=\cos\theta\times(-\tan\theta)=-\sin\theta$

즉, $\sin\theta=-\frac{3}{5}$이므로

$30(1-\sin\theta)=30\times\frac{8}{5}=48$

답 48

13

$\cos\theta\tan\theta=\cos\theta\times\frac{\sin\theta}{\cos\theta}=\sin\theta=\frac{1}{2}$

$\frac{\pi}{2}<\theta<\pi$이므로 $\theta=\frac{5}{6}\pi$

따라서

$\cos\theta+\tan\theta=-\frac{\sqrt{3}}{2}+\left(-\frac{\sqrt{3}}{3}\right)=-\frac{5\sqrt{3}}{6}$

답 ①

14

$\cos(\pi-\theta)=-\cos\theta$이므로 $\sin\theta=-2\cos\theta$

$\sin^2\theta+\cos^2\theta=1$이므로

$\sin^2\theta+\left(-\frac{\sin\theta}{2}\right)^2=1$

$\sin^2\theta=\frac{4}{5}$

$\frac{\pi}{2}<\theta<\pi$이므로 $\sin\theta=\frac{2\sqrt{5}}{5}$

따라서

$\cos\theta\tan\theta=\cos\theta\times\frac{\sin\theta}{\cos\theta}=\sin\theta=\frac{2\sqrt{5}}{5}$

답 ⑤

15

$\frac{3}{2}\pi<\theta<2\pi$에서 $\sin\theta<0$이므로 $\sin\theta=-\frac{2}{\sqrt{5}}$

$\frac{\tan\theta}{\cos\theta}=\frac{\sin\theta}{\cos^2\theta}=\frac{\sin\theta}{1-\sin^2\theta}=\frac{-\frac{2}{\sqrt{5}}}{1-\frac{4}{5}}=-2\sqrt{5}$

답 ②

16

θ가 제3사분면의 각이므로 $\sin\theta<0$

$\sin^2\theta+\cos^2\theta=1$에서

$\sin\theta=-\sqrt{1-\cos^2\theta}=-\sqrt{1-\left(-\frac{4}{5}\right)^2}=-\frac{3}{5}$

따라서 $\tan\theta=\frac{\sin\theta}{\cos\theta}=\frac{-\frac{3}{5}}{-\frac{4}{5}}=\frac{3}{4}$

답 ④

17

$\tan\theta-\frac{6}{\tan\theta}=1$이므로 양변에 $\tan\theta$를 곱하면

$\tan^2\theta-6=\tan\theta$

$\tan^2\theta-\tan\theta-6=0$

$(\tan\theta+2)(\tan\theta-3)=0$

$\tan\theta=-2$ 또는 $\tan\theta=3$

이때 $\pi<\theta<\frac{3}{2}\pi$이므로 $\tan\theta=3$

즉, $\frac{\sin\theta}{\cos\theta}=3$에서 $\sin\theta=3\cos\theta$

이므로 $\sin^2\theta+\cos^2\theta=1$에 대입하면

$9\cos^2\theta+\cos^2\theta=1$, $10\cos^2\theta=1$

$\cos\theta=\frac{1}{\sqrt{10}}$ 또는 $\cos\theta=-\frac{1}{\sqrt{10}}$

이때 $\pi<\theta<\frac{3}{2}\pi$이므로

$\cos\theta=-\frac{1}{\sqrt{10}}$ …… ㉠

이 값을 $\sin^2\theta+\cos^2\theta=1$에 대입하면

$\sin^2\theta+\frac{1}{10}=1$, $\sin^2\theta=\frac{9}{10}$

$\sin\theta=\frac{3}{\sqrt{10}}$ 또는 $\sin\theta=-\frac{3}{\sqrt{10}}$

이때 $\pi<\theta<\frac{3}{2}\pi$이므로

$\sin\theta=-\frac{3}{\sqrt{10}}$ …… ㉡

따라서 ㉠과 ㉡에서

$$\sin\theta+\cos\theta=\left(-\frac{3}{\sqrt{10}}\right)+\left(-\frac{1}{\sqrt{10}}\right)$$
$$=-\frac{4}{\sqrt{10}}=-\frac{2\sqrt{10}}{5}$$

답 ①

18

$$\frac{1}{1-\cos\theta}+\frac{1}{1+\cos\theta}=\frac{2}{1-\cos^2\theta}=\frac{2}{\sin^2\theta}=18$$

즉, $\sin^2\theta=\frac{1}{9}$이고 $\pi<\theta<\frac{3}{2}\pi$에서 $\sin\theta<0$이므로

$\sin\theta=-\frac{1}{3}$

답 ②

19

$\cos(\pi+\theta)=-\cos\theta=\frac{1}{3}$에서 $\cos\theta=-\frac{1}{3}$

$\sin(\pi+\theta)=-\sin\theta>0$에서 $\sin\theta<0$

즉, θ는 제3사분면의 각이고

$\sin\theta=-\sqrt{1-\left(-\frac{1}{3}\right)^2}=-\frac{2\sqrt{2}}{3}$이므로

$$\tan\theta=\frac{\sin\theta}{\cos\theta}=\frac{-\frac{2\sqrt{2}}{3}}{-\frac{1}{3}}=2\sqrt{2}$$

답 ⑤

20

$$\frac{\sin\theta}{1-\sin\theta}-\frac{\sin\theta}{1+\sin\theta}=4$$

에서

$$\frac{\sin\theta(1+\sin\theta)-\sin\theta(1-\sin\theta)}{(1-\sin\theta)(1+\sin\theta)}=4$$

$$\frac{2\sin^2\theta}{1-\sin^2\theta}=4$$

$$\frac{2(1-\cos^2\theta)}{\cos^2\theta}=4$$

$1-\cos^2\theta=2\cos^2\theta$

따라서 $\cos^2\theta=\frac{1}{3}$이고, $\frac{\pi}{2}<\theta<\pi$이므로

$\cos\theta=-\frac{\sqrt{3}}{3}$

답 ①

21

부채꼴의 반지름의 길이를 r, 호의 길이를 l이라 할 때, 중심각의 크기가 1라디안이므로

$\frac{l}{r}=1$, 즉 $l=r$

부채꼴의 둘레의 길이는 $2r+l=24$이므로

$l=r$을 대입하면 $3r=24$

$r=8$, $l=8$

따라서 부채꼴의 넓이는

$\frac{1}{2}rl=\frac{1}{2}\times8\times8=32$

답 32

22

원 O'에서 중심각의 크기가 $\frac{7}{6}\pi$인 부채꼴 AO′B의 넓이를 T_1,

원 O에서 중심각의 크기가 $\frac{5}{6}\pi$인 부채꼴 AOB의 넓이를 T_2라 하면

$$S_1=T_1+S_2-T_2$$
$$=\left(\frac{1}{2}\times3^2\times\frac{7}{6}\pi\right)+S_2-\left(\frac{1}{2}\times3^2\times\frac{5}{6}\pi\right)$$
$$=\frac{3}{2}\pi+S_2$$

따라서

$S_1-S_2=\frac{3}{2}\pi$

답 ④

23

원점을 중심으로 하고 반지름의 길이가 3인 원이 세 동경 OP, OQ, OR과 만나는 점을 각각 A, B, C라 하자.

점 P가 제1사분면 위에 있고, $\sin\alpha=\frac{1}{3}$이므로

점 A의 좌표는 $A(2\sqrt{2}, 1)$

점 Q가 점 P와 직선 $y=x$에 대하여 대칭이므로

동경 OQ도 동경 OP와 직선 $y=x$에 대하여 대칭이다.

그러므로 점 B의 좌표는 $B(1, 2\sqrt{2})$

점 R이 점 Q와 원점에 대하여 대칭이므로

동경 OR도 동경 OQ와 원점에 대하여 대칭이다.

그러므로 점 C의 좌표는 $C(-1, -2\sqrt{2})$

삼각함수의 정의에 의해

$\sin\beta=\frac{2\sqrt{2}}{3}$, $\tan\gamma=\frac{-2\sqrt{2}}{-1}=2\sqrt{2}$

따라서

$9(\sin^2\beta+\tan^2\gamma)=9\times\left(\frac{8}{9}+8\right)=80$

답 80

유형 2 삼각함수의 그래프

24

$-1\le\cos x\le1$이므로

$-4+3\le4\cos x+3\le4+3$이다.

즉, $-1\le4\cos x+3\le7$

따라서 함수 $f(x)=4\cos x+3$의 최댓값은 7이다.

답 ②

25

$\tan\left(\pi x+\frac{\pi}{2}\right)=\tan\left(\pi x+\frac{\pi}{2}+\pi\right)=\tan\left\{\pi(x+1)+\frac{\pi}{2}\right\}$

따라서 함수 $y=\tan\left(\pi x+\frac{\pi}{2}\right)$의 주기는 1이다.

답 ③

26

모든 실수 x에 대하여

$-1\le\sin x\le1$

이므로 함수 $f(x)=5\sin x+1$의 최댓값은

$5\times1+1=6$

답 6

27

함수 $f(x)=-\sin 2x$의 주기는 $\frac{2\pi}{2}=\pi$이므로 $[0, \pi]$에서 함수 $y=f(x)$의 그래프는 다음과 같다.

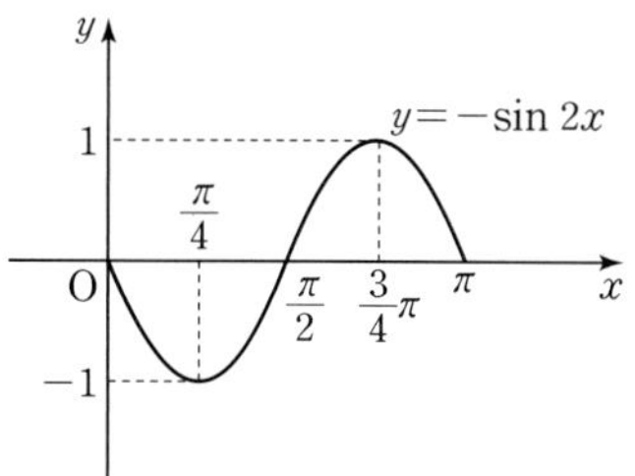

함수 $f(x)$는 $x=\frac{\pi}{4}$일 때 최솟값

$f\left(\frac{\pi}{4}\right)=-\sin\frac{\pi}{2}=-1$

을 갖고, $x=\frac{3}{4}\pi$일 때 최댓값

$f\left(\frac{3}{4}\pi\right)=-\sin\frac{3}{2}\pi=1$

을 갖는다.

따라서 $a=\frac{3}{4}\pi$, $b=\frac{\pi}{4}$이므로 두 점 $\left(\frac{3}{4}\pi, 1\right)$, $\left(\frac{\pi}{4}, -1\right)$을 지나는 직선의 기울기는

$\frac{1-(-1)}{\frac{3}{4}\pi-\frac{\pi}{4}}=\frac{2}{\frac{\pi}{2}}=\frac{4}{\pi}$

답 ④

28

$\sin(-\theta)=-\sin\theta$이므로

$\sin(-\theta)=\frac{1}{7}\cos\theta$에서

$-\sin\theta=\frac{1}{7}\cos\theta$

$\cos^2\theta=49\sin^2\theta$

이때 $\sin^2\theta+\cos^2\theta=1$이므로

$\sin^2\theta+49\sin^2\theta=1$

$\sin^2\theta=\frac{1}{50}$

한편, $\cos\theta<0$이므로

$\sin\theta=-\frac{1}{7}\cos\theta>0$

따라서

$\sin\theta=\frac{1}{5\sqrt{2}}=\frac{\sqrt{2}}{10}$

답 ④

29

$\sin\left(\theta-\frac{\pi}{2}\right)=\frac{3}{5}$에서

$$\sin\left(\theta-\frac{\pi}{2}\right)=\sin\left\{-\left(\frac{\pi}{2}-\theta\right)\right\}$$
$$=-\sin\left(\frac{\pi}{2}-\theta\right)$$
$$=-\cos\theta$$

이므로 $-\cos\theta=\frac{3}{5}$

즉 $\cos\theta=-\frac{3}{5}$

한편, $\pi<\theta<\frac{3}{2}\pi$에서 $\sin\theta<0$

따라서

$$\sin\theta=-\sqrt{1-\cos^2\theta}$$
$$=-\sqrt{1-\left(-\frac{3}{5}\right)^2}$$
$$=-\sqrt{\frac{16}{25}}$$
$$=-\frac{4}{5}$$

답 ①

30

함수 $f(x)=a-\sqrt{3}\tan 2x$의 그래프의 주기는 $\frac{\pi}{2}$이다.

함수 $f(x)$가 닫힌구간 $\left[-\frac{\pi}{6}, b\right]$에서 최댓값과 최솟값을 가지므로

$-\frac{\pi}{6}<b<\frac{\pi}{4}$

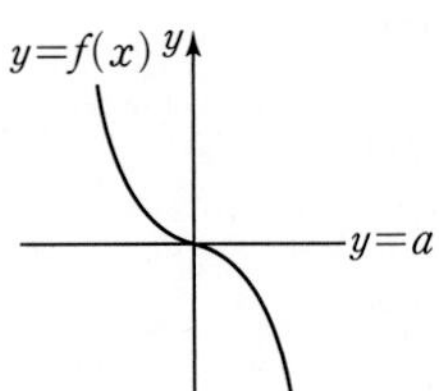

한편, 함수 $y=f(x)$의 그래프는 구간 $\left[-\frac{\pi}{6}, b\right]$에서 x의 값이 증가할 때, y의 값은 감소한다.

함수 $f(x)$는 $x=-\frac{\pi}{6}$에서 최댓값 7을 가지므로

$f\left(-\frac{\pi}{6}\right)=a-\sqrt{3}\tan\left(-\frac{\pi}{3}\right)=7$에서

$a+\sqrt{3}\tan\frac{\pi}{3}=7$

$a+3=7$

$a=4$

함수 $f(x)$는 $x=b$에서 최솟값 3을 가지므로

$f(b)=4-\sqrt{3}\tan 2b=3$에서

$\tan 2b=\frac{\sqrt{3}}{3}$

이때 $-\frac{\pi}{3}<2b<\frac{\pi}{2}$이므로

$2b=\frac{\pi}{6}$

$b=\frac{\pi}{12}$

따라서

$a\times b=4\times\frac{\pi}{12}=\frac{\pi}{3}$

답 ③

31

$0\le x\le\frac{2\pi}{a}$에서 $0\le ax\le 2\pi$이므로

$2\cos ax=1$, 즉 $\cos ax=\frac{1}{2}$에서

$ax=\frac{\pi}{3}$ 또는 $ax=\frac{5\pi}{3}$, 즉 $x=\frac{\pi}{3a}$ 또는 $x=\frac{5\pi}{3a}$

두 점 A, B의 좌표가 각각 $\left(\frac{\pi}{3a}, 1\right)$, $\left(\frac{5\pi}{3a}, 1\right)$이고

$\overline{AB}=\frac{8}{3}$이므로

$\frac{5\pi}{3a}-\frac{\pi}{3a}=\frac{4\pi}{3a}=\frac{8}{3}$

따라서

$a=\frac{4\pi}{3}\times\frac{3}{8}=\frac{\pi}{2}$

답 ③

32

두 함수의 그래프가 만나는 점의 y좌표가 같으므로

$\sin x=\cos\left(x+\frac{\pi}{2}\right)+1$

$\cos\left(x+\frac{\pi}{2}\right)=-\sin x$이므로 $2\sin x=1$

즉, $\sin x=\frac{1}{2}$

그러므로 $x=\frac{\pi}{6}$ 또는 $x=\frac{5}{6}\pi$

따라서 만나는 모든 점의 x좌표의 합은 π이다.

답 ②

33

함수 $y=f(x)$의 주기는

$\frac{2\pi}{\frac{\pi}{6}}=12$

이므로 함수 $y=f(x)$의 그래프는 다음과 같다.

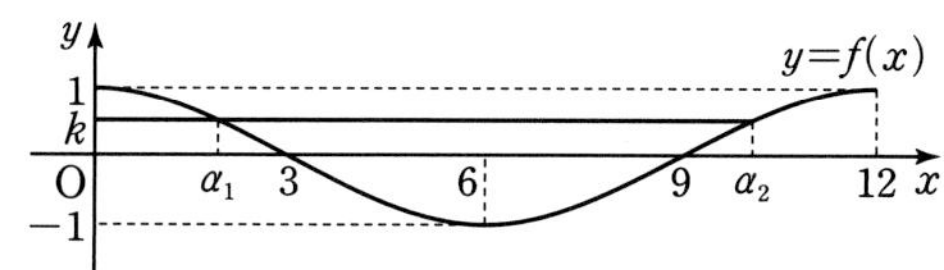

위 그림과 같이 일반성을 잃지 않고

$\alpha_1<\alpha_2$라 하면

$\alpha_1+\alpha_2=12$

주어진 조건에 의하여

$\alpha_2-\alpha_1=8$

이므로

$\alpha_1=2,\ \alpha_2=10$

그러므로

$k=\cos\left(\frac{\pi\times 2}{6}\right)=\cos\frac{\pi}{3}=\frac{1}{2}$

한편,

$-3\cos\frac{\pi x}{6}-1=\frac{1}{2}$

에서

$\cos\frac{\pi x}{6}=-\frac{1}{2}$

$0\le x\le 12$에서 $0\le\frac{\pi x}{6}\le 2\pi$이므로

$\frac{\pi x}{6}=\frac{2}{3}\pi$ 또는 $\frac{\pi x}{6}=\frac{4}{3}\pi$

즉, $x=4$ 또는 $x=8$

따라서

$|\beta_1-\beta_2|=|4-8|=4$

답 ③

34

함수 $y=a\sin b\pi x$의 주기는

$\frac{2\pi}{b\pi}=\frac{2}{b}$

이므로 두 점 A, B의 좌표는

$A\left(\frac{1}{2b},\ a\right),\ B\left(\frac{5}{2b},\ a\right)$

따라서 삼각형 OAB의 넓이가 5이므로

$\frac{1}{2}\times a\times\left(\frac{5}{2b}-\frac{1}{2b}\right)=5$

$\frac{a}{b}=5$

$a=5b$ …… ㉠

직선 OA의 기울기와 직선 OB의 기울기의 곱이 $\frac{5}{4}$이므로

$\frac{a}{\frac{1}{2b}}\times\frac{a}{\frac{5}{2b}}=2ab\times\frac{2ab}{5}=\frac{4a^2b^2}{5}=\frac{5}{4}$

$a^2b^2=\frac{25}{16},\ ab=\frac{5}{4}$ …… ㉡

㉠, ㉡에서 $a=\frac{5}{2},\ b=\frac{1}{2}$이므로

$a+b=3$

답 ③

35

$f(x)=\tan\frac{\pi x}{a}$에서 $\frac{\pi}{\frac{\pi}{a}}=a$이므로 함수 $f(x)$의 주기는 a이다.

△ABC는 정삼각형이므로 직선 AB는 원점을 지나고 기울기가 $\tan 60°=\sqrt{3}$인 직선이다.

양수 t에 대하여 $B(t,\ \sqrt{3}t)$로 놓으면

$A(-t,\ -\sqrt{3}t)$이고 $\overline{AB}=\sqrt{(2t)^2+(2\sqrt{3}t)^2}=4t$

이때 함수 $f(x)$의 주기가 a이므로

$\overline{AC}=4t=a$이고, $C(-t+a,\ -\sqrt{3}t)$, 즉 $C(3t,\ -\sqrt{3}t)$이다.

점 C가 곡선 $y=\tan\frac{\pi x}{a}=\tan\frac{\pi x}{4t}$ 위의 점이므로

$-\sqrt{3}t=\tan\frac{\pi\times 3t}{4t}$

$-\sqrt{3}t=\tan\frac{3\pi}{4}$에서 $t=\frac{1}{\sqrt{3}}$

따라서 삼각형 ABC의 넓이는

$\frac{\sqrt{3}}{4}\times(4t)^2=\frac{\sqrt{3}}{4}\times\left(\frac{4}{\sqrt{3}}\right)^2=\frac{4\sqrt{3}}{3}$

답 ③

36

(가)에서 $g(a\pi)=-1$ 또는 $g(a\pi)=1$이다.

$\sin(a\pi)=-1$에서 $a=\frac{3}{2}$

$\sin(a\pi)=1$에서 $a=\frac{1}{2}$

(나)에서 방정식 $f(g(x))=0$의 해가 존재하므로

$-1\le t\le 1$이고 $f(t)=0$인 실수 t가 존재한다.

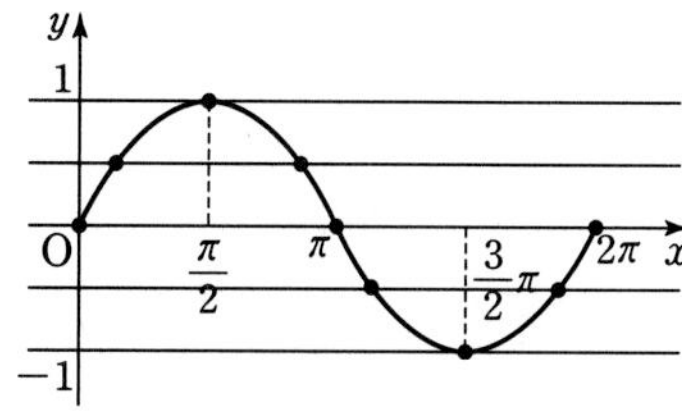

$0\le x\le 2\pi$에서 방정식 $g(x)=t$의 해의 합은 각각

$t=-1$일 때 $\frac{3}{2}\pi$,

$-1<t<0$일 때 3π,

$t=0$일 때 3π,

$0<t<1$일 때 π,

$t=1$일 때 $\frac{\pi}{2}$

이다.

$0 \le x \le 2\pi$일 때, 방정식 $f(g(x))=0$의 모든 해의 합이 $\frac{5}{2}\pi$이므로 방정식 $f(x)=0$은 두 실근 -1, α를 가지고 $0<\alpha<1$이다.

(i) $a=\frac{3}{2}$인 경우

$f(x)=x^2+\frac{3}{2}x+b$에서 $f(-1)=0$이므로

$f(-1)=b-\frac{1}{2}=0$, $b=\frac{1}{2}$

즉, $f(x)=x^2+\frac{3}{2}x+\frac{1}{2}=(x+1)\left(x+\frac{1}{2}\right)$에서

방정식 $f(x)=0$의 두 근은 $x=-1$ 또는 $x=-\frac{1}{2}$이므로 조건을 만족시키지 않는다.

(ii) $a=\frac{1}{2}$인 경우

$f(x)=x^2+\frac{1}{2}x+b$에서 $f(-1)=0$이므로

$f(-1)=b+\frac{1}{2}=0$, $b=-\frac{1}{2}$

즉, $f(x)=x^2+\frac{1}{2}x-\frac{1}{2}=(x+1)\left(x-\frac{1}{2}\right)$에서

방정식 $f(x)=0$의 두 근은 $x=-1$ 또는 $x=\frac{1}{2}$이므로 조건을 만족시킨다.

(i), (ii)에서 $f(x)=x^2+\frac{1}{2}x-\frac{1}{2}$이므로

$f(2)=\frac{9}{2}$

답 ④

37

삼각형 AOB의 넓이가 $\frac{1}{2}\times\overline{AB}\times5=\frac{15}{2}$이므로

$\overline{AB}=3$

이때 $\overline{BC}=\overline{AB}+6=9$

함수 $y=f(x)$의 주기가 $2b$이므로

$2b=\overline{AC}=\overline{AB}+\overline{BC}=12$

즉, $b=6$

선분 AB의 중점의 x좌표가 $\frac{b}{2}$, 즉 3이므로 점 A의 좌표는 $\left(\frac{3}{2}, 5\right)$이다.

점 A는 곡선 $y=f(x)$ 위의 점이므로

$f\left(\frac{3}{2}\right)=5$에서

$a\sin\frac{\pi}{4}+1=5$, $a=4\sqrt{2}$

따라서 $a^2+b^2=(4\sqrt{2})^2+6^2=32+36=68$

답 ①

38

함수 $f(x)=a\cos bx+3$의 그래프는 함수 $y=a\cos bx$의 그래프를 y축의 방향으로 3만큼 평행이동시킨 것이다.

a가 자연수이므로

$f(0)\ge f(x)$

이다.

한편, 함수 $y=a\cos bx+3$의 주기는

$\frac{2\pi}{b}$

닫힌구간 $[0, 2\pi]$에서 정의된 함수 $f(x)$가 $x=\frac{\pi}{3}$에서 최댓값 13을 가지므로

$a+3=13$ …… ㉠

$\frac{2\pi}{b}\le\frac{\pi}{3}$ …… ㉡

이어야 한다.

㉠에서

$a=10$

㉡에서

$b\ge6$

따라서 $a+b$의 최솟값은 $b=6$일 때

$10+6=16$

답 ③

39

함수 $y=\cos\left(x-\frac{\pi}{2}\right)$의 그래프는 함수 $y=\sin x$의 그래프와 일치하고 함수 $y=\sin 4x$의 최댓값은 1, 최솟값은 -1, 주기는 $\frac{\pi}{2}$이므로 $0\le x<2\pi$에서 두 함수 $y=\sin x$와 $y=\sin 4x$의 그래프는 다음 그림과 같다.

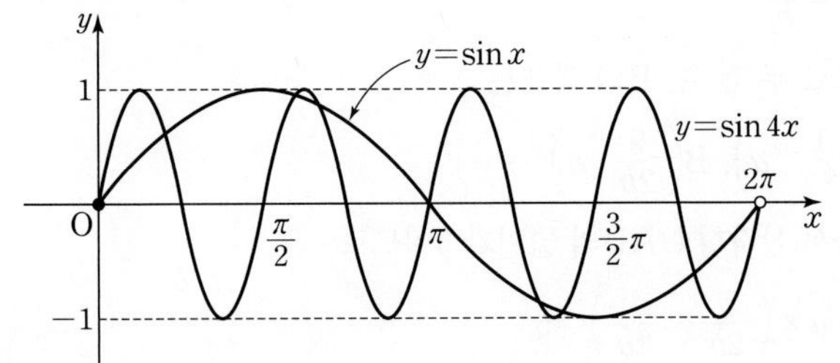

따라서 두 곡선이 만나는 점의 개수는 8이다.

답 ④

40

아래 그림은 k의 값에 따른 두 곡선 $y=f(x)$, $y=\sin x$와 직선 $y=\sin\left(\frac{k}{6}\pi\right)$를 좌표평면에 나타낸 것이다.

각 그림에서 곡선 $y=f(x)$와 직선 $y=\sin\left(\frac{k}{6}\pi\right)$의 교점의 개수 a_k를 구하면 다음과 같다.

(i) $k=1$일 때, $a_1=2$

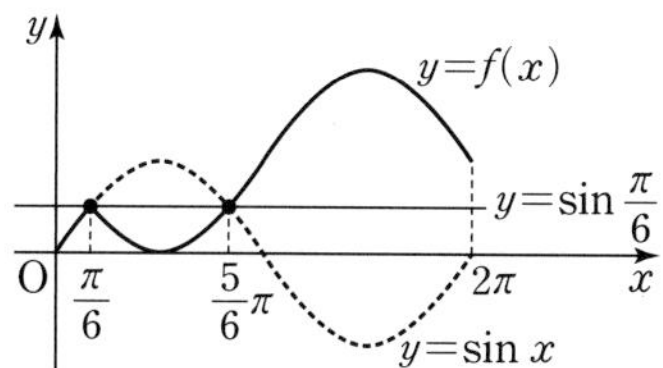

(ii) $k=2$일 때, $a_2=2$

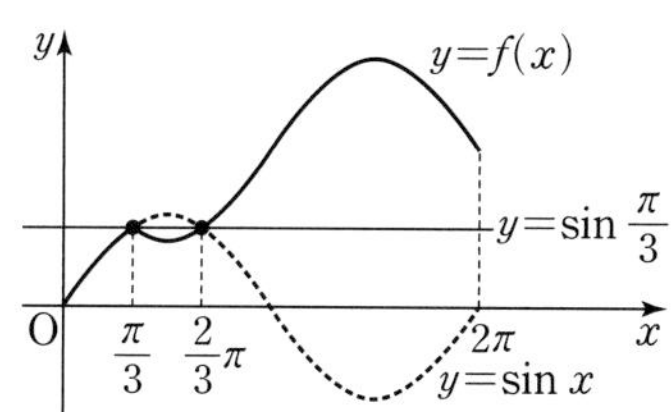

(iii) $k=3$일 때, $a_3=1$

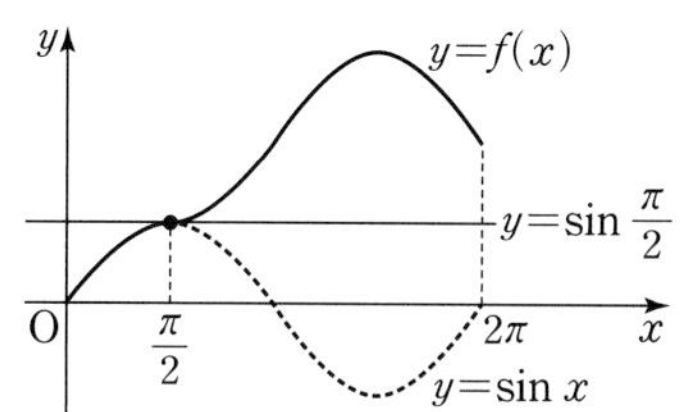

(iv) $k=4$일 때, $a_4=2$

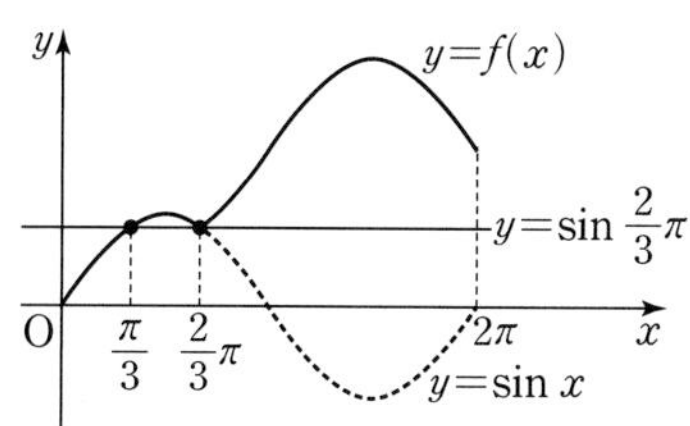

(v) $k=5$일 때, $a_5=2$

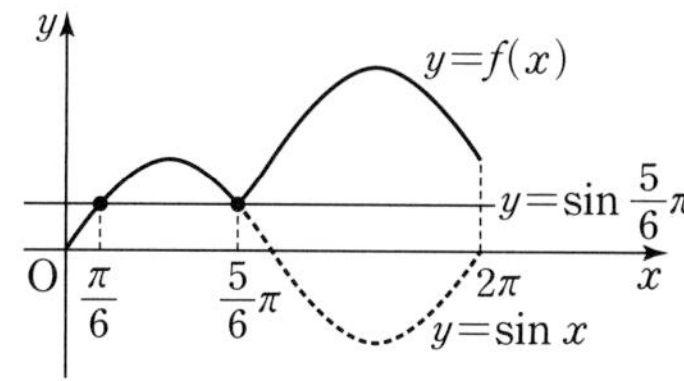

따라서 $a_1+a_2+a_3+a_4+a_5=2+2+1+2+2=9$

답 ④

41

$0\le x<\pi$에서 함수 $y=\sin x-1$의 그래프는 이 구간에서 함수 $y=\sin x$의 그래프를 y축의 방향으로 -1만큼 평행이동시킨 것이다. 이때, 이 구간에서 함수 $y=\sin x-1$의 최댓값은 0이고, 최솟값은 -1이다.

$\pi\le x\le 2\pi$에서 함수 $y=-\sqrt{2}\sin x-1$의 그래프는 이 구간에서 함수 $y=-\sqrt{2}\sin x$의 그래프를 y축의 방향으로 -1만큼 평행이동시킨 것이다. 이때, 이 구간에서 함수 $y=-\sqrt{2}\sin x-1$의 최댓값은 $\sqrt{2}-1$, 최솟값은 -1이다.

그러므로 닫힌구간 $[0, 2\pi]$에서 정의된 함수

$$f(x)=\begin{cases}\sin x-1 & (0\le x<\pi)\\ -\sqrt{2}\sin x-1 & (\pi\le x\le 2\pi)\end{cases}$$

의 그래프는 그림과 같다.

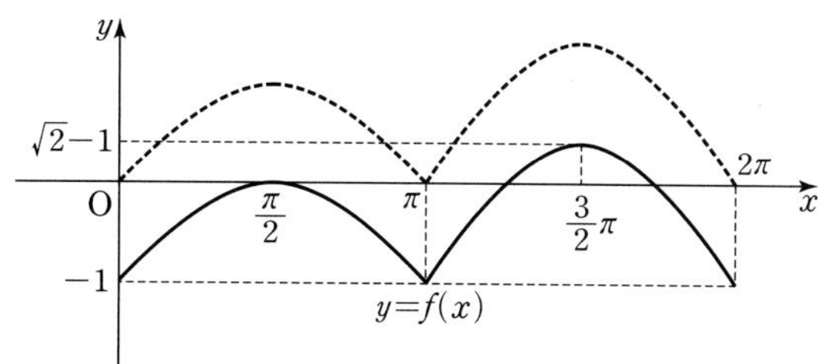

방정식 $f(x)=f(t)$의 서로 다른 실근의 개수가 3이므로 함수 $y=f(x)$의 그래프와 직선 $y=f(t)$가 만나는 서로 다른 점의 개수가 3이다.

그러므로 $f(t)=-1$ 또는 $f(t)=0$이다.

(i) $f(t)=-1$일 때,

$t=0$ 또는 $t=\pi$ 또는 $t=2\pi$

(ii) $f(t)=0$일 때,

$t=\frac{\pi}{2}$ 또는

$-\sqrt{2}\sin t-1=0\ (\pi\le t\le 2\pi)$

$-\sqrt{2}\sin t-1=0$에서 $\sin t=-\frac{\sqrt{2}}{2}$

$\pi\le t\le 2\pi$이므로 $t=\frac{5}{4}\pi$ 또는 $t=\frac{7}{4}\pi$

(i), (ii)에서 모든 t의 값의 합은

$0+\pi+2\pi+\frac{\pi}{2}+\frac{5}{4}\pi+\frac{7}{4}\pi=\frac{13}{2}\pi$

따라서 $p=2$, $q=13$이므로

$p+q=15$

답 15

참고

함수 $y=-\sqrt{2}\sin x-1\ (\pi\le x\le 2\pi)$의 그래프와 x축이 만나는 두 점은 직선 $x=\frac{3}{2}\pi$에 대하여 대칭이므로 방정식 $-\sqrt{2}\sin x-1=0\ (\pi\le x\le 2\pi)$의 두 실근의 합은 3π이다.

42

함수 $y=f(x)$의 그래프가 직선 $y=2$와 만나는 점의 x좌표는 $0\le x<\frac{4\pi}{a}$일 때 방정식

$\left|4\sin\left(ax-\frac{\pi}{3}\right)+2\right|=2$ ...... ㉠

의 실근과 같다.

$ax-\frac{\pi}{3}=t$라 하면 $-\frac{\pi}{3}\le t<\frac{11}{3}\pi$이고

$|4\sin t+2|=2$ ...... ㉡

에서 $\sin t=0$ 또는 $\sin t=-1$

$-\frac{\pi}{3}\le t<\frac{11}{3}\pi$일 때, 방정식 ㉡의 실근은

$0,\ \pi,\ \frac{3}{2}\pi,\ 2\pi,\ 3\pi,\ \frac{7}{2}\pi$

의 6개이고, 이 6개의 실근의 합은 11π이다.

따라서 $n=6$이고 방정식 ㉠의 6개의 실근의 합이 39이므로

$39a-\frac{\pi}{3}\times 6=11\pi,\ a=\frac{\pi}{3}$

따라서

$n\times a=6\times\frac{\pi}{3}=2\pi$

답 ④

43

함수 $f(x)$의 최솟값이

$-a+8-a=8-2a$

이므로 조건 (가)를 만족시키려면

$8-2a\ge 0$

즉, $a\le 4$이어야 한다.

그런데 $a=1$ 또는 $a=2$ 또는 $a=3$일 때는 함수 $f(x)$의 최솟값이 0보다 크므로 조건 (나)를 만족시킬 수 없다.

그러므로 $a=4$

이때 $f(x)=4\sin bx+4$이고 이 함수의 주기는 $\frac{2\pi}{b}$이므로

$0\le x\le\frac{2\pi}{b}$일 때 방정식 $f(x)=0$의 서로 다른 실근의 개수는 1이다.

그러므로 $0\le x<2\pi$일 때, 방정식 $f(x)=0$의 서로 다른 실근의 개수가 4가 되려면 $b=4$이어야 한다.

따라서

$a+b=4+4=8$

답 8

유형 3 삼각함수의 방정식, 부등식에의 활용

44

$y=\sin 4x$의 주기는 $\frac{2\pi}{|4|}=\frac{\pi}{2}$

좌표평면에 $0\le x<2\pi$의 범위에서 직선 $y=\frac{1}{2}$과 함수 $y=\sin 4x$의 그래프를 그리면 다음과 같다.

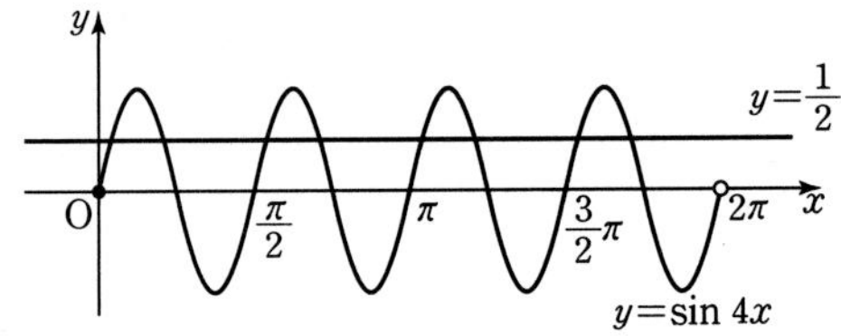

따라서 구하는 서로 다른 실근의 개수는 8이다.

답 ④

45

주어진 이차방정식의 판별식을 D라 하면 실근을 갖지 않아야 하므로

$\frac{D}{4}=4\cos^2\theta-6\sin\theta<0$

$4(1-\sin^2\theta)-6\sin\theta<0$

$2\sin^2\theta+3\sin\theta-2>0$

$(2\sin\theta-1)(\sin\theta+2)>0$

그런데 $\sin\theta+2>0$이므로

$2\sin\theta-1>0$

즉, $\sin\theta>\frac{1}{2}$

이때 $0\le\theta<2\pi$이므로

$\frac{\pi}{6}<\theta<\frac{5}{6}\pi$

따라서 $\alpha=\frac{\pi}{6},\ \beta=\frac{5}{6}\pi$이므로

$3\alpha+\beta=\frac{\pi}{2}+\frac{5}{6}\pi=\frac{4}{3}\pi$

답 ④

46

$\cos\left(\frac{\pi}{2}+x\right)=-\sin x$이므로 주어진 방정식은

$4\sin^2 x+4\sin x-3=0$

$(2\sin x-1)(2\sin x+3)=0$

$\sin x=\frac{1}{2}$

이때 $0\le x<4\pi$이므로

$x=\frac{\pi}{6},\ \frac{5}{6}\pi,\ 2\pi+\frac{\pi}{6},\ 2\pi+\frac{5}{6}\pi$

따라서 모든 해의 합은

$\frac{\pi}{6}+\frac{5}{6}\pi+2\pi+\frac{\pi}{6}+2\pi+\frac{5}{6}\pi=6\pi$

답 ②

참고

함수 $y=\sin x$의 그래프와 직선 $y=\frac{1}{2}$의 교점의 x좌표를 $\alpha,\ \beta,\ \gamma,\ \delta$라 하면

$\frac{\alpha+\beta}{2}=\frac{\pi}{2},\ \frac{\gamma+\delta}{2}=\frac{5\pi}{2}$이므로

$\alpha+\beta+\gamma+\delta=\pi+5\pi=6\pi$

47

$\sin x=\sqrt{3}(1+\cos x)$에서 $\sin^2 x=3(1+\cos x)^2$

$\sin^2 x=1-\cos^2 x$이므로

$1-\cos^2 x=3(1+\cos x)^2$, $2(1+\cos x)(2\cos x+1)=0$

(i) $\cos x=-1$일 때, $\sin x=0$이고 $x=\pi$

(ii) $\cos x=-\frac{1}{2}$일 때, $\sin x=\frac{\sqrt{3}}{2}$이고 $x=\frac{2}{3}\pi$

(i), (ii)에서 방정식의 모든 해의 합은 $\frac{5}{3}\pi$이다.

답 ⑤

48

$4\cos^2 x-1=0$에서

$(2\cos x+1)(2\cos x-1)=0$

$\cos x=-\frac{1}{2}$ 또는 $\cos x=\frac{1}{2}$

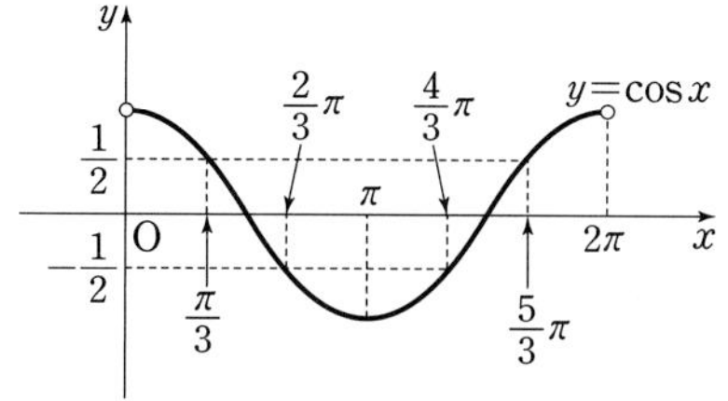

따라서 방정식을 만족시키는 x의 값은

$x=\frac{\pi}{3}$ 또는 $x=\frac{2}{3}\pi$ 또는 $x=\frac{4}{3}\pi$ 또는 $x=\frac{5}{3}\pi$

한편, $\sin x\cos x<0$이므로 x는 제2사분면의 각 또는 제4사분면의 각이다.

따라서 구하는 x의 값은 $x=\frac{2}{3}\pi$ 또는 $x=\frac{5}{3}\pi$이므로 모든 x의 값의 합은 $\frac{7}{3}\pi$이다.

답 ②

49

이차방정식 $x^2-(2\sin\theta)x-3\cos^2\theta-5\sin\theta+5=0$의 판별식을 D라 하면 이 이차방정식이 실근을 가져야 하므로

$\frac{D}{4}=(-\sin\theta)^2-(-3\cos^2\theta-5\sin\theta+5)\geq 0$

이어야 한다.

즉, $\sin^2\theta+3\cos^2\theta+5\sin\theta-5\geq 0$

이때 $\cos^2\theta=1-\sin^2\theta$이므로

$\sin^2\theta+3(1-\sin^2\theta)+5\sin\theta-5\geq 0$

$2\sin^2\theta-5\sin\theta+2\leq 0$

$(2\sin\theta-1)(\sin\theta-2)\leq 0$

$\sin\theta-2<0$이므로

$2\sin\theta-1\geq 0$, $\sin\theta\geq\frac{1}{2}$

이때 $0\leq\theta<2\pi$이므로

$\frac{\pi}{6}\leq\theta\leq\frac{5}{6}\pi$

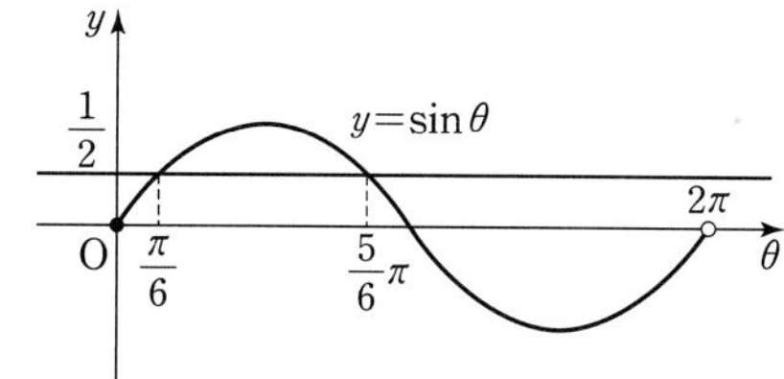

따라서 $\alpha=\frac{\pi}{6}$, $\beta=\frac{5}{6}\pi$이므로

$4\beta-2\alpha=4\times\frac{5}{6}\pi-2\times\frac{\pi}{6}=3\pi$

답 ①

50

$\sin\frac{\pi}{7}=\cos\left(\frac{\pi}{2}-\frac{\pi}{7}\right)=\cos\frac{5}{14}\pi$

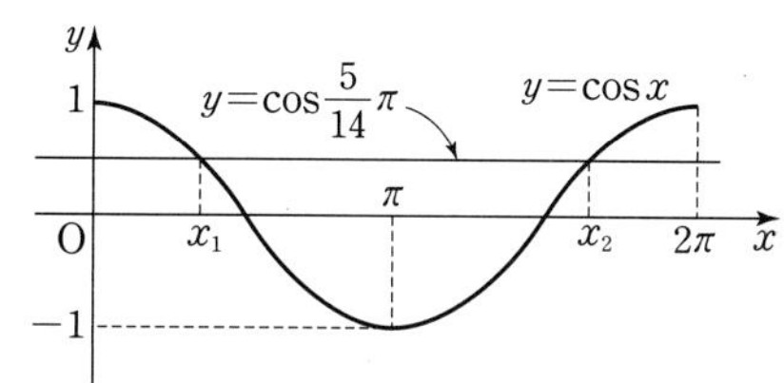

그림과 같이 곡선 $y=\cos x$ $(0\leq x\leq 2\pi)$와 직선 $y=\cos\frac{5}{14}\pi$가 만나는 두 점의 x좌표를 각각 x_1, x_2 $(x_1<x_2)$라 하면

$x_1=\frac{5}{14}\pi$이고 $\frac{x_1+x_2}{2}=\pi$이므로

$x_2=2\pi-x_1=\frac{23}{14}\pi$

따라서 $0\leq x\leq 2\pi$일 때, 부등식 $\cos x\leq\sin\frac{\pi}{7}$를 만족시키는 모든 x의 값의 범위는 $\frac{5}{14}\pi\leq x\leq\frac{23}{14}\pi$이므로

$\beta-\alpha=\frac{23}{14}\pi-\frac{5}{14}\pi=\frac{9}{7}\pi$

답 ③

51

$f(2+x)=\sin\left(\frac{\pi}{2}+\frac{\pi}{4}x\right)=\cos\frac{\pi}{4}x$,

$f(2-x)=\sin\left(\frac{\pi}{2}-\frac{\pi}{4}x\right)=\cos\frac{\pi}{4}x$

이므로 주어진 부등식은

$\cos^2\frac{\pi}{4}x<\frac{1}{4}$

즉, $-\frac{1}{2}<\cos\frac{\pi}{4}x<\frac{1}{2}$ ...... ㉠

$0<x<16$에서 $0<\frac{\pi}{4}x<4\pi$이므로 ㉠에서

$\frac{\pi}{3}<\frac{\pi}{4}x<\frac{2}{3}\pi$ 또는 $\frac{4}{3}\pi<\frac{\pi}{4}x<\frac{5}{3}\pi$

Ⅱ 삼각함수

또는 $\frac{7}{3}\pi<\frac{\pi}{4}x<\frac{8}{3}\pi$ 또는 $\frac{10}{3}\pi<\frac{\pi}{4}x<\frac{11}{3}\pi$

이다. 즉,

$\frac{4}{3}<x<\frac{8}{3}$ 또는 $\frac{16}{3}<x<\frac{20}{3}$ 또는

$\frac{28}{3}<x<\frac{32}{3}$ 또는 $\frac{40}{3}<x<\frac{44}{3}$

이므로 구하는 자연수 x의 값은

2, 6, 10, 14이다.

따라서 구하는 모든 자연수 x의 값의 합은

$2+6+10+14=32$

답 32

52

$f(g(x))=g(x)$에서 $g(x)=t\,(-1\le t\le 1)$이라 하면

$f(t)=t$에서 $2t^2+2t-1=t$

$2t^2+t-1=0,\ (2t-1)(t+1)=0$

$t=\frac{1}{2}$ 또는 $t=-1$이므로 $g(x)=\frac{1}{2}$ 또는 $g(x)=-1$

함수 $g(x)=\cos\frac{\pi}{3}x$의 주기는 6이고,

$g(1)=g(5)=\frac{1}{2},\ g(3)=-1$이다.

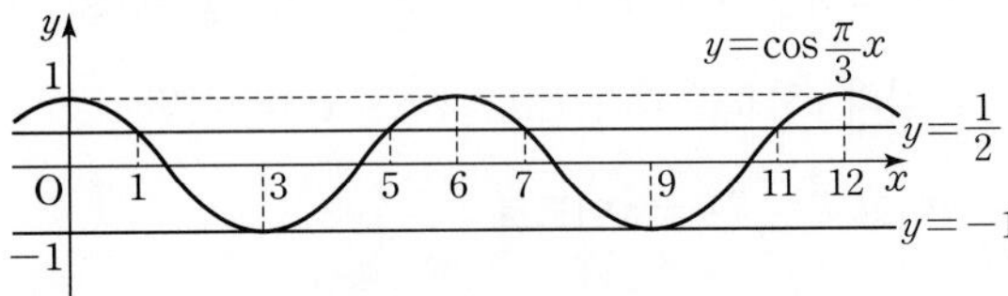

그러므로 $0\le x<12$에서 $g(7)=g(11)=\frac{1}{2},\ g(9)=-1$이다.

따라서 구하는 모든 실수 x의 값의 합은

$1+3+5+7+9+11=36$

답 36

53

ㄱ. 방정식

$\left(\sin\frac{\pi x}{2}-t\right)\left(\cos\frac{\pi x}{2}-t\right)=0$

에서

$\sin\frac{\pi x}{2}=t$ 또는 $\cos\frac{\pi x}{2}=t$

이 방정식의 실근은 두 함수 $y=\sin\frac{\pi x}{2}$, $y=\cos\frac{\pi x}{2}$의 그래프와 직선 $y=t$와의 교점의 x좌표이다.

한편, 두 함수 $y=\sin\frac{\pi x}{2}$, $y=\cos\frac{\pi x}{2}$의 주기가 모두 $\frac{2\pi}{\frac{\pi}{2}}=4$이므로 그래프는 다음과 같다.

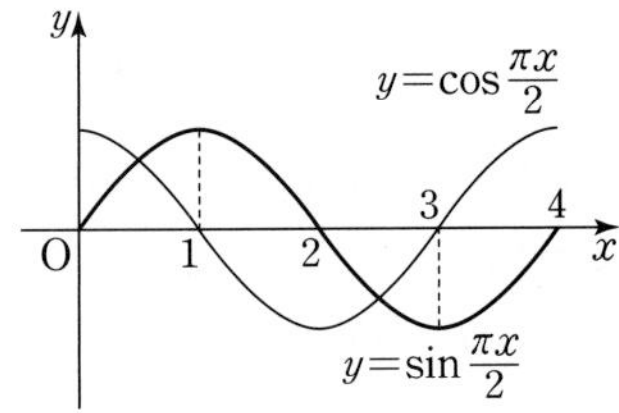

$-1\le t<0$이면 직선 $y=t$와 $\alpha(t)$, $\beta(t)$는 다음 그림과 같다.

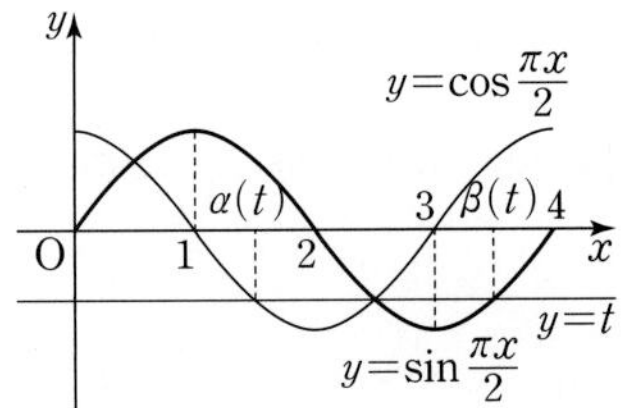

이때 함수 $y=\cos\frac{\pi x}{2}$의 그래프는 함수 $y=\sin\frac{\pi x}{2}$의 그래프를 평행이동시키면 겹쳐질 수 있고 함수 $y=\sin\frac{\pi x}{2}$의 그래프는 직선 $x=1$, $x=3$에 대하여 대칭이고 점 $(2, 0)$에 대하여 대칭이다.

그러므로 $\alpha(t)=1+k\ (0<k\le 1)$로 놓으면

$\beta(t)=4-k$

따라서 $\alpha(t)+\beta(t)=1+k+4-k=5$ (참)

ㄴ. 실근 $\alpha(t)$, $\beta(t)$는 집합 $\{x\mid 0\le x<4\}$의 원소이므로

$\beta(0)=3,\ \alpha(0)=0$

그러므로 주어진 식은

$\{t\mid\beta(t)-\alpha(t)=\beta(0)-\alpha(0)\}=\{t\mid\beta(t)-\alpha(t)=3\}$

(i) $0\le t\le\frac{\sqrt{2}}{2}$일 때,

$t=0$이면 $\beta(0)-\alpha(0)=3-0=3$

$t\ne 0$이면 다음 그림과 같다.

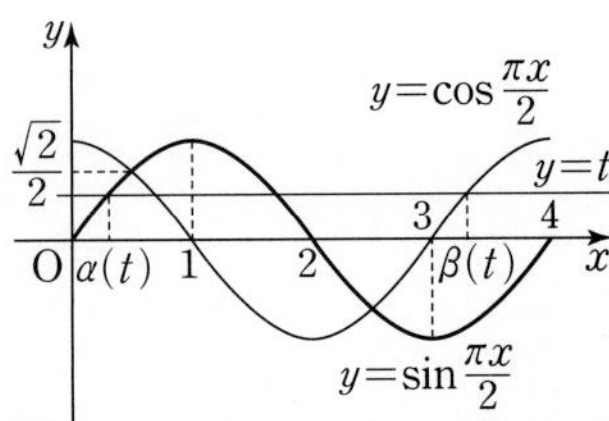

이때 $\alpha(t)=k\left(0<k\le\frac{1}{2}\right)$이라 하면

$\beta(t)=3+k$

그러므로 $\beta(t)-\alpha(t)=3$

(ii) $\frac{\sqrt{2}}{2}<t<1$일 때,

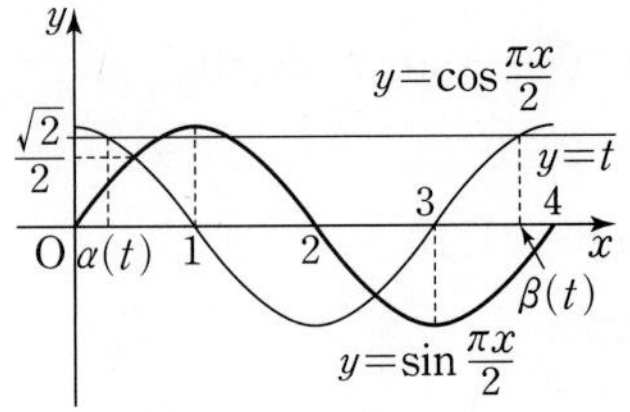

이때 $\alpha(t)=k\left(0<k<\frac{1}{2}\right)$이라 하면

$\beta(t)=4-k$

그러므로 $\beta(t)-\alpha(t)=4-2k\ (0<2k<1)$

(iii) $t=1$일 때,

$\alpha(1)=0,\ \beta(1)=1$이므로

$\beta(1)-\alpha(1)=1$

(iv) $-1\le t<0$일 때,

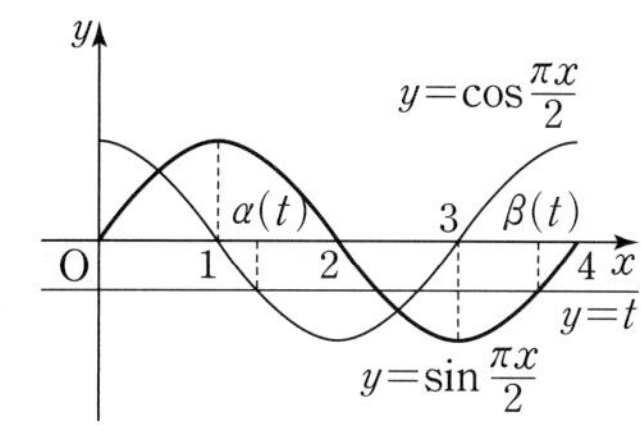

$1<\alpha(t)\le 2,\ 3\le\beta(t)<4$이므로

$\beta(t)-\alpha(t)<3$

따라서 (i)~(iv)에서

$\{t\,|\,\beta(t)-\alpha(t)=3\}=\left\{t\,\middle|\,0\le t\le\frac{\sqrt{2}}{2}\right\}$ (참)

ㄷ. $\alpha(t_1)=\alpha(t_2)$이기 위해서는

$0<t_1<\frac{\sqrt{2}}{2}<t_2$

이때 $\alpha(t_1)=\alpha(t_2)=\alpha$라 하면

$t_1=\sin\frac{\pi}{2}\alpha,\ t_2=\cos\frac{\pi}{2}\alpha$

이때 $t_2=t_1+\frac{1}{2}$이므로

$\cos\frac{\pi}{2}\alpha=\sin\frac{\pi}{2}\alpha+\frac{1}{2}$

이 식을 $\cos^2\frac{\pi}{2}\alpha+\sin^2\frac{\pi}{2}\alpha=1$에 대입하면

$2\sin^2\frac{\pi}{2}\alpha+\sin\frac{\pi}{2}\alpha+\frac{1}{4}=1$

$8\sin^2\frac{\pi}{2}\alpha+4\sin\frac{\pi}{2}\alpha-3=0$

$\sin\frac{\pi}{2}\alpha=\frac{-2\pm\sqrt{28}}{8}=\frac{-1\pm\sqrt{7}}{4}$

이때 $\sin\frac{\pi}{2}\alpha>0$이므로

$\sin\frac{\pi}{2}\alpha=\frac{-1\pm\sqrt{7}}{4}$

그러므로

$t_1=\frac{-1\pm\sqrt{7}}{4},\ t_2=t_1+\frac{1}{2}=\frac{1\pm\sqrt{7}}{4}$

따라서

$t_1\times t_2=\frac{(-1+\sqrt{7})(1+\sqrt{7})}{16}=\frac{3}{8}$ (거짓)

이상에서 옳은 것은 ㄱ, ㄴ이다.

답 ②

유형 4 사인법칙과 코사인법칙

54

삼각형 ABC의 외접원의 반지름의 길이가 7이므로 사인법칙에 의하여

$\frac{\overline{BC}}{\sin\frac{\pi}{3}}=2\times 7$

$\overline{BC}=7\sqrt{3}$ …… ㉠

한편, $\overline{AB}:\overline{AC}=3:1$이므로

$\overline{AC}=k\ (k>0)$이라 하면 $\overline{AB}=3k$

이때

$\overline{BC}=\sqrt{\overline{AB}^2+\overline{AC}^2-2\overline{AB}\times\overline{AC}\times\cos\frac{\pi}{3}}$

$=\sqrt{9k^2+k^2-2\times 3k\times k\times\frac{1}{2}}$

$=\sqrt{7k^2}=\sqrt{7}k$ …… ㉡

㉠과 ㉡에서

$7\sqrt{3}=\sqrt{7}k$

$k=\sqrt{21}$

따라서 $\overline{AC}=k=\sqrt{21}$

답 ②

55

삼각형 ABD에서 코사인법칙에 의하여

$\cos A=\frac{6^2+6^2-(\sqrt{15})^2}{2\times 6\times 6}=\frac{57}{72}$

이므로 삼각형 ABC에서 코사인법칙에 의하여

$\overline{BC}^2=\overline{AB}^2+\overline{CA}^2-2\times\overline{AB}\times\overline{CA}\times\cos A$

$=6^2+10^2-2\times 6\times 10\times\frac{57}{72}$

$=36+100-95=41$

따라서 $\overline{BC}=\sqrt{41}$

답 ⑤

56

삼각형 PBC에서

$\angle BPC=180^\circ-(30^\circ+15^\circ)=135^\circ$

삼각형 PBC에서 사인법칙에 의하여

$\frac{2\sqrt{3}}{\sin 135^\circ}=\frac{\overline{PC}}{\sin 30^\circ}$이므로

$\overline{PC}=2\sqrt{3}\times\frac{\sin 30^\circ}{\sin 135^\circ}=\sqrt{6}$

$\overline{AC}=b$라 하면

삼각형 ABC에서 코사인법칙에 의하여

$(2\sqrt{3})^2=(2\sqrt{2})^2+b^2-2\times2\sqrt{2}\times b\times\cos 60^\circ$

$b^2-2\sqrt{2}b-4=0$

$b>0$이므로 $b=\sqrt{2}+\sqrt{6}$

삼각형 ABC에서 사인법칙에 의하여

$\frac{2\sqrt{3}}{\sin 60^\circ}=\frac{2\sqrt{2}}{\sin C}$이므로

$\sin C=\frac{\sqrt{2}}{2}$

$\angle A=60^\circ$에서 $\angle C<120^\circ$이므로

$\angle C=45^\circ$

따라서 $\angle PCA=45^\circ-15^\circ=30^\circ$이므로 삼각형 APC의 넓이는

$\frac{1}{2}\times\sqrt{6}\times(\sqrt{2}+\sqrt{6})\times\sin 30^\circ=\frac{3+\sqrt{3}}{2}$

답 ③

57

삼각형 ABC에서 사인법칙에 의하여

$\frac{\overline{AC}}{\sin B}=2\times15$

따라서

$\overline{AC}=30\times\sin B=30\times\frac{7}{10}=21$

답 21

58

$\angle C=120^\circ$이므로 삼각형 ABC에서

사인법칙에 의하여

$\frac{\overline{BC}}{\sin 45^\circ}=\frac{8}{\sin 120^\circ}$

따라서

$\overline{BC}=\frac{8}{\frac{\sqrt{3}}{2}}\times\frac{\sqrt{2}}{2}=\frac{8\sqrt{6}}{3}$

답 ③

59

삼각형 ABC에 내접하는 원이 세 선분 CA, AB, BC와 만나는 점을 각각 P, Q, R이라 하자.

$\overline{OQ}=\overline{OR}=3$

따라서

$\overline{DR}=\overline{DB}-\overline{RB}=1$

$\overline{DO}=\sqrt{3^2+1^2}=\sqrt{10}$이므로

$\sin(\angle DOR)=\frac{1}{\sqrt{10}}=\frac{\sqrt{10}}{10}$

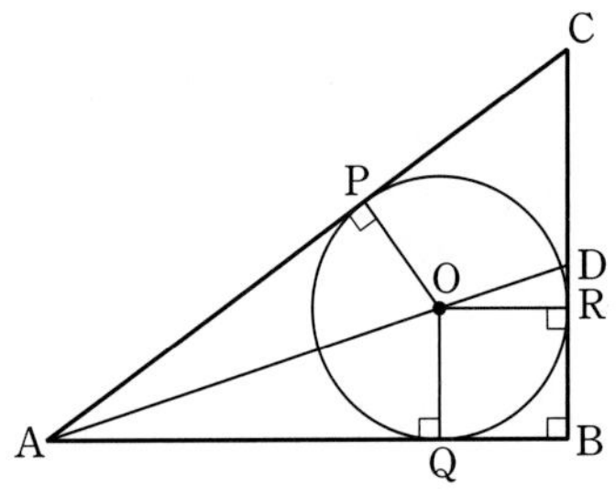

삼각형 DOR과 삼각형 OAQ는 닮음비가 1 : 3이므로

$\overline{AQ}=3\times\overline{OR}=9$

이때 점 O가 삼각형 ABC의 내심이므로

$\overline{PA}=\overline{AQ}=9$, $\angle CAD=\angle DAB$

$\overline{AB}:\overline{AC}=\overline{BD}:\overline{DC}$, $12:(9+\overline{CP})=4:(\overline{CR}-1)$

$9+\overline{CP}=3(\overline{CR}-1)$

이때 $\overline{CP}=\overline{CR}$이므로 $\overline{CR}=6$, 즉 $\overline{CD}=5$

직선 OR과 직선 AB가 평행하므로

$\angle DAB=\angle DOR$, 즉 $\angle CAD=\angle DOR$

삼각형 ADC의 외접원의 반지름의 길이를 R이라 하면 사인법칙에 의하여

$2R=\frac{\overline{CD}}{\sin(\angle CAD)}=5\sqrt{10}$

$R=\frac{5\sqrt{10}}{2}$

따라서 삼각형 ADC의 외접원의 넓이는 $\frac{125}{2}\pi$이다.

답 ①

60

삼각형 ABD에서

$\angle BAC=\angle BDA$이고 $\overline{AB}=4$이므로

$\overline{BD}=4$ …… ㉠

이때 점 B에서 선분 AD에 내린 수선의 발을 H라 하면

$\overline{AH}=\overline{AB}\cos(\angle BAC)=4\times\frac{1}{8}=\frac{1}{2}$

그러므로 $\overline{AD}=1$

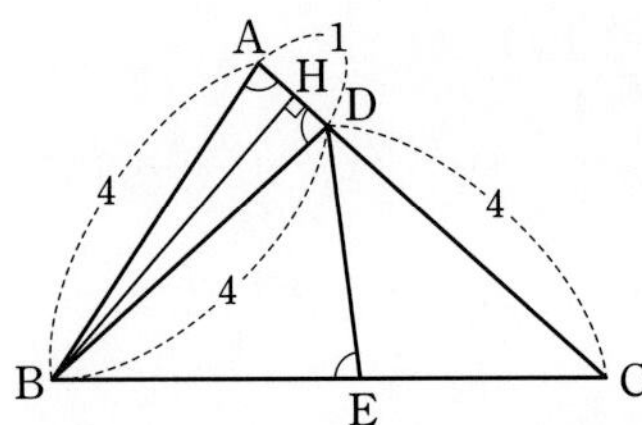

삼각형 BCD는 $\overline{DB}=\overline{DC}=4$인 이등변삼각형이다.

점 D에서 변 BC에 내린 수선의 발을 H′, $\overline{DE}=x$라 하면

$\overline{DH'}=x\sin(\angle H'ED)$

$=x\times\sqrt{1-\left(\frac{1}{8}\right)^2}=\frac{\sqrt{63}}{8}x$ …… ㉡

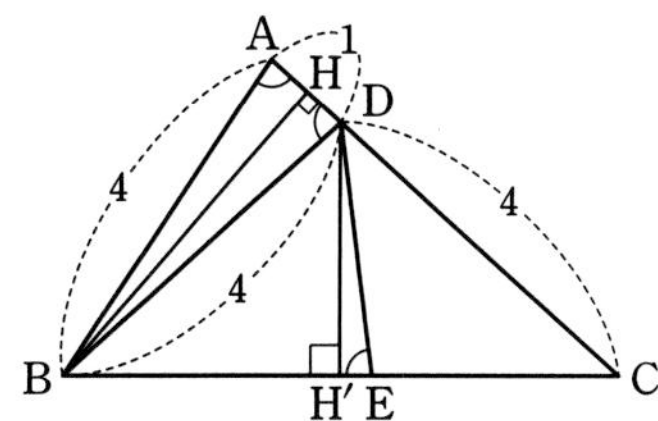

한편, 삼각형 ABC에서 코사인법칙에 의하여

$\overline{BC}^2=\overline{AB}^2+\overline{AC}^2-2\times\overline{AB}\times\overline{AC}\times\cos(\angle BAC)$

$=4^2+5^2-2\times4\times5\times\frac{1}{8}=36$

이므로

$\overline{BC}=6$

이때 $\overline{BH'}=\frac{1}{2}\overline{BC}=3$ ······ ㉢

직각삼각형 DBH′에서 ㉠, ㉡, ㉢을 이용하면

$4^2=\left(\frac{\sqrt{63}}{8}x\right)^2+3^2$, $\frac{63}{64}x^2=7$, $x^2=\frac{64}{9}$

$\overline{DE}=x$이므로 $x>0$

따라서 $\overline{DE}=\frac{8}{3}$

답 ③

61

삼각형 ABC의 외접원의 반지름의 길이가 $2\sqrt{7}$이므로 사인법칙에 의하여

$$\frac{\overline{BC}}{\sin(\angle BAC)}=4\sqrt{7}$$

즉, $\overline{BC}=\sin\frac{\pi}{3}\times4\sqrt{7}=\frac{\sqrt{3}}{2}\times4\sqrt{7}=2\sqrt{21}$

또, 삼각형 BCD의 외접원의 반지름의 길이도 $2\sqrt{7}$이므로 삼각형 BCD에서 사인법칙에 의하여

$$\frac{\overline{BD}}{\sin(\angle BCD)}=4\sqrt{7}$$

즉, $\overline{BD}=\sin(\angle BCD)\times4\sqrt{7}=\frac{2\sqrt{7}}{7}\times4\sqrt{7}=8$

한편, $\angle BDC=\pi-\angle BAC=\frac{2}{3}\pi$이므로

$\overline{CD}=x$라 하면 삼각형 BCD에서 코사인법칙에 의하여

$(2\sqrt{21})^2=x^2+8^2-2\times x\times8\times\cos\frac{2}{3}\pi$

$x^2+8x-20=0$

$(x-2)(x+10)=0$

$x>0$이므로 $x=2$

즉, $\overline{CD}=2$

따라서 $\overline{BD}+\overline{CD}=8+2=10$

답 ②

62

삼각형 ABC에서 $\overline{BC}=a$, $\overline{CA}=b$, $\overline{AB}=c$라 하고,

삼각형 ABC의 외접원의 반지름의 길이를 R이라 하자.

삼각형 ABC의 외접원의 넓이가 9π이므로

$\pi R^2=9\pi$에서 $R=3$

삼각형 ABC에서 사인법칙에 의하여

$$\frac{a}{\sin A}=\frac{b}{\sin B}=\frac{c}{\sin C}=2R$$

조건 (가)에서 $3\sin A=2\sin B$이므로

$3\times\frac{a}{2R}=2\times\frac{b}{2R}$

$b=\frac{3}{2}a$ ······ ㉠

조건 (나)에서 $\cos B=\cos C$이므로

$b=c$ ······ ㉡

㉠, ㉡에서 양수 k에 대하여 $a=2k$라 하면 $b=c=3k$

삼각형 ABC에서 코사인법칙에 의하여

$\cos A=\frac{b^2+c^2-a^2}{2bc}$

$=\frac{(3k)^2+(3k)^2-(2k)^2}{2\times3k\times3k}=\frac{7}{9}$

$\sin A=\sqrt{1-\cos^2 A}=\sqrt{1-\left(\frac{7}{9}\right)^2}=\frac{4}{9}\sqrt{2}$

$\frac{a}{\sin A}=2R=2\times3=6$에서

$a=6\sin A=6\times\frac{4}{9}\sqrt{2}=\frac{8}{3}\sqrt{2}$

$b=c=\frac{3}{2}a=\frac{3}{2}\times\frac{8}{3}\sqrt{2}=4\sqrt{2}$

따라서 구하는 삼각형 ABC의 넓이는

$\frac{1}{2}bc\sin A=\frac{1}{2}\times4\sqrt{2}\times4\sqrt{2}\times\frac{4}{9}\sqrt{2}$

$=\frac{64}{9}\sqrt{2}$

답 ⑤

63

$\angle BAC=\angle CAD=\theta$라 하면

삼각형 ABC에서 코사인법칙에 의하여

$\overline{BC}^2=\overline{AB}^2+\overline{AC}^2-2\times\overline{AB}\times\overline{AC}\times\cos\theta$

$=25+45-2\times5\times3\sqrt{5}\times\cos\theta$

$=70-30\sqrt{5}\cos\theta$

또, 삼각형 ACD에서 코사인법칙에 의하여

$\overline{CD}^2=\overline{AD}^2+\overline{AC}^2-2\times\overline{AD}\times\overline{AC}\times\cos\theta$

$=49+45-2\times7\times3\sqrt{5}\times\cos\theta$

$=94-42\sqrt{5}\cos\theta$

이때 $\angle BAC=\angle CAD$이므로

$\overline{BC}^2=\overline{CD}^2$

$70-30\sqrt{5}\cos\theta=94-42\sqrt{5}\cos\theta$에서

$\cos\theta=\frac{2\sqrt{5}}{5}$

$\overline{BC}^2=70-30\sqrt{5}\cos\theta$

$=70-30\sqrt{5}\times\frac{2\sqrt{5}}{5}$

$=10$

즉, $\overline{BC}=\sqrt{10}$

한편,

$\sin^2\theta=1-\cos^2\theta=1-\left(\frac{2\sqrt{5}}{5}\right)^2=\frac{1}{5}$

이므로 $\sin\theta=\frac{\sqrt{5}}{5}$

따라서 구하는 원의 반지름의 길이를 R이라 하면 삼각형 ABC에서 사인법칙에 의하여

$\frac{\overline{BC}}{\sin\theta}=2R$

$\frac{\sqrt{10}}{\frac{\sqrt{5}}{5}}=2R$

$5\sqrt{2}=2R$

즉, $R=\frac{5\sqrt{2}}{2}$

답 ①

64

$\angle BAC=\theta$, $\overline{AC}=a$라 하면

삼각형 ABC에서 코사인법칙에 의하여

$\overline{BC}^2=\overline{AB}^2+\overline{AC}^2-2\overline{AB}\times\overline{AC}\times\cos\theta$

즉,

$2^2=3^2+a^2-2\times3\times a\times\frac{7}{8}$

$a^2-\frac{21}{4}a+5=0$

$4a^2-21a+20=0$

$(4a-5)(a-4)=0$

조건에서 $a>3$이므로 $a=4$이고,

$\overline{AM}=\overline{CM}=\frac{a}{2}=2$

같은 방법으로 삼각형 ABM에서 코사인법칙에 의하여

$\overline{MB}^2=\overline{AB}^2+\overline{AM}^2-2\times\overline{AB}\times\overline{AM}\times\cos\theta$

$=3^2+2^2-2\times3\times2\times\frac{7}{8}$

$=\frac{5}{2}$

이므로

$\overline{MB}=\sqrt{\frac{5}{2}}=\frac{\sqrt{10}}{2}$

이때 같은 호에 대한 원주각의 성질에 의하여 두 삼각형 ABM, DCM은 서로 닮은 도형이므로

$\overline{MA}\times\overline{MC}=\overline{MB}\times\overline{MD}$

에서

$2\times2=\frac{\sqrt{10}}{2}\times\overline{MD}$

따라서

$\overline{MD}=\frac{8}{\sqrt{10}}=\frac{4\sqrt{10}}{5}$

답 ③

65

$\overline{BC}=2\sqrt{5}$, $\overline{OB}=\overline{OC}=\sqrt{10}$이므로 삼각형 OBC는 직각이등변삼각형이고 $\angle BOC=\frac{\pi}{2}$이다.

$\angle AOB=\alpha$, $\angle AOC=\beta$라 하면 두 삼각형 OAB, OCA의 넓이 S_1, S_2는 각각

$S_1=\frac{1}{2}\times(\sqrt{10})^2\times\sin\alpha=5\sin\alpha$

$S_2=\frac{1}{2}\times(\sqrt{10})^2\times\sin\beta=5\sin\beta$

주어진 조건에서 $3S_1=4S_2$이므로

$\sin\alpha=\frac{4}{3}\sin\beta$

$\alpha+\beta+\frac{\pi}{2}=2\pi$이므로 $\beta=\frac{3}{2}\pi-\alpha$

$\sin\alpha=\frac{4}{3}\sin\left(\frac{3}{2}\pi-\alpha\right)=-\frac{4}{3}\cos\alpha$ …… ㉠

$\sin^2\alpha+\cos^2\alpha=1$에서 $\frac{16}{9}\cos^2\alpha+\cos^2\alpha=1$

$\cos^2\alpha=\frac{9}{25}$

$\sin\alpha>0$이므로 ㉠에서 $\cos\alpha<0$

따라서 $\cos\alpha=-\frac{3}{5}$이므로

코사인법칙에 의하여 구하는 선분 AB의 길이는

$\overline{AB}=\sqrt{\overline{OA}^2+\overline{OB}^2-2\times\overline{OA}\times\overline{OB}\times\cos\alpha}$

$=\sqrt{(\sqrt{10})^2+(\sqrt{10})^2-2\times(\sqrt{10})^2\times\left(-\frac{3}{5}\right)}$

$=4\sqrt{2}$

답 ③

66

$\angle ABC=\theta$라 하자.

ㄱ. 삼각형 ABC에서 코사인법칙을 이용하면

$\overline{AC}^2=\overline{AB}^2+\overline{BC}^2-2\times\overline{AB}\times\overline{BC}\times\cos\theta$

이므로

$\overline{AC}^2=5^2+4^2-2\times5\times4\times\frac{1}{8}=36$

그러므로 $\overline{AC}=6$ (참)

ㄴ. 호 EA에 대한 원주각의 크기는 서로 같으므로

$\angle ACE=\angle ABE$

호 CE에 대한 원주각의 크기는 서로 같으므로

$\angle EAC=\angle EBC$

한편, $\angle ABE=\angle EBC$이므로 $\angle ACE=\angle EAC$

그러므로 삼각형 EAC는 $\overline{EA}=\overline{EC}$인 이등변삼각형이다. (참)

ㄷ. 삼각형 ABD에서 $\angle ADE=\angle DAB+\angle ABD$

한편, $\angle DAB=\angle CAD$, $\angle ABD=\angle EBC$

그러므로

$\angle ADE=\angle CAD+\angle EBC=\angle CAD+\angle EAC$

$=\angle EAD$

즉, 삼각형 EAD는 $\overline{EA}=\overline{ED}$인 이등변삼각형이다.

삼각형 EAC에서 코사인법칙을 이용하면

$\overline{AC}^2=\overline{EA}^2+\overline{EC}^2-2\times\overline{EA}\times\overline{EC}\times\cos(\pi-\theta)$이고

ㄴ에서 $\overline{EA}=\overline{EC}$이므로

$36=2\times\overline{EA}^2-2\times\overline{EA}^2\times\left(-\frac{1}{8}\right)$, $\overline{EA}=4$

그러므로 $\overline{EA}=\overline{ED}$에서 $\overline{ED}=4$ (거짓)

따라서 옳은 것은 ㄱ, ㄴ이다.

답 ②

67

삼각형 ABC에서 $\overline{AC}=a$ $(a>0)$이라 하면

코사인법칙에 의하여

$(\sqrt{13})^2=3^2+a^2-2\times3\times a\times\cos\frac{\pi}{3}$

$a^2-3a-4=0, (a+1)(a-4)=0$

$a>0$이므로 $a=4$

즉, $\overline{AC}=4$

삼각형 ABC의 넓이 S_1은

$S_1=\frac{1}{2}\times\overline{AB}\times\overline{AC}\times\sin(\angle BAC)$

$=\frac{1}{2}\times3\times4\times\sin\frac{\pi}{3}=\frac{1}{2}\times3\times4\times\frac{\sqrt{3}}{2}$

$=3\sqrt{3}$

$\overline{AD}\times\overline{CD}=9$이므로

삼각형 ACD의 넓이 S_2는

$S_2=\frac{1}{2}\times\overline{AD}\times\overline{CD}\times\sin(\angle ADC)=\frac{9}{2}\sin(\angle ADC)$

이때 $S_2=\frac{5}{6}S_1$이므로

$\frac{9}{2}\sin(\angle ADC)=\frac{5}{6}\times3\sqrt{3}$

$\sin(\angle ADC)=\frac{5\sqrt{3}}{9}$

삼각형 ACD에서 사인법칙에 의하여

$\frac{\overline{AC}}{\sin(\angle ADC)}=2R$이므로

$\frac{4}{\frac{5\sqrt{3}}{9}}=2R$, $R=\frac{6\sqrt{3}}{5}$

따라서 $\frac{R}{\sin(\angle ADC)}=\frac{\frac{6\sqrt{3}}{5}}{\frac{5\sqrt{3}}{9}}=\frac{54}{25}$

답 ①

68

삼각형 BCD에서 사인법칙에 의하여

$\frac{\overline{BD}}{\sin\frac{3}{4}\pi}=2R_1$, $\frac{\overline{BD}}{\frac{\sqrt{2}}{2}}=2R_1$

즉, $R_1=\frac{\sqrt{2}}{2}\times\overline{BD}$

이고, 삼각형 ABD에서 사인법칙에 의하여

$\frac{\overline{BD}}{\sin\frac{2}{3}\pi}=2R_2$, $\frac{\overline{BD}}{\frac{\sqrt{3}}{2}}=2R_2$

즉, $R_2=\boxed{\frac{\sqrt{3}}{3}}\times\overline{BD}$

이다. 삼각형 ABD에서 코사인법칙에 의하여

$\overline{BD}^2=2^2+1^2-2\times2\times1\times\cos\frac{2}{3}\pi$

$=2^2+1^2-(\boxed{-2})$

$=7$

이므로

$R_1\times R_2=\left(\frac{\sqrt{2}}{2}\times\overline{BD}\right)\times\left(\frac{\sqrt{3}}{3}\times\overline{BD}\right)$

$=\frac{\sqrt{6}}{6}\times\overline{BD}^2$

$=\boxed{\frac{7\sqrt{6}}{6}}$

이다.

따라서 $p=\frac{\sqrt{3}}{3}$, $q=-2$, $r=\frac{7\sqrt{6}}{6}$이므로

$9\times(p\times q\times r)^2=9\times\left\{\frac{\sqrt{3}}{3}\times(-2)\times\frac{7\sqrt{6}}{6}\right\}^2$

$=9\times\frac{98}{9}$

$=98$

답 98

69

삼각형 ABD에서 코사인법칙에 의하여

$\overline{BD}^2=3^2+2^2-2\times3\times2\times\cos\frac{\pi}{3}=7$

이므로 $\overline{BD}=\sqrt{7}$이다.

$\angle BAD+\angle BCD=\pi$이므로

삼각형 BCD에서 코사인법칙에 의하여

$2^2+\overline{CD}^2-2\times2\times\overline{CD}\times\cos\frac{2\pi}{3}=7$

$\overline{CD}^2+2\overline{CD}-3=0$

$(\overline{CD}-1)(\overline{CD}+3)=0$

이므로 $\overline{CD}=\boxed{1}$이다.

삼각형 EAB와 삼각형 ECD에서

$\angle AEB$는 공통이고 $\angle EAB=\angle ECD$이므로

삼각형 EAB와 삼각형 ECD는 닮음이다.

따라서 $\frac{\overline{EA}}{\overline{EC}}=\frac{\overline{EB}}{\overline{ED}}=\frac{\overline{AB}}{\overline{CD}}$이다. 즉,

$\frac{3+\overline{ED}}{\overline{EC}}=\frac{2+\overline{EC}}{\overline{ED}}=\frac{2}{1}$

$3+\overline{ED}=2\overline{EC}$, $2+\overline{EC}=2\overline{ED}$

이 두 식을 연립하여 풀면

$\overline{ED}=\boxed{\frac{7}{3}}$이다.

$\angle DCE=\pi-\angle BCD=\angle BAD=\frac{\pi}{3}$

이므로 삼각형 ECD에서 사인법칙을 이용하면

$$\frac{\frac{7}{3}}{\sin\frac{\pi}{3}}=\frac{1}{\sin\theta}$$

에서 $\sin\theta=\boxed{\frac{3\sqrt{3}}{14}}$이다.

따라서 $p=1$, $q=\frac{7}{3}$, $r=\frac{3\sqrt{3}}{14}$이므로

$(p+q)\times r=\left(1+\frac{7}{3}\right)\times\frac{3\sqrt{3}}{14}=\frac{5\sqrt{3}}{7}$

답 ④

70

삼각형 ABC에서 코사인법칙에 의하여

$\cos(\angle ABC)=\frac{2^2+(3\sqrt{3})^2-(\sqrt{13})^2}{2\times2\times3\sqrt{3}}=\boxed{\frac{\sqrt{3}}{2}}$

이다. 삼각형 ABD에서

$\sin(\angle ABD)=\sqrt{1-\left(\boxed{\frac{\sqrt{3}}{2}}\right)^2}=\frac{1}{2}$

이므로 사인법칙에 의하여 삼각형 ABD의 외접원의 반지름의 길이는

$\frac{1}{2}\times\frac{\overline{AD}}{\sin(\angle ABD)}=\boxed{2}$이다.

한편, 점 A에서 $\overline{BC}$에 내린 수선의 발을 H라 하면

$\overline{AH}=1$이고, $\overline{BH}=\overline{HD}=\overline{CD}=\sqrt{3}$

삼각형 ADC에서 사인법칙에 의하여

$\frac{\overline{CD}}{\sin(\angle CAD)}=\frac{\overline{AD}}{\sin(\angle ACD)}$

이므로

$$\sin(\angle CAD)=\frac{\overline{CD}}{\overline{AD}}\times\sin(\angle ACD)$$
$$=\frac{\sqrt{3}}{2}\times\frac{\sqrt{13}}{13}=\frac{\sqrt{39}}{26}$$

이다. 삼각형 ADE에서 사인법칙에 의하여

$\overline{DE}=2\times2\times\sin(\angle CAD)=\boxed{\frac{2\sqrt{39}}{13}}$

이다.

따라서 $p=\frac{\sqrt{3}}{2}$, $q=2$, $r=\frac{2\sqrt{39}}{13}$이므로

$p\times q\times r=\frac{\sqrt{3}}{2}\times2\times\frac{2\sqrt{39}}{13}=\frac{6\sqrt{13}}{13}$

답 ①

71

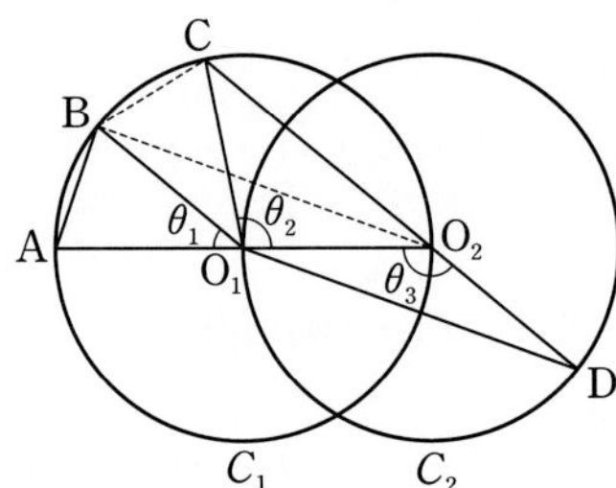

$\angle CO_2O_1+\angle O_1O_2D=\pi$이므로

$\theta_3=\frac{\pi}{2}+\frac{\theta_2}{2}$이고

$\theta_3=\theta_1+\theta_2$에서 $2\theta_1+\theta_2=\pi$이므로

$\angle CO_1B=\theta_1$이다.

이때 $\angle O_2O_1B=\theta_1+\theta_2=\theta_3$이므로

삼각형 O_1O_2B와 삼각형 O_2O_1D는 합동이다.

$\overline{AB}=k$라 할 때, $\overline{BO_2}=\overline{O_1D}=2\sqrt{2}k$이므로

$\overline{AO_2}=\sqrt{k^2+(2\sqrt{2}k)^2}=\boxed{3k}$이고,

$\angle BO_2A=\frac{\theta_1}{2}$이므로

$\cos\frac{\theta_1}{2}=\frac{2\sqrt{2}k}{3k}=\boxed{\frac{2\sqrt{2}}{3}}$이다.

삼각형 O_2BC에서

$\overline{BC}=k$, $\overline{BO_2}=2\sqrt{2}k$, $\angle CO_2B=\frac{\theta_1}{2}$이므로

$\overline{O_2C}=x\ (0<x<3k)$라 하면 삼각형 BO_2C에서

코사인법칙에 의하여

$k^2=x^2+(2\sqrt{2}k)^2-2\times x\times 2\sqrt{2}k\times\cos\frac{\theta_1}{2}$

$k^2=x^2+(2\sqrt{2}k)^2-2\times x\times 2\sqrt{2}k\times\frac{2\sqrt{2}}{3}$

$3x^2-16kx+21k^2=0$, $(3x-7k)(x-3k)=0$

$0<x<3k$이므로 $x=\frac{7}{3}k$

즉, $\overline{O_2C}=\boxed{\frac{7}{3}k}$이다.

$\overline{CD}=\overline{O_2D}+\overline{O_2C}=\overline{O_1O_2}+\overline{O_2C}$이므로

$\overline{AB}:\overline{CD}=k:\left(\frac{\boxed{3k}}{2}+\boxed{\frac{7}{3}k}\right)$

따라서 $f(k)=3k$, $g(k)=\frac{7}{3}k$, $p=\frac{2\sqrt{2}}{3}$

이므로

$f(p)\times g(p)=\left(3\times\frac{2\sqrt{2}}{3}\right)\times\left(\frac{7}{3}\times\frac{2\sqrt{2}}{3}\right)=\frac{56}{9}$

답 ②

72

$\angle BCD=\alpha$, $\angle DAB=\beta\left(\frac{\pi}{2}<\beta<\pi\right)$, $\overline{AB}=a$, $\overline{AD}=b$라 하자.

삼각형 BCD에서

$\overline{BC}=3$, $\overline{CD}=2$, $\cos\alpha=-\frac{1}{3}$

이므로 코사인법칙에 의하여

$\overline{BD}^2=9+4-2\times3\times2\times\left(-\frac{1}{3}\right)=17$

그러므로 삼각형 ABD에서 코사인법칙에 의하여

$a^2+b^2-2ab\cos\beta=17$ …… ㉠

한편, 점 E가 선분 AC를 1 : 2로 내분하는 점이므로 두 삼각형 AP_1P_2, CQ_1Q_2의 외접원의 반지름의 길이를 각각 r, $2r$로 놓을 수 있다.

이때 사인법칙에 의하여

$\frac{\overline{P_1P_2}}{\sin\beta}=2r$, $\frac{\overline{Q_1Q_2}}{\sin\alpha}=4r$

이므로

$\sin\alpha:\sin\beta=\frac{\overline{Q_1Q_2}}{4r}:\frac{\overline{P_1P_2}}{2r}=\frac{5\sqrt{2}}{2}:3$

즉, $\sin\beta=\frac{6\sin\alpha}{5\sqrt{2}}$

$\sin\alpha=\sqrt{1-\cos^2\alpha}=\sqrt{1-\frac{1}{9}}=\frac{2\sqrt{2}}{3}$

이므로

$\sin\beta=\frac{6}{5\sqrt{2}}\times\frac{2\sqrt{2}}{3}=\frac{4}{5}$

$\cos\beta<0$이므로

$\cos\beta=-\sqrt{1-\sin^2\beta}=-\sqrt{1-\frac{16}{25}}=-\sqrt{\frac{9}{25}}=-\frac{3}{5}$

삼각형 ABD의 넓이가 2이므로

$\frac{1}{2}ab\sin\beta=2$에서

$\frac{1}{2}ab\times\frac{4}{5}=2$, $ab=5$

㉠에서

$a^2+b^2-2\times5\times\left(-\frac{3}{5}\right)=17$

즉, $a^2+b^2=11$

따라서

$(a+b)^2=a^2+b^2+2ab=11+2\times5=21$

이므로

$a+b=\sqrt{21}$

답 ①

73

원 O의 반지름의 길이를 r이라 하면

$\overline{AD}=\overline{AE}=r$

이고 $\overline{AD}:\overline{DB}=3:2$이므로

$\overline{BD}=\frac{2}{3}r$

또한 $\overline{CE}=x$라 하면 삼각형 ADE와 삼각형 ABC의 넓이가 각각

$\frac{1}{2}\times r\times r\times\sin A=\frac{1}{2}r^2\sin A$

$\frac{1}{2}\times\frac{5}{3}r\times(r+x)\times\sin A=\frac{5}{6}r(r+x)\sin A$

이고 삼각형 ADE와 삼각형 ABC의 넓이의 비가 9 : 35이므로

$\frac{1}{2}r^2\sin A:\frac{5}{6}r(r+x)\sin A=9:35$

$3r+3x=7r$, $x=\frac{4}{3}r$

이때 삼각형 ABC에서 사인법칙에 의하여

$\frac{\overline{BC}}{\sin A}=\frac{\overline{AB}}{\sin C}$

이고

$\overline{AB}=\frac{5}{3}r$, $\sin A:\sin C=8:5$

이므로

$\overline{BC}=\overline{AB}\times\frac{\sin A}{\sin C}$

$=\frac{5}{3}r\times\frac{8}{5}$

$=\frac{8}{3}r$

$\angle ACB=\theta$라 하면 삼각형 ABC에서 코사인법칙에 의하여

$$\cos\theta=\frac{\left(\frac{8}{3}r\right)^2+\left(\frac{7}{3}r\right)^2-\left(\frac{5}{3}r\right)^2}{2\times\frac{8}{3}r\times\frac{7}{3}r}$$

$$=\frac{11}{14}$$

이므로

$$\sin\theta=\sqrt{1-\cos^2\theta}$$

$$=\sqrt{1-\left(\frac{11}{14}\right)^2}$$

$$=\frac{5\sqrt{3}}{14}$$

또한 삼각형 ABC의 외접원의 반지름의 길이가 7이므로

$\frac{\overline{AB}}{\sin\theta}=2\times7$, 즉 $\frac{\frac{5}{3}r}{\sin\theta}=14$에서

$\frac{5}{3}r=14\sin\theta=14\times\frac{5\sqrt{3}}{14}=5\sqrt{3}$

이므로

$r=3\sqrt{3}$

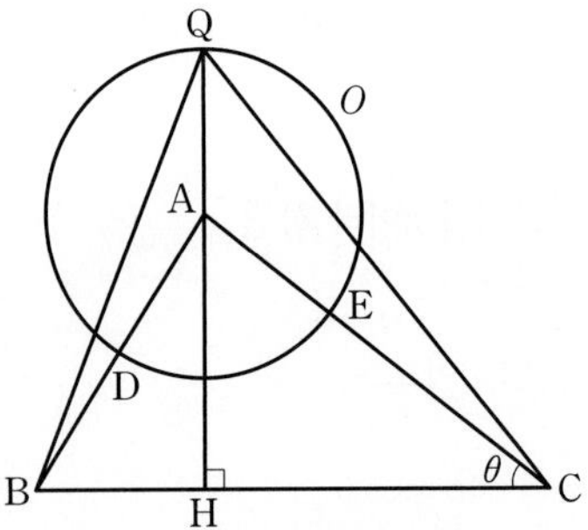

점 A에서 선분 BC에 내린 수선의 발을 H라 하면

$$\overline{AH}=\overline{AC}\sin\theta$$

$$=\frac{7}{3}r\sin\theta$$

$$=\frac{7}{3}\times3\sqrt{3}\times\frac{5\sqrt{3}}{14}$$

$$=\frac{15}{2}$$

따라서 직선 AH와 원 O가 만나는 점 중 삼각형 ABC의 외부의 점을 Q라 하면, 삼각형 PBC의 넓이가 최대일 때는 점 P가 점 Q의 위치에 있을 때이다.

이때

$$\overline{QH}=r+\overline{AH}$$

$$=3\sqrt{3}+\frac{15}{2}$$

이므로 삼각형 PBC의 넓이의 최댓값은

$$\frac{1}{2}\times\overline{BC}\times\overline{QH}$$

$$=\frac{1}{2}\times\frac{8}{3}\times3\sqrt{3}\times\left(3\sqrt{3}+\frac{15}{2}\right)$$

$$=36+30\sqrt{3}$$

답 ④

74

삼각형 CDE에서 $\angle CED=\frac{\pi}{4}$이므로

코사인법칙에 의하여

$$\overline{CD}^2=\overline{CE}^2+\overline{ED}^2-2\times\overline{CE}\times\overline{ED}\times\cos\frac{\pi}{4}$$

$$=4^2+(3\sqrt{2})^2-2\times4\times3\sqrt{2}\times\frac{1}{\sqrt{2}}$$

$$=10$$

이므로

$\overline{CD}=\sqrt{10}$

$\angle CDE=\theta$라 하면 삼각형 CDE에서 코사인법칙에 의하여

$$\cos\theta=\frac{\overline{ED}^2+\overline{CD}^2-\overline{CE}^2}{2\times\overline{ED}\times\overline{CD}}$$

$$=\frac{(3\sqrt{2})^2+(\sqrt{10})^2-4^2}{2\times3\sqrt{2}\times\sqrt{10}}$$

$$=\frac{1}{\sqrt{5}}$$

이므로

$$\sin\theta=\sqrt{1-\cos^2\theta}$$

$$=\sqrt{1-\left(\frac{1}{\sqrt{5}}\right)^2}=\frac{2}{\sqrt{5}}$$

$\overline{AC}=x$, $\overline{AE}=y$라 하면 삼각형 ACE에서 코사인법칙에 의하여

$$x^2=y^2+4^2-2\times y\times4\times\cos\frac{3}{4}\pi$$

$$=y^2+16-2\times y\times4\times\left(-\frac{\sqrt{2}}{2}\right)$$

$$=y^2+4\sqrt{2}y+16 \quad \cdots\cdots ㉠$$

한편, 삼각형 ACD의 외접원의 반지름의 길이를 R이라 하면 사인법칙에 의하여

$\frac{x}{\sin\theta}=2R$, 즉 $\frac{x}{\frac{2}{\sqrt{5}}}=2R$

에서 $2R=\frac{\sqrt{5}}{2}x$

삼각형 ABC는 직각삼각형이므로

$\angle CAB=\alpha$라 하면

$$\cos\alpha=\frac{\overline{AC}}{\overline{AB}}=\frac{x}{\frac{\sqrt{5}}{2}x}=\frac{2}{\sqrt{5}}$$

$$\sin\alpha=\sqrt{1-\cos^2\alpha}=\sqrt{1-\left(\frac{2}{\sqrt{5}}\right)^2}$$

$$=\frac{1}{\sqrt{5}}=\frac{\sqrt{5}}{5}$$

이등변삼각형 AOC에서

$\angle ACO=\angle CAO=\alpha$

이므로 삼각형 ACE에서 사인법칙에 의하여

$\dfrac{x}{\sin\frac{3}{4}\pi}=\dfrac{y}{\sin\alpha}$, 즉 $\dfrac{x}{\frac{\sqrt{2}}{2}}=\dfrac{y}{\frac{\sqrt{5}}{5}}$에서

$\sqrt{2}x=\sqrt{5}y$ ...... ㉡

㉠, ㉡에서

$\frac{5}{2}y^2=y^2+4\sqrt{2}y+16$

$\frac{3}{2}y^2-4\sqrt{2}y-16=0$

$3y^2-8\sqrt{2}y-32=0$

$(3y+4\sqrt{2})(y-4\sqrt{2})=0$

즉, $y=4\sqrt{2}$이므로 ㉡에서

$\overline{AC}=x=\frac{\sqrt{5}}{\sqrt{2}}\times 4\sqrt{2}=4\sqrt{5}$

따라서

$\overline{AC}\times\overline{CD}=4\sqrt{5}\times\sqrt{10}=20\sqrt{2}$

답 ⑤

75

$\overline{AB}:\overline{AC}=\sqrt{2}:1$이므로 $\overline{AC}=x$라 하면 $\overline{AB}=\sqrt{2}x$

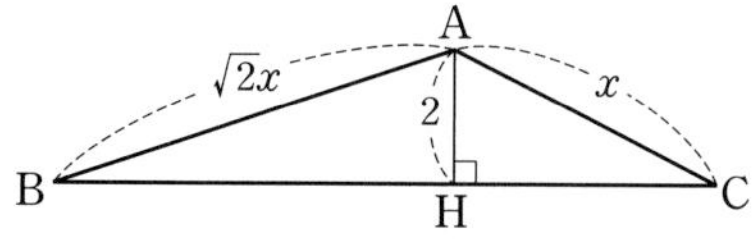

삼각형 ABC의 외접원의 반지름의 길이를 R이라 하면 이 외접원의 넓이가 50π이므로 $\pi R^2=50\pi$에서 $R=5\sqrt{2}$

직각삼각형 AHC에서

$\sin(\angle ACH)=\frac{2}{x}$, 즉 $\sin C=\frac{2}{x}$

삼각형 ABC에서 사인법칙에 의하여

$\frac{\overline{AB}}{\sin C}=2R$, 즉 $\overline{AB}=2R\sin C$

$\sqrt{2}x=2\times 5\sqrt{2}\times\frac{2}{x}$, $x^2=20$, $x=2\sqrt{5}$

따라서 $\overline{AB}=\sqrt{2}x=2\sqrt{10}$이므로 직각삼각형 ABH에서

$\overline{BH}=\sqrt{\overline{AB}^2-\overline{AH}^2}$

$=\sqrt{(2\sqrt{10})^2-2^2}=6$

답 ①

76

삼각형 ABC의 외접원의 반지름의 길이가 $3\sqrt{5}$이므로 사인법칙에 의하여

$\frac{10}{\sin C}=2\times 3\sqrt{5}$, $\sin C=\frac{\sqrt{5}}{3}$

삼각형 ABC는 예각삼각형이므로

$\cos C=\sqrt{1-\sin^2 C}=\frac{2}{3}$

$\frac{a^2+b^2-ab\cos C}{ab}=\frac{4}{3}$에서

$\frac{a^2+b^2-\frac{2}{3}ab}{ab}=\frac{4}{3}$

$3a^2+3b^2-2ab=4ab$

$3(a-b)^2=0$이므로 $a=b$

코사인법칙에 의하여

$10^2=a^2+b^2-2ab\cos C$

$100=a^2+a^2-2a^2\times\frac{2}{3}$

$100=\frac{2}{3}a^2$, $a^2=150$

따라서

$ab=a^2=150$

답 ②

77

주어진 원이 삼각형 BCD의 외접원이고 반지름의 길이가 r이므로 사인법칙에 의하여

$\overline{CD}=2r\sin\theta=\frac{2\sqrt{3}}{3}r$

$\angle BDC=\frac{\pi}{3}$이므로 $\overline{BC}=2r\sin\frac{\pi}{3}=\sqrt{3}r$

삼각형 BCD에서 코사인법칙에 의하여

$(\sqrt{3}r)^2=(\sqrt{2})^2+\left(\frac{2\sqrt{3}}{3}r\right)^2-2\times\sqrt{2}\times\left(\frac{2\sqrt{3}}{3}r\right)\times\cos\frac{\pi}{3}$

$5r^2+2\sqrt{6}r-6=0$

$r=\frac{-\sqrt{6}\pm 6}{5}$

따라서 $r>0$이므로 $r=\frac{6-\sqrt{6}}{5}$

답 ①

78

점 B를 포함하지 않는 호 AC와 선분 AC의 수직이등분선의 교점을 R이라 하자. P=R일 때, 삼각형 PAC의 넓이가 최대가 되므로 Q=R이다.

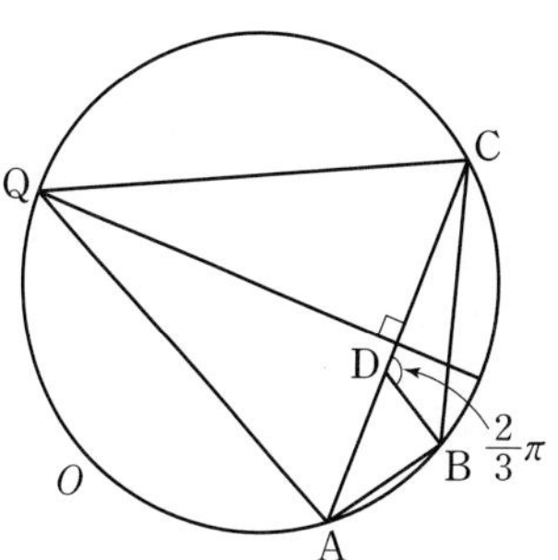

$\cos(\angle ABC)=-\frac{5}{8}$이므로

$\cos(\angle CQA)=\cos(\pi-\angle ABC)=-\cos(\angle ABC)=\frac{5}{8}$

$\overline{QA}=\overline{QC}=6\sqrt{10}$이므로

삼각형 QAC에서 코사인법칙에 의하여

$\overline{AC}^2=\overline{QA}^2+\overline{QC}^2-2\times\overline{QA}\times\overline{QC}\times\cos(\angle CQA)$

$=(6\sqrt{10})^2+(6\sqrt{10})^2-2\times6\sqrt{10}\times6\sqrt{10}\times\frac{5}{8}$

$=270$

$\overline{AB}=a\ (a>0)$이라 하면 $2\overline{AB}=\overline{BC}$에서 $\overline{BC}=2a$이다.

삼각형 ABC에서 코사인법칙에 의하여

$\overline{AC}^2=\overline{AB}^2+\overline{BC}^2-2\times\overline{AB}\times\overline{BC}\times\cos(\angle ABC)$

$=a^2+(2a)^2-2\times a\times2a\times\left(-\frac{5}{8}\right)=\frac{15}{2}a^2$

$\frac{15}{2}a^2=270$에서 $a^2=36$이므로 $a=6$

삼각형 CDB의 외접원의 반지름의 길이를 R이라 하면

삼각형 CDB에서 사인법칙에 의하여

$2R=\frac{\overline{BC}}{\sin(\angle CDB)}=\frac{2a}{\sin\frac{2}{3}\pi}=\frac{12}{\frac{\sqrt{3}}{2}}=8\sqrt{3}$

따라서 $R=4\sqrt{3}$

답 ②

79

삼각형 ABE와 삼각형 DCE는 서로 닮음이고

$\overline{AB}:\overline{DC}=1:2$이므로 $\overline{BE}:\overline{CE}=1:2$이다.

삼각형 BEC에서 $\overline{BE}=k\ (k>0)$라 하면 $\overline{CE}=2k$

원주각의 성질에 의하여 $\angle BDC=\angle BAC=\alpha$이므로

$\angle BEC=\alpha+\beta$

삼각형 BEC에서 코사인법칙에 의하여

$(2\sqrt{30})^2=k^2+4k^2-2\times k\times2k\times\left(-\frac{5}{12}\right)$

$k^2=18$

$k>0$이므로 $k=3\sqrt{2}$, $\overline{BE}=3\sqrt{2}$

$\overline{AE}=t\ (t>0)$라 하면 삼각형 ABE에서

$0<\alpha<\frac{\pi}{2}$이므로

$t^2+4^2>(3\sqrt{2})^2$, $t>\sqrt{2}$

$\cos(\pi-(\alpha+\beta))=-\cos(\alpha+\beta)=\frac{5}{12}$

삼각형 ABE에서 코사인법칙에 의하여

$4^2=t^2+(3\sqrt{2})^2-2\times t\times3\sqrt{2}\times\frac{5}{12}$

$2t^2-5\sqrt{2}t+4=0$

$(2t-\sqrt{2})(t-2\sqrt{2})=0$

$t>\sqrt{2}$이므로 $t=2\sqrt{2}$

따라서 구하는 선분 AE의 길이는 $2\sqrt{2}$이다.

답 ⑤

도전 1등급 문제

본문 68~71쪽

01 ②	02 10	03 40	04 24	05 84
06 84	07 6	08 15	09 63	

01

정답률 25.0%

정답 공식 **개념만 확실히 알자!**

삼각함수의 주기

삼각함수 $y=\sin ax$ 또는 $y=\cos ax$의 주기는 $\frac{2\pi}{|a|}$이고 $|a|$의 값이 클수록 주기가 작아지고, $|a|$의 값이 작을수록 주기가 커진다.

부분집합

두 집합 A, B에 대하여 A의 모든 원소가 B에 속할 때, A를 B의 부분집합이라 하고 기호로

$A\subset B$

와 같이 나타낸다.

풀이 전략 삼각함수의 그래프의 대칭성과 주기를 이용하여 문제를 해결한다.

문제 풀이

[STEP 1] 주어진 조건을 파악하여 사인함수 $f(x)$의 주기의 성질을 안다.

$f(x)=\sin kx+2$의 주기는 $\frac{2\pi}{k}$이고

$g(x)=3\cos 12x$의 주기는 $\frac{\pi}{6}$이다.

이때 주어진 조건을 만족시키려면 직선 $y=a$와 함수 $f(x)$의 그래프의 교점의 x좌표 중에서 직선 $y=a$와 함수 $g(x)$의 그래프의 교점이 아닌 것이 있으면 안된다.

이때 함수 $f(x)$의 주기가 $g(x)$의 주기보다 작으면 직선

$y=a$와 $f(x)$의 그래프가 $g(x)$의 그래프보다 더 많이 만나므로 성립하지 않는다.

따라서 함수 $f(x)$의 주기가 $g(x)$의 주기보다 더 커야 하므로

$\frac{2\pi}{k}>\frac{\pi}{6}$에서 $k<12$

[STEP 2] 삼각함수의 그래프의 대칭성을 이용하여 주어진 조건을 만족시키는 주기의 형태를 이해한다.

조건을 만족시키도록 함수 $f(x)$의 주기를 다르게 하여 그래프를 그려 보면 다음과 같다.

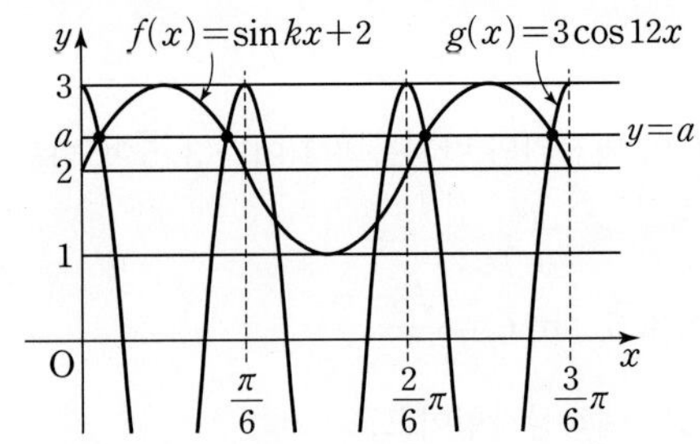

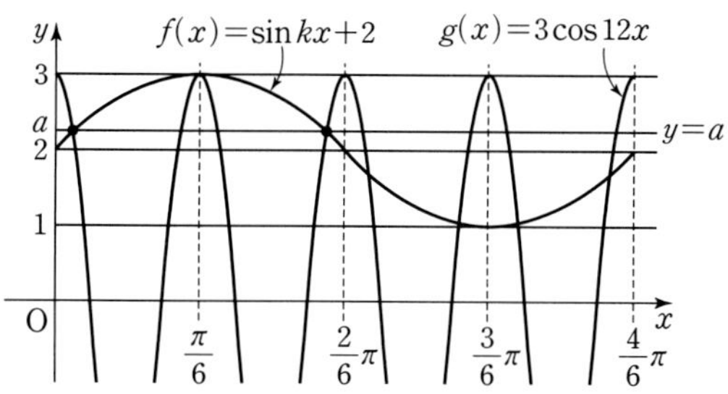

위 그림에서 보면 함수 $f(x)$의 주기의 절반이 $g(x)$의 주기 $\frac{\pi}{6}$의 정수배일 때 주어진 조건을 만족시킨다.

즉, $\frac{\pi}{k}=\frac{\pi}{6}\times n\ (n=1,\ 2,\ 3,\ \cdots)$

이때 k가 자연수이어야 하므로

$n=1$일 때 $k=6$, $n=2$일 때 $k=3$

$n=3$일 때 $k=2$, $n=6$일 때 $k=1$

따라서 만족시키는 k의 값은 1, 2, 3, 6으로 4개이다.

답 ②

수능이 보이는 강의

이 문제에서는 사인함수와 코사인함수의 그래프에 대한 이해와 부분집합의 개념을 확실히 알고 있어야 해. 코사인함수 $g(x)$의 그래프는 주기가 $\frac{\pi}{6}$로 일정하고 사인함수 $f(x)$의 그래프는 주기가 $\frac{2\pi}{k}$로 k의 값에 따라 달라져. 그리고 주어진 조건인 $\{x|f(x)=a\}\subset\{x|g(x)=a\}$는 두 그래프와 직선 $y=a$의 교점의 x좌표의 값에 대한 집합의 포함 관계야. 따라서 먼저 코사인함수를 그리고 사인함수의 그래프를 조건을 만족시키도록 k에 자연수를 직접 대입해 가며 따져 보아야 해.
이때 사인함수의 그래프가 직선 $y=a$와 만나는 점은 반드시 코사인함수의 그래프와도 만나도록 그리는 것이 핵심이야.
이런 방법으로 그래프를 그려 가면 사인함수의 주기가 점점 커져야 함을 알 수 있을 거야. 단, k가 자연수 범위에서만 커지므로 주기는 최대 2π가 되는 것을 명심하자.

02

정답률 **24.7%**

정답 공식 **개념만 확실히 알자!**

삼각함수 $y=\tan ax$의 그래프의 성질

삼각함수 $y=\tan ax$의 주기는 $\frac{\pi}{|a|}$이고 그래프는 원점에 대하여 대칭이다.

풀이 전략 삼각함수의 그래프와 직선의 교점의 개수를 이용한다.

문제 풀이

[STEP 1] 주어진 함수에서 $n=2$, $n=3$일 때의 그래프를 그려서 직선 $y=-x$와의 교점의 개수를 구한다.

$y=\tan\left(nx-\frac{\pi}{2}\right)=\tan n\left(x-\frac{\pi}{2n}\right)$의 주기는 $\frac{\pi}{n}$이고

$y=\tan\left(nx-\frac{\pi}{2}\right)$의 그래프는 $y=\tan nx$의 그래프를 x축의 방향으로 $\frac{\pi}{2n}$만큼 평행이동한 그래프이다.

다음 그림은 $n=2$, $n=3$일 때의 그래프이다.

주어진 문제에서 a_2, a_3의 값만 구하면 되니까 $n=2$, $n=3$일 때의 그래프만 그려 본다.

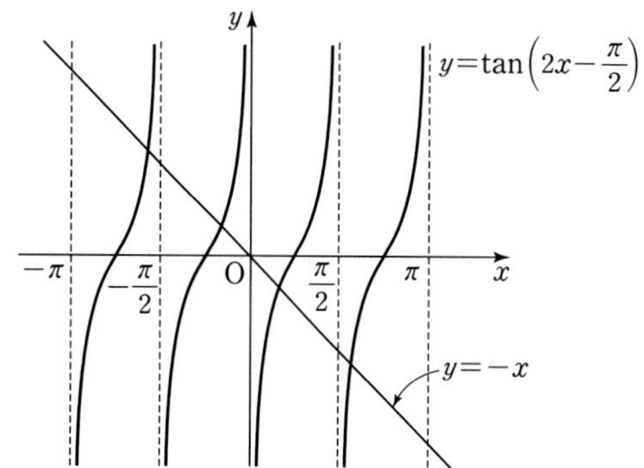

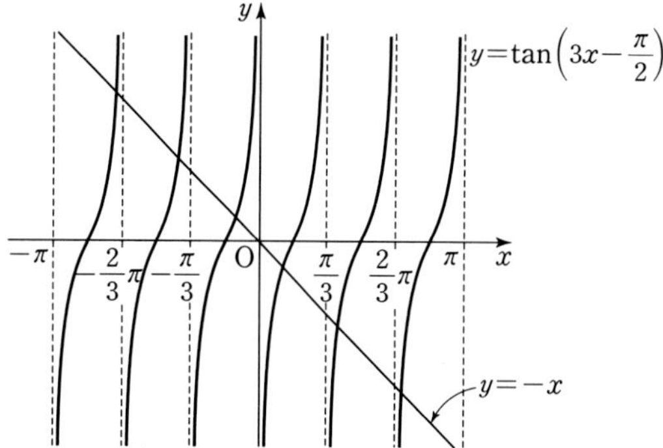

[STEP 2] a_2, a_3의 값을 구하여 a_2+a_3의 값을 구한다.

직선 $y=-x$와 구간 $(-\pi,\ \pi)$에서

$y=\tan\left(2x-\frac{\pi}{2}\right)$의 그래프의 교점은 2개이므로

$a_2=4$

$y=\tan\left(3x-\frac{\pi}{2}\right)$의 그래프의 교점은 6개이므로

$a_3=6$

따라서

$a_2+a_3=4+6=10$

답 10

수능이 보이는 강의

탄젠트함수의 그래프의 형태는 사인함수나 코사인함수처럼 진동하지 않으므로 직선 $y=-x$와의 교점은 한 주기마다 하나씩 생겨.
즉, 구간 $(-\pi,\ \pi)$에서 탄젠트함수의 그래프가 몇 번 그려지는지를 파악한다면 이 문제는 쉽게 풀 수 있어.

03

정답률 **21.2%**

정답 공식 **개념만 확실히 알자!**

삼각함수의 성질
사인함수의 그래프는 원점에 대하여 대칭이므로
$\sin(-x)=-\sin x$

풀이 전략 삼각함수의 그래프의 성질을 이용하여 문제를 해결한다.

문제 풀이

[STEP 1] 함수 $f(x)$가 지나는 두 점의 좌표를 대입하여 관계식을 구한다.

닫힌구간 $\left[-\frac{\pi}{a}, \frac{2\pi}{a}\right]$에서 $0<a<\frac{4}{7}$이므로

$-\frac{\pi}{a}<-\frac{7}{4}\pi$, $\frac{7\pi}{2}<\frac{2\pi}{a}$이다.

함수 $f(x)=2\sin(ax)+b$의 그래프가 두 점

$A\left(-\frac{\pi}{2}, 0\right)$, $B\left(\frac{7}{2}\pi, 0\right)$을 지나므로

$f\left(-\frac{\pi}{2}\right)=2\sin\left(-\frac{a}{2}\pi\right)+b=-2\sin\left(\frac{a}{2}\pi\right)+b=0$

$f\left(\frac{7}{2}\pi\right)=2\sin\left(\frac{7a}{2}\pi\right)+b=0$

따라서 $\sin\left(\frac{7a}{2}\pi\right)=-\sin\left(\frac{a}{2}\pi\right)$

[STEP 2] 삼각함수의 주기와 대칭성을 이용하여 구한 관계식으로부터 a, b의 값을 구한다.

$0<a<\frac{4}{7}$에서 $0<\frac{a}{2}\pi<\frac{2}{7}\pi$, $0<\frac{7a}{2}\pi<2\pi$

이므로

$\frac{7a}{2}\pi=2\pi-\frac{a}{2}\pi$ 또는 $\frac{7a}{2}\pi=\pi+\frac{a}{2}\pi$

→ 다음 사인함수의 대칭성을 이용한다.

따라서 $a=\frac{1}{2}$ 또는 $a=\frac{1}{3}$

(i) $a=\frac{1}{2}$일 때

$f(x)=2\sin\left(\frac{1}{2}x\right)+b$에서

$f\left(-\frac{\pi}{2}\right)=2\sin\left(-\frac{\pi}{4}\right)+b$

$=2\times\left(-\frac{\sqrt{2}}{2}\right)+b$

$=-\sqrt{2}+b=0$

이므로 $b=\sqrt{2}$

이는 b는 유리수라는 조건을 만족시키지 않는다.

(ii) $a=\frac{1}{3}$일 때

$f(x)=2\sin\left(\frac{1}{3}x\right)+b$에서

$f\left(-\frac{\pi}{2}\right)=2\sin\left(-\frac{\pi}{6}\right)+b$

$=2\times\left(-\frac{1}{2}\right)+b$

$=-1+b=0$

이므로 $b=1$

이때 $f\left(\frac{7}{2}\pi\right)=0$이다.

(i), (ii)에서 $a=\frac{1}{3}$, $b=1$이므로

$30(a+b)=30\times\left(\frac{1}{3}+1\right)=40$

답 40

수능이 보이는 강의

함수 $f(x)=2\sin(ax)+b$는 닫힌구간 $\left[-\frac{\pi}{a}, \frac{2\pi}{a}\right]$에서 정의되었다고 했지? 그런데 이 함수의 주기를 구하면 $\frac{2\pi}{a}$이고, 이 함수가 정의된 구간 $\left[-\frac{\pi}{a}, \frac{2\pi}{a}\right]$에서 그래프를 그리면 아래 그림처럼 주기와의 연관성이 보이게 되지.

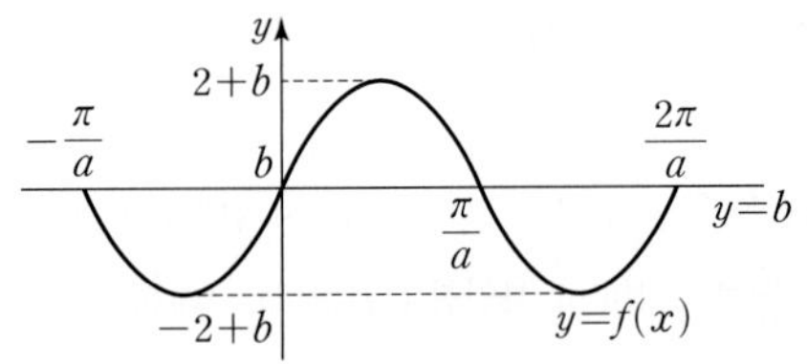

이렇게 그래프를 대략적으로 파악하면 문제를 푸는 데 훨씬 수월해져.

04

정답률 **19.8%**

정답 공식 **개념만 확실히 알자!**

삼각함수 $y=a\sin x+b$의 그래프

(1) 자연수 a, b에 대하여 삼각함수 $y=a\sin x+b$의 그래프는 다음과 같다.

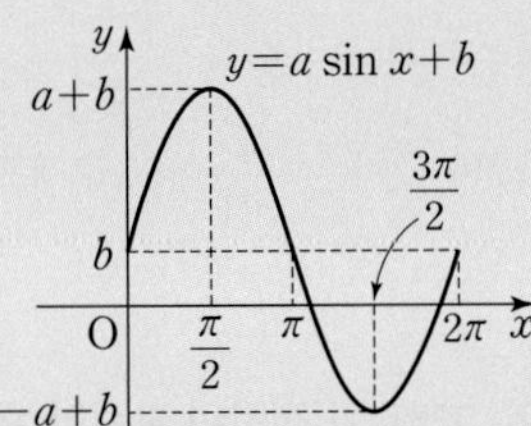

(2) 닫힌구간 $[0, 2\pi]$에서 주기는 2π, 최댓값은 $a+b$, 최솟값은 $-a+b$를 갖는다.

풀이 전략 5 이하의 자연수 a, b에 대하여 $b=1, 2, \cdots, 5$인 경우로 나누어서 각각 그래프를 그려본다.

문제 풀이

[STEP 1] $b=1$인 경우에 $n(A\cup B\cup C)=3$, 즉 교점의 개수가 총 3개가 되는지 확인한다.

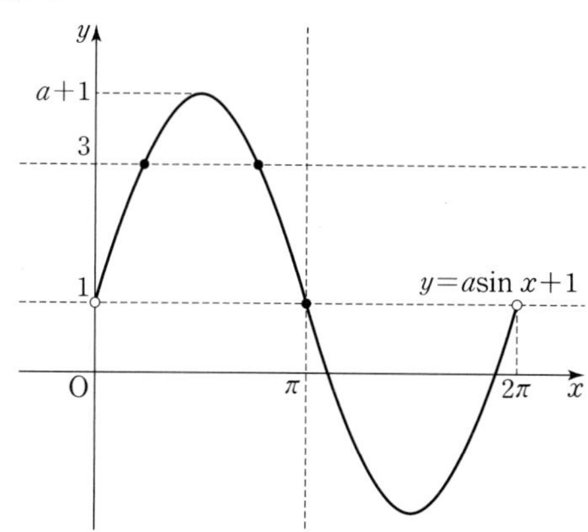

$n(A\cup B\cup C)=3$을 만족시키려면

$a+1>3$, 즉 $a>2$

이어야 하므로 5 이하의 자연수 a, b의 순서쌍 (a, b)는

$(3, 1)$, $(4, 1)$, $(5, 1)$이다. → $a=3, 4, 5$

[STEP 2] $b=2$인 경우에 $n(A\cup B\cup C)=3$, 즉 교점의 개수가 총 3개가 되는지 확인한다.

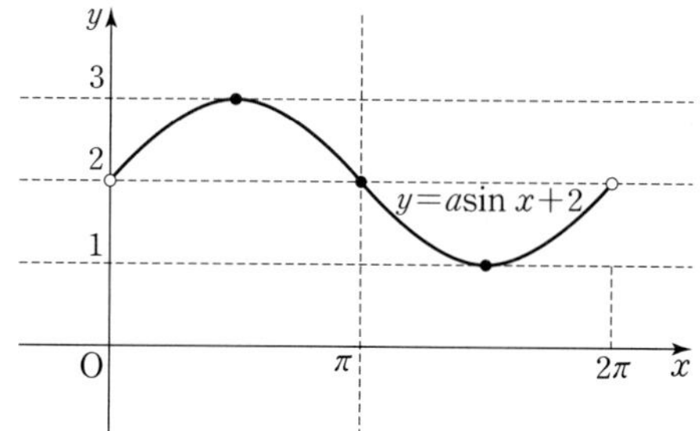

$n(A\cup B\cup C)=3$을 만족시키려면

$a=1$

이어야 하므로 5 이하의 자연수 a, b의 순서쌍 (a, b)는

$(1, 2)$이다.

[STEP 3] $b=3$인 경우에 $n(A\cup B\cup C)=3$, 즉 교점의 개수가 총 3개가 되는지 확인한다.

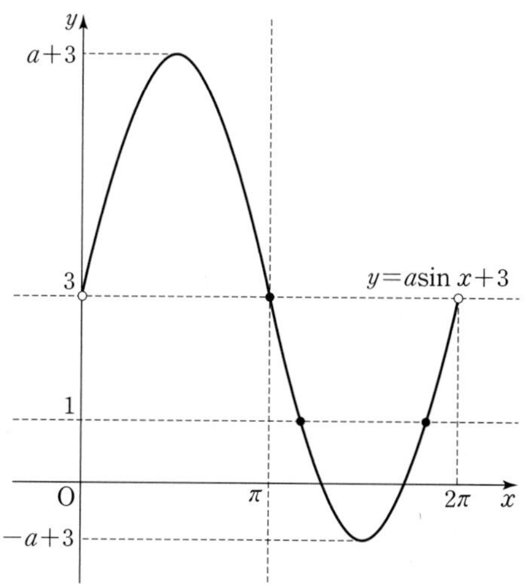

$n(A\cup B\cup C)=3$을 만족시키려면

$-a+3<1$, 즉 $a>2$

이어야 하므로 5 이하의 자연수 a, b의 순서쌍 (a, b)는

$(3, 3)$, $(4, 3)$, $(5, 3)$이다. → $a=3, 4, 5$

[STEP 4] $b=4$인 경우에 $n(A\cup B\cup C)=3$, 즉 교점의 개수가 총 3개가 되는지 확인한다.

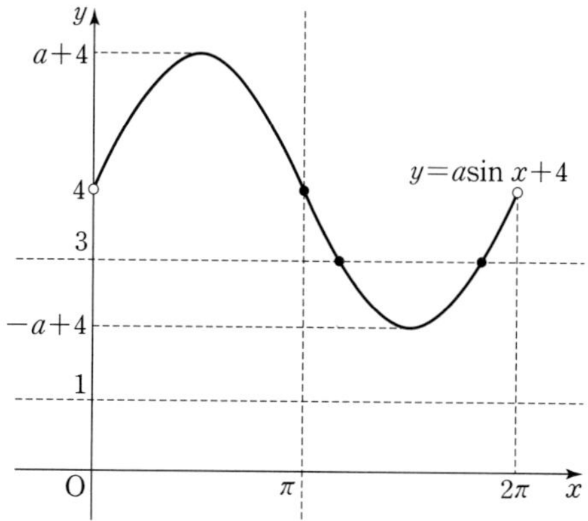

$n(A\cup B\cup C)=3$을 만족시키려면

$1<-a+4<3$, 즉 $1<a<3$ → $a=2$

이어야 하므로 5 이하의 자연수 a, b의 순서쌍 (a, b)는

$(2, 4)$이다.

[STEP 5] $b=5$인 경우에 $n(A\cup B\cup C)=3$, 즉 교점의 개수가 총 3개가 되는지 확인한다.

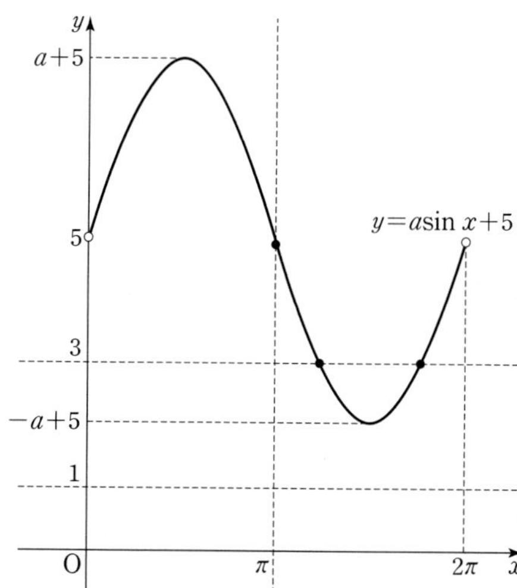

$n(A\cup B\cup C)=3$을 만족시키려면

$1<-a+5<3$, 즉 $2<a<4$ → $a=3$

이어야 하므로 5 이하의 자연수 a, b의 순서쌍 (a, b)는

$(3, 5)$이다.

이상에서 $a+b$의 최댓값과 최솟값은 각각

$M=8$, $m=3$

이므로

$M\times m=24$

답 24

05

정답률 15.0%

정답 공식 **개념만 확실히 알자!**

코사인법칙
삼각형 ABC에서
(1) $a^2=b^2+c^2-2bc\cos A$
(2) $b^2=c^2+a^2-2ca\cos B$
(3) $c^2=a^2+b^2-2ab\cos C$

풀이 전략 코사인법칙을 이용하여 문제를 해결한다.

문제 풀이

[STEP 1] 길이가 같은 호에 대한 원주각의 크기는 같음을 이용한다.

호 BD와 호 DC에 대한 원주각의 크기가 같으므로
$\angle CBD=\angle CAD=\angle DAB=\angle DCB$
즉, $\overline{BD}=\overline{DC}$

[STEP 2] 삼각형 DBA와 삼각형 CAD에 각각 코사인법칙을 이용한다.

$\overline{BD}=\overline{DC}=a$, $\overline{AD}=b$, $\angle CAD=\theta$라 하면
$\angle DAB=\theta$이고 $\overline{BD}^2=\overline{DC}^2$
삼각형 DAB와 삼각형 CAD에 각각 코사인법칙을 적용하면
$6^2+b^2-2\times6\times b\times\cos\theta=b^2+8^2-2\times b\times8\times\cos\theta$
$4b\cos\theta=28$
$b\cos\theta=7$
따라서 직각삼각형 ADE에서
$k=b\cos\theta=7$
→ $\angle CAD=\theta$이므로 직각삼각형 ADE에서 $\cos\theta=\frac{\overline{AE}}{\overline{AD}}=\frac{k}{b}$ 즉, $k=b\cos\theta$
따라서 $12k=84$

답 84

$\frac{1}{2a}=\frac{1}{2}$ 또는 $\frac{1}{a}=\frac{1}{2}$
$a=1$ 또는 $a=2$이다.
$a=1$이면 $b=-1$이고 $-\frac{1}{a}\le x\le\frac{1}{a}$에서 $f(x)=\frac{2}{5}$인 모든 실수 x의 값의 합이 1이 되어 (나)를 만족시키지 않는다.

[STEP 2] 함수 $y=f(x)$의 그래프와 직선 $y=\frac{2}{5}$가 세 점에서 만나도록 하는 b의 값을 구한다.

$a=2$이면 (나)에 의해 함수 $y=f(x)$의 그래프와 직선 $y=\frac{2}{5}$가 세 점에서 만나야 하므로
$f\left(\frac{1}{4}\right)=\left|\sin\frac{\pi}{2}+b\right|=|1+b|=\frac{2}{5}$
→ $1+b=\pm\frac{2}{5}$, $b=-\frac{7}{5}$ 또는 $b=-\frac{3}{5}$
$b=-\frac{7}{5}$이면 함수 $y=f(x)$의 그래프와 x축이 만나지 않으므로
$b=-\frac{3}{5}$

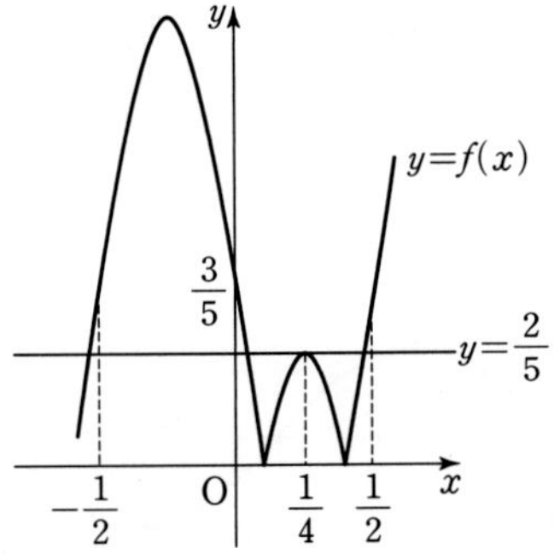

따라서
$60(a+b)=60\left(2-\frac{3}{5}\right)=60\times\frac{7}{5}=84$

답 84

06

정답률 11.6%

정답 공식 **개념만 확실히 알자!**

삼각함수 $y=|\sin a\pi x+b|$의 그래프
상수 a, b $(a>0)$에 대하여 조건 (가), (나)를 만족시키는 삼각함수 $y=|\sin a\pi x+b|$의 그래프를 그려 본다.

풀이 전략 삼각함수의 그래프를 이해하여 상수의 값을 구하는 문제를 해결한다.

문제 풀이

[STEP 1] $f(x)=0$이고 $-\frac{1}{a}\le x\le\frac{1}{a}$인 모든 실수 x의 값의 합이 $\frac{1}{2}$이 되도록 하는 a의 값을 구한다.

(가)에서 $f(x)=0$이고 $-\frac{1}{a}\le x\le\frac{1}{a}$인 모든 실수 x의 값의 합이 $\frac{1}{2}$이 되기 위해서는

07

정답률 11.0%

정답 공식 **개념만 확실히 알자!**

사인법칙과 코사인법칙
(1) 사인법칙
삼각형 ABC의 외접원의 반지름의 길이를 R이라 하면
$$\frac{a}{\sin A}=\frac{b}{\sin B}=\frac{c}{\sin C}=2R$$
(2) 코사인법칙
삼각형 ABC에서
① $a^2=b^2+c^2-2bc\cos A$
② $b^2=c^2+a^2-2ca\cos B$
③ $c^2=a^2+b^2-2ab\cos C$

풀이 전략 사인법칙과 코사인법칙을 이용하여 문제를 해결한다.

문제 풀이

[STEP 1] 사인법칙을 이용하여 $\overline{BF}$의 길이와 $\cos(\angle BCA)$의 크기를 구한다.

$\angle CAE=\theta$라 하면 $\sin\theta=\frac{1}{4}$이고

$\overline{BC}=4$이므로 삼각형 ACE에서 사인법칙에 의하여

$\frac{\overline{CE}}{\sin\theta}=\overline{BC}$

즉, $\frac{\overline{CE}}{\frac{1}{4}}=4$에서 $\overline{CE}=1$

$\overline{BF}=\overline{CE}=1$이므로 $\overline{FC}=3$

$\overline{BC}=\overline{DE}$에서 선분 DE도 주어진 원의 지름이므로

$\angle BAC=\angle DAE=90^\circ$이다. → 지름에 대한 원주각의 크기는 90°이다.

$\angle BAD=90^\circ-\angle DAC=\theta$

삼각형 ABF에서 사인법칙에 의하여

$\frac{k}{\sin(\angle ABF)}=\frac{1}{\sin\theta}=4$이므로

$\sin(\angle ABF)=\frac{k}{4}$

직각삼각형 ABC에서 $\sin(\angle ABC)=\frac{\overline{AC}}{4}$이므로

$\overline{AC}=4\sin(\angle ABC)=4\times\frac{k}{4}=k$

직각삼각형 ABC에서 $\cos(\angle BCA)=\frac{k}{4}$

[STEP 2] 삼각형 AFC에서 코사인법칙을 이용하여 k^2의 값을 구한다.

삼각형 AFC에서 코사인법칙에 의하여

$\overline{AF}^2=\overline{AC}^2+\overline{FC}^2-2\times\overline{AC}\times\overline{FC}\times\cos(\angle FCA)$

$k^2=k^2+3^2-2\times k\times 3\times\frac{k}{4}$

$\frac{3}{2}k^2=9$

따라서 $k^2=6$

답 6

08

정답률 **11.0%**

정답 공식 **개념만 확실히 알자!**

사인법칙과 코사인법칙

(1) 사인법칙

삼각형 ABC의 외접원의 반지름의 길이를 R이라 하면

$\frac{a}{\sin A}=\frac{b}{\sin B}=\frac{c}{\sin C}=2R$

(2) 코사인법칙

삼각형 ABC에서

① $a^2=b^2+c^2-2bc\cos A$

② $b^2=c^2+a^2-2ca\cos B$

③ $c^2=a^2+b^2-2ab\cos C$

풀이 전략 사인법칙과 코사인법칙을 이용하여 문제를 해결한다.

문제 풀이

[STEP 1] 사인법칙을 이용하여 $\overline{BC}$, $\overline{AD}$의 길이를 r, R로 각각 나타낸다.

$\overline{AC}=k$라 하면 $\overline{BD}=2k$이고

$\overline{AH}:\overline{HB}=1:3$이므로 $\overline{AH}=2\times\frac{1}{4}=\frac{1}{2}$

$\angle CAB=\theta$라 할 때, 두 삼각형 ABC, ABD에서 사인법칙을 이용하면

$\frac{\overline{BC}}{\sin\theta}=2r$

$\frac{\overline{AD}}{\sin(\pi-\theta)}=\frac{\overline{AD}}{\sin\theta}=2R$ → $\overline{AC}/\!/\overline{BD}$에서 $\angle ACB=\angle CBD$ 따라서 $\theta=\pi-(\angle ACB+\angle ABC)=\pi-\angle ABD$ 이므로 $\angle ABD=\pi-\theta$

즉, $\overline{BC}=2r\sin\theta$, $\overline{AD}=2R\sin\theta$ …… ㉠

[STEP 2] 주어진 식을 $\overline{BC}$, $\overline{AD}$에 대한 식으로 변형하고, 코사인법칙을 이용한다.

$4(R^2-r^2)\times\sin^2\theta=(2R\sin\theta)^2-(2r\sin\theta)^2$

이므로 ㉠의 두 식을

$(2R\sin\theta)^2-(2r\sin\theta)^2=51$에 대입하면

$\overline{AD}^2-\overline{BC}^2=51$ …… ㉡

삼각형 AHC에서 $\cos\theta=\frac{\overline{AH}}{\overline{CA}}=\frac{1}{2k}$이므로

두 삼각형 ABC, ABD에서 코사인법칙을 이용하면

$\overline{BC}^2=\overline{AB}^2+\overline{AC}^2-2\times\overline{AB}\times\overline{AC}\times\cos\theta$

$=4+k^2-2\times2\times k\times\cos\theta$

$=k^2+2$ …… ㉢

$\overline{AD}^2=\overline{AB}^2+\overline{BD}^2-2\times\overline{AB}\times\overline{BD}\times\cos(\pi-\theta)$

$=4+4k^2+2\times2\times2k\times\cos\theta$

$=4k^2+8$ …… ㉣

㉢, ㉣을 ㉡에 대입하면

$\overline{AD}^2-\overline{BC}^2=4k^2+8-(k^2+2)=3k^2+6=51$

$k^2=15$

따라서 $\overline{AC}^2=15$

답 15

09

정답률 **6.8%**

정답 공식 **개념만 확실히 알자!**

삼각형의 넓이

삼각형 ABC의 넓이를 S라 하면

$S=\frac{1}{2}bc\sin A$

$=\frac{1}{2}ac\sin B$

$=\frac{1}{2}ab\sin C$

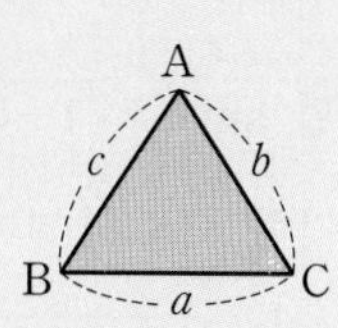

풀이 전략 코사인법칙을 이용하여 삼각형의 넓이 구하는 문제를 해결한다.

문제 풀이

[STEP 1] 삼각형의 넓이 구하는 공식을 이용하여 S_1, S_2를 식으로 나타낸다.

$\angle BAD$와 $\angle BCD$는 같은 호에 대한 원주각이므로

$\angle BAD=\angle BCD=\theta$

$\overline{AD}=a$, $\overline{CB}=b$라 하면

삼각형 ABD의 넓이 S_1은

$S_1=\frac{1}{2}\times\overline{AB}\times\overline{AD}\times\sin\theta$

$=\frac{1}{2}\times6\times a\times\sin\theta$

$=3a\sin\theta$

삼각형 CBD의 넓이 S_2는

$S_2=\frac{1}{2}\times\overline{CB}\times\overline{CD}\times\sin\theta$

$=\frac{1}{2}\times b\times4\times\sin\theta$

$=2b\sin\theta$

[STEP 2] 삼각형 ABC, 삼각형 ADC에서 코사인법칙을 이용하여 $\overline{AD}$의 길이를 구한다.

$S_1:S_2=9:5$이므로 $3a:2b=9:5$

$a:b=6:5$이므로 $a=6k$, $b=5k$ $(k>0)$라고 하자.

삼각형 ABC에서 코사인법칙에 의하여

$\overline{AC}^2=6^2+(5k)^2-2\times6\times5k\times\cos\alpha$

$=6^2+(5k)^2-2\times6\times5k\times\frac{3}{4}$

$=36+25k^2-45k$ ...... ㉠

$\angle ABC$와 $\angle ADC$는 같은 호에 대한 원주각이므로

$\angle ABC=\angle ADC=\alpha$

삼각형 ADC에서 코사인법칙에 의하여

$\overline{AC}^2=(6k)^2+4^2-2\times6k\times4\times\cos\alpha$

$=(6k)^2+4^2-2\times6k\times4\times\frac{3}{4}$

$=16+36k^2-36k$ ...... ㉡

㉠, ㉡을 연립하여 풀면

$11k^2+9k-20=0$

$(11k+20)(k-1)=0$

$k>0$이므로 $k=1$이고

$a=6k=6$

[STEP 3] 삼각형 ADC의 넓이 S를 구하고 S^2의 값을 구한다.

한편, $\sin\alpha=\sqrt{1-\cos^2\alpha}=\sqrt{1-\left(\frac{3}{4}\right)^2}=\frac{\sqrt{7}}{4}$이므로

삼각형 ADC의 넓이 S는

$S=\frac{1}{2}\times\overline{AD}\times\overline{CD}\times\sin\alpha$

$=\frac{1}{2}\times6\times4\times\frac{\sqrt{7}}{4}$

$=3\sqrt{7}$

따라서

$S^2=(3\sqrt{7})^2=63$

답 63

수능이 보이는 강의

원에 내접하는 삼각형의 넓이를 구하는 문제야. 원의 성질 중에 원주각의 성질이 쓰이고 삼각함수의 여러 가지 성질이 쓰이겠지.
두 삼각형 ABC와 ADC의 공통변 AC에 대하여 코사인법칙을 적용하면 변의 길이를 쉽게 구할 수 있어.

Ⅲ 수열

본문 74~107쪽

수능 유형별 기출문제

01 ②	02 ①	03 ①	04 ④	05 ⑤
06 ⑤	07 ③	08 ②	09 ③	10 ④
11 ②	12 ④	13 ②	14 ③	15 ②
16 ⑤	17 ⑤	18 ③	19 ⑤	20 7
21 ①	22 ③	23 ⑤	24 ④	25 ③
26 ③	27 ①	28 ④	29 ③	30 ④
31 ⑤	32 ①	33 ②	34 ①	35 ⑤
36 4	37 ②	38 ⑤	39 9	40 36
41 257	42 ①	43 678	44 ①	45 12
46 64	47 ②	48 ②	49 ②	50 ②
51 ④	52 10	53 ⑤	54 ②	55 ③
56 110	57 22	58 3	59 2	60 ⑤
61 109	62 ⑤	63 160	64 13	65 ②
66 ④	67 24	68 ④	69 ⑤	70 80
71 12	72 113	73 ①	74 9	75 12
76 427	77 55	78 ②	79 ②	80 9
81 29	82 96	83 ⑤	84 ⑤	85 ③
86 ①	87 ①	88 ①	89 ①	90 ①
91 91	92 ④	93 ③	94 105	95 9
96 ⑤	97 ①	98 ②	99 ⑤	100 ①
101 ④	102 ⑤	103 ④	104 8	105 ④
106 ③	107 ⑤	108 ①	109 ②	110 15
111 33	112 ④	113 7	114 ③	115 ④
116 ③	117 ①	118 ③	119 162	120 ③
121 ⑤	122 ③	123 70	124 ②	125 ②
126 ②	127 ②	128 162	129 ②	130 ④
131 ③	132 ③			

유형 1 등차수열의 일반항과 합

01

등차수열 $\{a_n\}$에서 a_5는 a_3과 a_7의 등차중항이므로

$$a_5=\frac{a_3+a_7}{2}=\frac{2+62}{2}=32$$

답 ②

02

등차수열 $\{a_n\}$의 첫째항을 a, 공차를 d라 하면

$a_n=a+(n-1)d$

그러므로 $a_4=a_1+(4-1)\times3=a_1+9$

즉, $a_1+9=100$

따라서 $a_1=91$

답 ①

03

등차수열 $\{a_n\}$의 첫째항을 a, 공차를 d라 하면

$a_2=a+d=5$

$a_5=a+4d=11$

이므로 $a=3$, $d=2$

따라서

$a_8=a+7d=3+7\times2=17$

답 ①

04

등차수열 $\{a_n\}$의 공차를 d라 하면

$a_3=a_1+2d$, $a_4=a_2+2d$, $a_5=a_3+2d$이므로

$a_3+a_4+a_5=a_1+a_2+a_3+6d$

즉, $6d=(a_3+a_4+a_5)-(a_1+a_2+a_3)=39-15=24$

따라서 $d=4$

답 ④

05

등차수열 $\{a_n\}$에서 a_2는 a_1과 a_3의 등차중항이므로

$$a_2=\frac{a_1+a_3}{2}=\frac{20}{2}=10$$

답 ⑤

06

등차수열 $\{a_n\}$의 공차를 d라 하면

$a_2=a_1+d=6$ …… ㉠

$a_4+a_6=36$에서

$(a_1+3d)+(a_1+5d)=36$

$2a_1+8d=36$

$a_1+4d=18$ …… ㉡

㉠, ㉡에서 $a_1=2$, $d=4$

따라서 $a_{10}=2+9\times4=38$

답 ⑤

07

등차수열 $\{a_n\}$의 공차를 d라 하면

$a_1=2a_5=2(a_1+4d)$

$a_1+8d=0$ ...... ㉠

$a_8+a_{12}=(a_1+7d)+(a_1+11d)$

$=2a_1+18d=-6$

$a_1+9d=-3$ ...... ㉡

㉠, ㉡에서 $a_1=24$, $d=-3$

따라서 $a_2=a_1+d=21$

답 ③

08

$a_n=7+(n-1)\times 3=3n+4$

따라서 $a_7=3\times 7+4=25$

답 ②

09

등차수열 $\{a_n\}$의 공차를 d라 하면

$d=-3$이므로

$a_7=a_3+4d=a_3-12$

$a_3a_7=a_3(a_3-12)=64$에서

$a_3^2-12a_3-64=0$

$(a_3+4)(a_3-16)=0$

$a_3=-4$ 또는 $a_3=16$

(i) $a_3=-4$일 때,

$a_8=a_3+5d=-4-15=-19<0$이므로

$a_8>0$이라는 조건에 모순이다.

(ii) $a_3=16$일 때,

$a_8=a_3+5d=16-15=1>0$이므로

조건을 만족시킨다.

(i), (ii)에서 $a_3=16$

따라서

$a_2=a_3-d=16-(-3)=19$

답 ③

10

등차수열 $\{a_n\}$의 공차를 d라 하면

$a_4=6$에서

$a_1+3d=6$ ...... ㉠

$2a_7=a_{19}$에서

$2(a_1+6d)=a_1+18d$

$a_1-6d=0$ ...... ㉡

㉠, ㉡을 연립하여 풀면

$a_1=4$

답 ④

11

등차수열 $\{a_n\}$의 공차를 d라 하면

$a_1=a_3+8$에서

$a_1=(a_1+2d)+8$이므로

$d=-4$

이때 $2a_4-3a_6=3$에서

$2(a_1+3d)-3(a_1+5d)=3$

$-a_1-9d=-a_1+36=3$

따라서 $a_1=33$

$a_n=33+(n-1)\times(-4)=-4n+37$

$a_k=-4k+37<0$에서

$k>\frac{37}{4}=9.25$

따라서 자연수 k의 최솟값은 10이다.

답 ②

12

등차수열 $\{a_n\}$의 첫째항을 a, 공차를 d라 하면

$a_2=a+d$, $a_3=a+2d$

이를 주어진 등식에 대입하면

$(a+d)+(a+2d)=2(a+12)$, $3d=24$

따라서 $d=8$

답 ④

13

등차수열 $\{a_n\}$의 첫째항을 a, 공차를 d라 하면

조건 (나)에서 $\sum_{k=1}^{9}a_k=\frac{9(2a+8d)}{2}=27$

$a+4d=3$, 즉 $a_5=3$ ...... ㉠

$a_5>0$이고 $d>0$이므로 $a_6>0$

(i) $a_4\geq 0$인 경우

$|a_4|+|a_6|=(a+3d)+(a+5d)=2a+8d=8$

$a+4d=4$, 즉 $a_5=4$이므로 ㉠에 모순이다.

(ii) $a_4<0$인 경우

$|a_4|+|a_6|=-(a+3d)+a+5d=2d=8$

즉, $d=4$

(i), (ii)에서 $d=4$이므로

$a_{10}=a_5+5d=3+5\times 4=23$

답 ②

14

등차수열 $\{a_n\}$, $\{b_n\}$의 공차를 각각 d, l이라 하자.

$a_6-a_5=b_7-b_5$이므로 $d=2l$

$d=0$이면 $a_7=a_6=27$이고 $b_7\le 24$에서 $a_6\ne b_7$이므로 $d\ne 0$이다.

l은 자연수이므로 d는 2의 배수이다.

$a_7=a_1+6d=27$에서

$a_1=27-6d>0$이므로 $d=2$ 또는 $d=4$

(i) $d=2$인 경우, $a_1=27-6\times 2=15$이고

$b_7=b_5+2l=a_5+d=a_1+5d=25$

(ii) $d=4$인 경우, $a_1=27-6\times 4=3$이고

$b_7=b_5+2l=a_5+d=a_1+5d=23$

(i), (ii)에서 $b_7\le 24$이므로 $d=4$, $l=2$

$b_1-a_1=(b_5-a_5)+4(d-l)=4\times 2=8$

답 ③

15

$S_7-S_4=a_5+a_6+a_7=0$

수열 $\{a_n\}$이 등차수열이므로 공차를 d라 하면

$a_5=a_6-d$, $a_7=a_6+d$에서

$(a_6-d)+a_6+(a_6+d)=3a_6=0$

즉, $a_6=0$

$S_6=30$이므로

$S_6=\dfrac{6(a_1+a_6)}{2}=3a_1=30$

즉, $a_1=10$

$a_6=10+5d=0$이므로 $d=-2$

따라서 $a_2=a_1+d=10-2=8$

답 ②

16

$$\frac{A_3}{A_1}=\frac{\frac{1}{2}(a_4-a_3)(2^{a_4}-2^{a_3})}{\frac{1}{2}(a_2-a_1)(2^{a_2}-2^{a_1})}$$

$$=\frac{\frac{1}{2}\times d\times(2^{1+3d}-2^{1+2d})}{\frac{1}{2}\times d\times(2^{1+d}-2)}$$

$$=2^{2d}$$

이므로

$\dfrac{A_3}{A_1}=16$에서

$2^{2d}=16$

$d=\boxed{2}$

수열 $\{a_n\}$의 일반항은

$a_n=1+(n-1)d$

$=1+(n-1)\times 2$

$=\boxed{2n-1}$

그러므로 모든 자연수 n에 대하여

$A_n=\dfrac{1}{2}\times 2\times(2^{2n+1}-2^{2n-1})$

$=\boxed{3\times 2^{2n-1}}$

따라서

$p=2$, $f(n)=2n-1$, $g(n)=3\times 2^{2n-1}$

이므로

$p+\dfrac{g(4)}{f(2)}=2+\dfrac{3\times 2^7}{3}=130$

답 ⑤

17

모든 자연수 n에 대하여 점 P_n의 좌표를 $(a_n,\ 0)$이라 하자.

$\overline{\mathrm{OP}_{n+1}}=\overline{\mathrm{OP}_n}+\overline{\mathrm{P}_n\mathrm{P}_{n+1}}$이므로

$a_{n+1}=a_n+\overline{\mathrm{P}_n\mathrm{P}_{n+1}}$

이다. 삼각형 $\mathrm{OP}_n\mathrm{Q}_n$과 삼각형 $\mathrm{Q}_n\mathrm{P}_n\mathrm{P}_{n+1}$이 닮음이므로

$\overline{\mathrm{OP}_n}:\overline{\mathrm{P}_n\mathrm{Q}_n}=\overline{\mathrm{P}_n\mathrm{Q}_n}:\overline{\mathrm{P}_n\mathrm{P}_{n+1}}$

이고 점 Q_n의 좌표는 $(a_n,\ \sqrt{3a_n})$이므로

$a_n:\sqrt{3a_n}=\sqrt{3a_n}:\overline{\mathrm{P}_n\mathrm{P}_{n+1}}$

$a_n\times\overline{\mathrm{P}_n\mathrm{P}_{n+1}}=3a_n$

$\overline{\mathrm{P}_n\mathrm{P}_{n+1}}=\boxed{3}$

이다.

이때 수열 $\{a_n\}$은 첫째항이 1이고 공차가 3인 등차수열이므로

$a_n=1+(n-1)\times 3$

$=3n-2$

따라서 삼각형 $\mathrm{OP}_{n+1}\mathrm{Q}_n$의 넓이 A_n은

$A_n=\dfrac{1}{2}\times\overline{\mathrm{OP}_{n+1}}\times\overline{\mathrm{P}_n\mathrm{Q}_n}$

$=\dfrac{1}{2}\times a_{n+1}\times\sqrt{3a_n}$

$=\dfrac{1}{2}\times(\boxed{3n+1})\times\sqrt{9n-6}$

이다.

따라서 $p=3$, $f(n)=3n+1$이므로

$p+f(8)=3+25=28$

답 ⑤

18

$x^2-nx+4(n-4)=0$에서

$(x-4)(x-n+4)=0$

$x=4$ 또는 $x=n-4$

한편, 세 수 1, α, β가 등차수열을 이루므로

$2\alpha=\beta+1$ ...... ㉠

이때 다음 각 경우로 나눌 수 있다.

(i) $\alpha=4$이고 $\beta=n-4$인 경우

$\alpha<\beta$이므로

$n>8$

또, ㉠에서

$8=(n-4)+1$, $n=11$

그러므로 조건을 만족시킨다.

(ii) $\alpha=n-4$이고 $\beta=4$인 경우

$\alpha<\beta$이므로

$n<8$

또, ㉠에서

$2(n-4)=4+1$, $n=\frac{13}{2}$

n은 자연수가 아니므로 조건을 만족시키지 않는다.

(i), (ii)에서 구하는 자연수 n의 값은 11이다.

답 ③

19

등차수열 $\{a_n\}$의 공차를 d $(d\neq0)$라 하면

$b_n=a_n+a_{n+1}$이므로

$b_{n+1}-b_n=(a_{n+1}+a_{n+2})-(a_n+a_{n+1})=a_{n+2}-a_n$

$=2d$

수열 $\{b_n\}$은 공차가 $2d$인 등차수열이다.

(i) $d>0$일 때,

$a_1=a_2-d=-4-d<0$

이때 $a_2=-4<0$이므로

$b_1=a_1+a_2=-8-d<a_1$

$n(A\cap B)=3$이려면

$b_2=a_1$ 또는 $b_3=a_1$이어야 한다.

① $b_2=a_1$일 때,

$b_3=a_3$, $b_4=a_5$이므로 $n(A\cap B)=3$이다.

한편, $b_2=b_1+2d=-8-d+2d=-8+d$이므로

$b_2=a_1$에서

$-8+d=-4-d$, $2d=4$, $d=2$

따라서 $a_{20}=a_2+18d=-4+18\times2=32$

② $b_3=a_1$일 때,

$b_4=a_3$, $b_5=a_5$이므로 $n(A\cap B)=3$이다.

한편, $b_3=b_1+4d=-8-d+4d=-8+3d$이므로

$b_3=a_1$에서

$-8+3d=-4-d$, $4d=4$, $d=1$

따라서 $a_{20}=a_2+18d=-4+18\times1=14$

(ii) $d<0$일 때,

③ $a_1>0$이면 $a_2<b_1<a_1$이므로

$n(A\cap B)=0$

④ $a_1=0$이면 $b_1=a_2$, $b_2=a_4$이므로

$n(A\cap B)=2$

⑤ $a_1<0$이면 $b_1<a_2$이므로

$n(A\cap B)\leq2$

③, ④, ⑤에서

$d<0$이면 주어진 조건을 만족시키지 않는다.

(i), (ii)에서 $a_{20}=32$ 또는 $a_{20}=14$

따라서 a_{20}의 값의 합은

$32+14=46$

답 ⑤

다른 풀이

등차수열 $\{a_n\}$의 공차를 d $(d\neq0)$라 하면

$b_n=a_n+a_{n+1}$이므로

$b_{n+1}-b_n=(a_{n+1}+a_{n+2})-(a_n+a_{n+1})=a_{n+2}-a_n$

$=2d$

수열 $\{b_n\}$은 공차가 $2d$인 등차수열이다.

$n(A\cap B)=3$이려면

$A\cap B=\{a_1, a_3, a_5\}=\{b_i, b_{i+1}, b_{i+2}\}$ (단, $i=1, 2, 3$)

이어야 한다.

(i) $\{a_1, a_3, a_5\}=\{b_1, b_2, b_3\}$인 경우

$a_1=b_1$이어야 한다.

이때 $b_1=a_1+a_2=a_1-4$에서 $a_1=a_1-4$

즉, a_1의 값은 존재하지 않는다.

(ii) $\{a_1, a_3, a_5\}=\{b_2, b_3, b_4\}$인 경우

$a_1=b_2$이어야 한다.

이때 $b_2=b_1+2d=-8+d$이고 $a_1=b_2$에서

$-4-d=-8+d$, $2d=4$, $d=2$

따라서 $a_{20}=a_2+18d=-4+18\times2=32$

(iii) $\{a_1, a_3, a_5\}=\{b_3, b_4, b_5\}$인 경우

$a_1=b_3$이어야 한다.

이때 $b_3=b_1+4d=-8+3d$이고 $a_1=b_3$에서

$-4-d=-8+3d$, $4d=4$, $d=1$

따라서 $a_{20}=a_2+18d=-4+18\times1=14$

(i), (ii), (iii)에서 $a_{20}=32$ 또는 $a_{20}=14$

따라서 a_{20}의 값의 합은

$32+14=46$

20

$S_k=-16$, $S_{k+2}=-12$

에서

$S_{k+2}-S_k=a_{k+1}+a_{k+2}=4$

이고, 등차수열 $\{a_n\}$의 공차가 2이므로

$a_1+2k+a_1+2(k+1)=4$

$a_1+2k+1=2$

$a_1=1-2k$ …… ㉠

이때 $S_k=-16$에서

$\frac{k\{2a_1+2(k-1)\}}{2}=-16$

$k(a_1+k-1)=-16$

여기에 ㉠을 대입하면

$-k^2=-16$

k는 자연수이므로

$k=4$

이고,

$a_1=1-2k=-7$

따라서

$a_{2k}=a_8=-7+7\times2=7$

답 7

21

등차수열 $\{a_n\}$의 공차를 d라 하자.

$d\geq0$이면 수열 $\{a_n\}$의 첫째항이 양수이므로 모든 자연수 n에 대하여 $a_n>0$이 되어 조건을 만족시키지 않는다.

따라서 $d<0$이어야 한다.

(i) $S_3=S_6$인 경우

$\frac{3(2a_1+2d)}{2}=\frac{6(2a_1+5d)}{2}$에서

$a_1=-4d$이므로

$S_3=S_6=-9d>0$

$S_{11}=\frac{11(2a_1+10d)}{2}=11d<0$

즉, $S_3=-S_{11}-3$에서

$-9d=-11d-3$, $d=-\frac{3}{2}$

즉, $a_1=-4d=6$

(ii) $S_3=-S_6$인 경우

$\frac{3(2a_1+2d)}{2}=-\frac{6(2a_1+5d)}{2}$에서

$a_1=-2d$이므로

$S_3=-S_6=-3d>0$

$S_{11}=\frac{11(2a_1+10d)}{2}=33d<0$

즉, $S_3=-S_{11}-3$에서

$-3d=-33d-3$, $d=-\frac{1}{10}$

즉, $a_1=-2d=\frac{1}{5}$

(i), (ii)에서 조건을 만족시키는 모든 수열 $\{a_n\}$의 첫째항의 합은

$6+\frac{1}{5}=\frac{31}{5}$

답 ①

22

a_{k-3}, a_{k-2}, a_{k-1}은 이 순서대로 등차수열을 이루므로

a_{k-2}는 a_{k-3}과 a_{k-1}의 등차중항이다. 즉,

$a_{k-2}=\frac{a_{k-3}+a_{k-1}}{2}=\frac{-24}{2}=-12$

$S_k=\frac{k(a_1+a_k)}{2}=\frac{k(a_3+a_{k-2})}{2}$

$=\frac{k\{42+(-12)\}}{2}=15k$

따라서 $k^2=15k$이고 $k\neq0$이므로 $k=15$

답 ③

유형 2 등비수열의 일반항과 합

23

등비수열 $\{a_n\}$의 첫째항과 공비가 모두 양수 k이므로

$a_n=k^n$

$\frac{a_4}{a_2}+\frac{a_2}{a_1}=30$에서

$\frac{k^4}{k^2}+\frac{k^2}{k}=30$

$k^2+k=30$

$k^2+k-30=0$

$(k+6)(k-5)=0$

$k>0$이므로

$k=5$

답 ⑤

24

등비수열 $\{a_n\}$의 공비를 r이라 하면

$\frac{a_3}{a_2}=r=2$이고,

첫째항이 $\frac{1}{8}$이므로 등비수열 $\{a_n\}$의 일반항은

$a_n=\frac{1}{8}\times 2^{n-1}$

따라서 $a_5=\frac{1}{8}\times 2^{5-1}=2$

답 ④

25

등차수열 $\{a_n\}$의 공차가 3이고, 등비수열 $\{b_n\}$의 공비가 2이므로

$a_2=b_2$에서 $a_1+3=b_1\times 2$

즉, $a_1-2b_1=-3$ ······ ㉠

$a_4=b_4$에서 $a_1+3\times 3=b_1\times 2^3$

즉, $a_1-8b_1=-9$ ······ ㉡

㉠, ㉡을 연립하여 풀면

$a_1=-1,\ b_1=1$

따라서 $a_1+b_1=0$

답 ③

26

등비수열 $\{a_n\}$의 모든 항이 양수이므로 공비를 $r\ (r>0)$이라 하면

$a_2+a_3=a_1r+a_1r^2$

$=\frac{1}{4}r+\frac{1}{4}r^2=\frac{3}{2}$

$r^2+r-6=0$

$(r+3)(r-2)=0$

$r>0$이므로 $r=2$

따라서

$a_6+a_7=a_1r^5+a_1r^6=\frac{1}{4}\times 2^5+\frac{1}{4}\times 2^6=24$

답 ③

27

등비수열 $\{a_n\}$의 공비를 r이라 하면

$a_6=16$

이므로

$a_8=a_6\times r^2=16r^2,\ a_7=a_6\times r=16r$

$2a_8-3a_7=32$이므로

$2\times 16r^2-3\times 16r=32$

$2r^2-3r-2=0$

$(2r+1)(r-2)=0$

$a_1a_2<0$에서 $r<0$이므로 $r=-\frac{1}{2}$

따라서

$a_9+a_{11}=a_6\times r^3+a_6\times r^5$

$=16\times\left(-\frac{1}{8}\right)+16\times\left(-\frac{1}{32}\right)$

$=-2+\left(-\frac{1}{2}\right)$

$=-\frac{5}{2}$

답 ①

28

등비수열 $\{a_n\}$의 공비를 $r\ (r>0)$이라 하면

$a_n=r^{n-1}$

$a_3=a_2+6$에서 $r^2=r+6$

$r^2-r-6=0,\ (r+2)(r-3)=0$

$r>0$이므로 $r=3$

따라서 $a_4=r^3=27$

답 ④

29

$a_1a_3=(a_2)^2=4,\ a_3a_5=(a_4)^2=64$에서 모든 항이 양수이므로

$a_2=2,\ a_4=8$

등비수열 $\{a_n\}$의 공비는 2이므로

$a_6=8\times 2^2=32$

답 ③

30

등비수열 $\{a_n\}$의 첫째항을 a, 공비를 r이라 하면

$a_2a_3=ar\times ar^2=a^2r^3=2$ ······ ㉠

$a_4=ar^3=4$ ······ ㉡

㉠을 ㉡으로 나누면

$a=\frac{1}{2}$

이것을 ㉡에 대입하면

$\frac{1}{2}r^3=4$에서 $r^3=8$

r은 실수이므로

$r=2$

따라서

$a_6=ar^5=\frac{1}{2}\times 2^5=2^4=16$

답 ④

31

등비수열 $\{a_n\}$의 공비를 r이라 하면

$a_2a_4=36$

에서 $a_1=2$이므로

$2r \times 2r^3 = 36$

즉, $r^4 = 9$

따라서 $\frac{a_7}{a_3} = \frac{a_1 r^6}{a_1 r^2} = r^4 = 9$

답 ⑤

32

등비수열 $\{a_n\}$의 공비를 $r\ (r>0)$이라 하면

$a_2 + a_4 = 30$ …… ㉠

한편, $a_4 + a_6 = \frac{15}{2}$에서

$r^2(a_2 + a_4) = \frac{15}{2}$ …… ㉡

㉠을 ㉡에 대입하면

$r^2 \times 30 = \frac{15}{2}$, $r^2 = \frac{1}{4}$

$r > 0$이므로 $r = \frac{1}{2}$

㉠에서

$a_1 r + a_1 r^3 = 30$

$a_1 \times \frac{1}{2} + a_1 \times \left(\frac{1}{2}\right)^3 = 30$

$a_1 \times \frac{5}{8} = 30$

따라서 $a_1 = 30 \times \frac{8}{5} = 48$

답 ①

33

문제에서 제시된 세 번째 줄의 4와 인접한 아래쪽 칸의 수는 주어진 규칙에 의해 4의 2배인 8이다.

규칙으로부터 네 번째 줄의 8과 인접한 왼쪽 칸의 수는 그 수를 2배하여 8이 되어야 하므로 4이다.

이와 같은 방식으로 네 번째 줄에 있는 수를 모두 구하여 왼쪽부터 차례대로 나열하면 1, 2, 4, 8, 16, 32, 64이다.

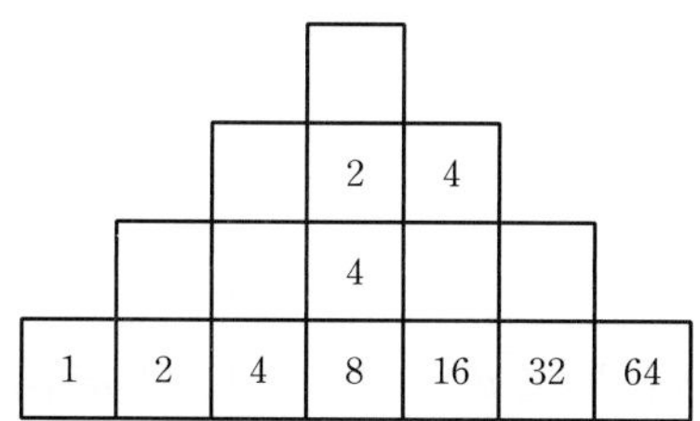

그러므로 네 번째 줄에 있는 모든 수의 합은 첫째항이 1이고 공비가 2인 등비수열의 첫째항부터 제7항까지의 합이다.

따라서 구하는 값은

$\frac{1 \times (2^7 - 1)}{2 - 1} = 127$

답 ②

34

등비수열 $\{a_n\}$의 공비를 r이라 하면

$a_7 = 4a_6 - 16$에서

$a_5 r^2 = 4a_5 r - 16$

$4r^2 = 4 \times 4r - 16$

$r^2 - 4r + 4 = 0$, $(r-2)^2 = 0$, $r = 2$

따라서 $a_8 = a_5 r^3 = 4 \times 2^3 = 32$

답 ①

35

등비수열 $\{a_n\}$의 첫째항을 a, 공비를 r이라 하면

$\frac{a_3 a_8}{a_6} = 12$에서

$\frac{ar^2 \times ar^7}{ar^5} = 12$, $ar^4 = 12$

즉, $a_5 = 12$

$a_5 + a_7 = 36$에서 $a_7 = 24$이므로

$r^2 = \frac{a_7}{a_5} = \frac{24}{12} = 2$

따라서 $a_{11} = a_5 r^6 = 12 \times 2^3 = 96$

답 ⑤

36

등비수열 $\{a_n\}$의 공비를 r, $a_1 = a$라 하면 $a_2 = 36$에서

$ar = 36$ …… ㉠

또, $a_7 = \frac{1}{3} a_5$에서

$ar^6 = \frac{1}{3} ar^4$

$r^2 = \frac{1}{3}$ …… ㉡

따라서 ㉠, ㉡에서

$a_6 = ar^5 = ar \times r^4 = 36 \times \left(\frac{1}{3}\right)^2 = 4$

답 4

37

등비수열 $\{a_n\}$의 공비를 $r\ (r>1)$이라 하면

조건 (가)에서 $ar^2 \times ar^4 \times ar^6 = 125$

$(ar^4)^3 = 5^3$, 즉 $ar^4 = 5$

조건 (나)에서

$\frac{ar^3 + ar^7}{ar^5} = \frac{13}{6}$, $\frac{1}{r^2} + r^2 = \frac{13}{6}$

Ⅲ 수열

$r^2=X$로 치환하면 $X+\frac{1}{X}=\frac{13}{6}$에서

$6X^2-13X+6=0$, $(2X-3)(3X-2)=0$

$X=\frac{3}{2}$ 또는 $X=\frac{2}{3}$에서 $r^2=\frac{3}{2}$ 또는 $r^2=\frac{2}{3}$

$r>1$이므로 $r^2=\frac{3}{2}$

따라서 $a_9=ar^8=ar^4\times r^4=5\times\left(\frac{3}{2}\right)^2=\frac{45}{4}$

답 ②

38

등비수열 $\{a_n\}$의 공비를 r $(r>1)$이라 하면

$S_4=\frac{a_1(r^4-1)}{r-1}$, $S_2=\frac{a_1(r^2-1)}{r-1}$이므로

$\frac{S_4}{S_2}=\frac{r^4-1}{r^2-1}=r^2+1=5$, $r^2=4$

$r>1$이므로 $r=2$

$a_5=a_1\times r^4=a_1\times16=48$이므로 $a_1=3$

$a_4=a_1\times r^3=3\times8=24$

따라서 $a_1+a_4=3+24=27$

답 ⑤

39

모든 자연수 n에 대하여

$S_{n+3}-S_n=13\times3^{n-1}$

이 성립하고

$S_{n+3}-S_n=a_{n+1}+a_{n+2}+a_{n+3}$

이므로 모든 자연수 n에 대하여

$a_{n+1}+a_{n+2}+a_{n+3}=13\times3^{n-1}$ …… ㉠

이 성립한다.

㉠에 $n=1$을 대입하면

$a_2+a_3+a_4=13$

이므로 등비수열 $\{a_n\}$의 공비를 r이라 하면

$a_1r+a_1r^2+a_1r^3=13$

$a_1r(1+r+r^2)=13$ …… ㉡

또, ㉠에 $n=2$를 대입하면

$a_3+a_4+a_5=13\times3=39$

이므로

$a_1r^2+a_1r^3+a_1r^4=39$

$a_1r^2(1+r+r^2)=39$ …… ㉢

㉢÷㉡을 하면

$\frac{a_1r^2(1+r+r^2)}{a_1r(1+r+r^2)}=\frac{39}{13}$

에서 $r=3$

$r=3$을 ㉡에 대입하면

$a_1\times3\times(1+3+9)=13$

에서 $a_1=\frac{1}{3}$

따라서 $a_4=a_1r^3=\frac{1}{3}\times3^3=9$

답 9

40

등비수열 $\{a_n\}$의 공비를 r이라 하면

$\frac{a_{16}}{a_{14}}+\frac{a_8}{a_7}=r^2+r$

$r^2+r=12$

$(r+4)(r-3)=0$

$r>0$이므로 $r=3$

따라서

$\frac{a_3}{a_1}+\frac{a_6}{a_3}=r^2+r^3=3^2+3^3=9+27=36$

답 36

41

(i) $x\neq1$일 때

$$f(x)=(1+x^4+x^8+x^{12})(1+x+x^2+x^3)=\frac{(x^4)^4-1}{x^4-1}\times\frac{x^4-1}{x-1}=\frac{x^{16}-1}{x-1}$$

(ii) $x=1$일 때

$f(1)=4\times4=16$

따라서

$$\frac{f(2)}{\{f(1)-1\}\{f(1)+1\}}=\frac{2^{16}-1}{(16-1)(16+1)}=\frac{(2^8-1)(2^8+1)}{(2^4-1)(2^4+1)}=2^8+1=257$$

답 257

42

등차수열 $\{a_n\}$의 공차를 d, 등비수열 $\{b_n\}$의 공비를 r이라 하면

$a_n=3+(n-1)d$

$b_n=3r^{n-1}$

$b_3=-a_2$를 $a_2+b_2=a_3+b_3$에 대입하면

$a_2+b_2=a_3-a_2=d$

그러므로 $3+d+3r=d$, $3r=-3$에서

$r=-1$ …… ㉠

$b_3=-a_2$에서
$3r^2=-(3+d)$ ...... ㉡
㉡에 ㉠을 대입하면
$3\times(-1)^2=-3-d$에서
$d=-6$
따라서 $a_3=3+2\times(-6)=-9$

답 ①

43

조건 (가), (나)에서
수열 $\{|a_n|\}$은 첫째항이 2, 공비가 2인 등비수열이므로
$|a_n|=2^n$
한편, $\sum_{k=1}^{9}|a_k|=\sum_{k=1}^{9}2^k=\frac{2(2^9-1)}{2-1}=2^{10}-2$
이므로 조건 (다)에서 $\sum_{k=1}^{10}a_k=-14$를 만족하기 위해서는
$a_{10}=-2^{10}=-1024$임을 알 수 있다.
즉, $\sum_{k=1}^{10}a_k=\sum_{k=1}^{9}|a_k|-1024=-2$이고, $\sum_{k=1}^{10}a_k=-14$를 만족하기 위해서는 $a_1=-2$, $a_2=-4$이어야 한다.
즉,

$$\sum_{k=1}^{10}a_k=-2-4+\sum_{k=3}^{9}2^k-1024$$
$$=-6+\frac{2^3(2^7-1)}{2-1}-1024=-14$$

이므로 조건 (다)를 만족시킨다.
따라서
$a_1+a_3+a_5+a_7+a_9=(-2)+2^3+2^5+2^7+2^9=678$

답 678

44

점 A의 x좌표는 64이고 점 Q_1의 x좌표는 x_1이다.
이때 두 점 A와 P_1의 y좌표가 같으므로
$2^{64}=16^{x_1}$에서
$2^{64}=2^{4x_1}$
$4x_1=64$에서
$x_1=16$
같은 방법으로 모든 자연수 n에 대하여 두 점 P_n, Q_n의 x좌표는 x_n으로 서로 같고, 두 점 Q_n, P_{n+1}의 y좌표는 같으므로
$2^{x_n}=16^{x_{n+1}}$
즉, $2^{x_n}=2^{4x_{n+1}}$이므로
$x_{n+1}=\frac{1}{4}x_n$
따라서 수열 $\{x_n\}$은 첫째항이 16, 공비가 $\frac{1}{4}$인 등비수열이므로
$x_n=16\times\left(\frac{1}{4}\right)^{n-1}=2^4\times2^{-2n+2}=2^{6-2n}$
한편, $x_n<\frac{1}{k}$을 만족시키는 n의 최솟값이 6이므로
$x_5\geq\frac{1}{k}$이고 $x_6<\frac{1}{k}$
어어야 한다.
$x_5\geq\frac{1}{k}$에서 $2^{-4}\geq\frac{1}{k}$
즉, $\frac{1}{16}\geq\frac{1}{k}$에서 $k\geq16$ ...... ㉠
$x_6<\frac{1}{k}$에서 $2^{-6}<\frac{1}{k}$
즉, $\frac{1}{64}<\frac{1}{k}$에서 $k<64$ ...... ㉡
㉠, ㉡에서 $16\leq k<64$이므로
따라서 자연수 k의 개수는
$64-16=48$

답 ①

45

등비수열 $\{a_n\}$의 첫째항을 a, 공비를 r이라 하면
$a_n=ar^{n-1}$이므로
$a_3+a_2=ar^2+ar=1$ ...... ㉠
$a_6-a_4=ar^5-ar^3=(ar^2+ar)\times r^2(r-1)=18$ ...... ㉡
㉠을 ㉡에 대입하면
$r^2(r-1)=18$, $r^3-r^2-18=0$
$(r-3)(r^2+2r+6)=0$
$r^2+2r+6=(r+1)^2+5>0$이므로
$r-3=0$에서 $r=3$
㉠에 $r=3$을 대입하면
$a\times3^2+a\times3=12a=1$, $a=\frac{1}{12}$
따라서 $a_1=\frac{1}{12}$이므로
$\frac{1}{a_1}=12$

답 12

46

$a_1=1$이므로 등비수열 $\{a_n\}$의 공비를 r이라 하면
$a_n=1\times r^{n-1}=r^{n-1}$
이때

$$\frac{S_6}{S_3}=\frac{\frac{r^6-1}{r-1}}{\frac{r^3-1}{r-1}}=\frac{r^6-1}{r^3-1}=\frac{(r^3+1)(r^3-1)}{r^3-1}$$
$$=r^3+1 \quad \cdots\cdots ㉠$$

Ⅲ 수열

또, $2a_4-7=2r^3-7$ …… ㉡

㉠과 ㉡이 같아야 하므로

$r^3+1=2r^3-7$

$r^3=8$

따라서 $a_7=r^6=8^2=64$

답 64

유형 3 수열의 합과 일반항의 관계

47

$a_1=S_1=-1$

$n\geq2$일 때

$a_n=S_n-S_{n-1}$

$=(2n^2-3n)-\{2(n-1)^2-3(n-1)\}$

$=4n-5$

그러므로 $a_n=4n-5\ (n\geq1)$

$a_n>100$에서

$4n-5>100,\ n>\frac{105}{4}=26.25$

따라서 자연수 n의 최솟값은 27이다.

답 ②

48

등차수열 $\{a_n\}$의 첫째항부터 제n항까지의 합을 S_n이라 하면

$S_1=1^2-5\times1=-4$

$S_2=2^2-5\times2=-6$

그러므로 $a_2=S_2-S_1=-6-(-4)=-2$

따라서 $a_1+d=a_2=-2$

답 ②

49

$S_3-S_2=a_3$이므로

$a_6=2a_3$

등차수열 $\{a_n\}$의 공차를 d라 하면 $a_1=2$이므로

$2+5d=2(2+2d)$

$2+5d=4+4d,\ d=2$

따라서 $a_{10}=2+9\times2=20$이므로

$S_{10}=\frac{10(a_1+a_{10})}{2}=\frac{10\times(2+20)}{2}=110$

답 ②

50

등비수열 $\{a_n\}$의 공비를 $r\ (r>0)$이라 하면

$S_4-S_2=a_3+a_4=a_1r^2(1+r)$

$S_6-S_4=a_5+a_6=a_1r^4(1+r)$

$4(S_4-S_2)=S_6-S_4$이므로

$4a_1r^2(1+r)=a_1r^4(1+r)$

$a_1\neq0$이고 $r^2=4$이므로 $r=2$

$a_3=12$에서 $a_1\times2^2=12,\ a_1=3$

따라서

$S_3=a_1+a_2+a_3=3+3\times2+3\times2^2=21$

답 ②

51

$S_4-S_2=a_3+a_4$이므로

$a_3+a_4=3a_4,\ a_3=2a_4$

등비수열 $\{a_n\}$의 공비를 r이라 하면

$a_5=\frac{3}{4}$에서 $r\neq0$이고

$a_3=2a_4$에서

$r=\frac{a_4}{a_3}=\frac{a_4}{2a_4}=\frac{1}{2}$

$a_5=a_1r^4$에서

$a_1=a_5\times\frac{1}{r^4}=\frac{3}{4}\times2^4=12$

$a_2=a_1r=12\times\frac{1}{2}=6$

따라서

$a_1+a_2=12+6=18$

답 ④

52

$S_4-S_3=2$이므로

$a_4=2$

$S_6-S_5=50$이므로

$a_6=50$

등비수열 $\{a_n\}$의 공비를 r이라 하면

$a_6=a_4r^2$이므로

$r^2=\frac{a_6}{a_4}=\frac{50}{2}=25$

모든 항이 양수이므로 $r>0$

즉, $r=5$

따라서

$a_5=a_4\times r=2\times5=10$

답 10

유형 4 ∑의 성질과 여러 가지 수열의 합

53

$$\sum_{k=1}^{5}(2a_k-b_k+4)=2\sum_{k=1}^{5}a_k-\sum_{k=1}^{5}b_k+\sum_{k=1}^{5}4$$
$$=2\times8-9+4\times5$$
$$=27$$

답 ⑤

54

$\sum_{k=1}^{10}(2a_k+3)=2\sum_{k=1}^{10}a_k+\sum_{k=1}^{10}3=2\sum_{k=1}^{10}a_k+30$

따라서 $2\sum_{k=1}^{10}a_k+30=60$이므로

$\sum_{k=1}^{10}a_k=15$

답 ②

55

$$\sum_{k=1}^{5}(a_k+1)=\sum_{k=1}^{5}a_k+\sum_{k=1}^{5}1$$
$$=\sum_{k=1}^{5}a_k+1\times5$$
$$=9$$

에서

$\sum_{k=1}^{5}a_k=9-5=4$

따라서

$\sum_{k=1}^{6}a_k=\sum_{k=1}^{5}a_k+a_6=4+4=8$

답 ③

56

$\sum_{k=1}^{10}(a_k-b_k+2)=50$에서

$\sum_{k=1}^{10}a_k-\sum_{k=1}^{10}b_k=30$ ...... ㉠

$\sum_{k=1}^{10}(a_k-2b_k)=-10$에서

$\sum_{k=1}^{10}a_k-2\sum_{k=1}^{10}b_k=-10$ ...... ㉡

㉠, ㉡에서 $\sum_{k=1}^{10}a_k=70$, $\sum_{k=1}^{10}b_k=40$

따라서

$\sum_{k=1}^{10}(a_k+b_k)=\sum_{k=1}^{10}a_k+\sum_{k=1}^{10}b_k=110$

답 110

57

$\sum_{k=1}^{5}(3a_k+5)=55$에서

$3\sum_{k=1}^{5}a_k+25=55$, $\sum_{k=1}^{5}a_k=10$

$\sum_{k=1}^{5}(a_k+b_k)=32$에서

$\sum_{k=1}^{5}a_k+\sum_{k=1}^{5}b_k=32$

따라서

$\sum_{k=1}^{5}b_k=-\sum_{k=1}^{5}a_k+32=-10+32=22$

답 22

58

$$\sum_{k=1}^{10}(4k+a)=4\sum_{k=1}^{10}k+10a$$
$$=4\times\frac{10\times11}{2}+10a$$
$$=220+10a$$

즉, $220+10a=250$이므로

$10a=30$

따라서 $a=3$

답 3

59

$$\sum_{k=1}^{9}(ak^2-10k)=a\sum_{k=1}^{9}k^2-10\sum_{k=1}^{9}k$$
$$=a\times\frac{9\times10\times19}{6}-10\times\frac{9\times10}{2}$$
$$=285a-450$$
$$=120$$

$285a=570$

따라서 $a=2$

답 2

60

자연수 k에 대하여

$n=2k-1$일 때,

$a_n=a_{2k-1}=\frac{\{(2k-1)+1\}^2}{2}=2k^2$

$n=2k$일 때,

$a_n=a_{2k}=\frac{(2k)^2}{2}+2k+1=2k^2+2k+1$

따라서

Ⅲ 수열

$$\sum_{n=1}^{10} a_n = \sum_{k=1}^{5} a_{2k-1} + \sum_{k=1}^{5} a_{2k}$$
$$= \sum_{k=1}^{5} 2k^2 + \sum_{k=1}^{5} (2k^2+2k+1)$$
$$= \sum_{k=1}^{5} \{2k^2+(2k^2+2k+1)\}$$
$$= \sum_{k=1}^{5} (4k^2+2k+1)$$
$$= 4\sum_{k=1}^{5} k^2 + 2\sum_{k=1}^{5} k + \sum_{k=1}^{5} 1$$
$$= 4 \times \frac{5\times6\times11}{6} + 2\times\frac{5\times6}{2} + 1\times5$$
$$= 255$$

답 ⑤

61

$$\sum_{k=1}^{6} (k+1)^2 - \sum_{k=1}^{5} (k-1)^2 = 7^2 + \sum_{k=1}^{5} (k+1)^2 - \sum_{k=1}^{5} (k-1)^2$$
$$= 49 + \sum_{k=1}^{5} \{(k+1)^2-(k-1)^2\}$$
$$= 49 + 4\sum_{k=1}^{5} k$$
$$= 49 + 4\times\frac{5\times6}{2}$$
$$= 109$$

답 109

62

$$\sum_{k=1}^{9} (k+1)^2 - \sum_{k=1}^{10} (k-1)^2$$
$$= (2^2+3^2+\cdots+10^2) - (0^2+1^2+\cdots+9^2)$$
$$= 10^2 - 1^2 = 100 - 1 = 99$$

답 ⑤

63

등차수열 $\{a_n\}$의 공차를 d라 하면

$$\sum_{k=1}^{5} a_k = 55$$

에서

$$\frac{5(6+4d)}{2} = 55,\ d=4$$

즉, $a_n = 3+(n-1)\times4 = 4n-1$이므로

$$\sum_{k=1}^{5} k(a_k-3) = \sum_{k=1}^{5} k(4k-4) = 4\sum_{k=1}^{5} (k^2-k)$$
$$= 4\times\left(\frac{5\times6\times11}{6} - \frac{5\times6}{2}\right)$$
$$= 160$$

답 160

64

$$\sum_{k=1}^{5} ca_k = c\sum_{k=1}^{5} a_k = 10c$$

이고 $\sum_{k=1}^{5} c = 5c$이므로

$$\sum_{k=1}^{5} ca_k = 65 + \sum_{k=1}^{5} c$$

에서

$10c = 65+5c$, $5c = 65$

따라서 $c=13$

답 13

65

$$\sum_{k=1}^{n} (a_k - a_{k+1}) = (a_1-a_2)+(a_2-a_3)+\cdots+(a_n-a_{n+1})$$
$$= a_1 - a_{n+1} = -n^2+n$$

$1-a_{n+1} = -n^2+n$

$a_{n+1} = n^2-n+1$

따라서 $a_{11} = 10^2-10+1 = 91$

답 ②

66

$$\sum_{k=1}^{n} \frac{a_{k+1}-a_k}{a_k a_{k+1}} = \sum_{k=1}^{n} \left(\frac{1}{a_k} - \frac{1}{a_{k+1}}\right)$$
$$= \frac{1}{a_1} - \frac{1}{a_{n+1}}$$
$$= -\frac{1}{4} - \frac{1}{a_{n+1}}$$
$$= \frac{1}{n}$$

이때 $\frac{1}{a_{n+1}} = -\frac{1}{n} - \frac{1}{4}$이므로 $n=12$를 대입하면

$$\frac{1}{a_{13}} = -\frac{1}{12} - \frac{1}{4} = -\frac{1}{3}$$

따라서

$a_{13} = -3$

답 ④

67

$$\sum_{k=1}^{10} (a_k - b_k) = \sum_{k=1}^{10} \{(2a_k-b_k)-a_k\}$$
$$= \sum_{k=1}^{10} (2a_k-b_k) - \sum_{k=1}^{10} a_k$$
$$= 34 - 10$$
$$= 24$$

답 24

68

등차수열 $\{a_n\}$의 첫째항과 공차가 같으므로 $a_1=a$라 하면

$a_n=a+(n-1)\times a=an$

$$\sum_{k=1}^{15}\frac{1}{\sqrt{a_k}+\sqrt{a_{k+1}}}$$
$$=\sum_{k=1}^{15}\frac{1}{\sqrt{ak}+\sqrt{a(k+1)}}$$
$$=\sum_{k=1}^{15}\frac{\sqrt{a(k+1)}-\sqrt{ak}}{a}$$
$$=\frac{1}{a}\sum_{k=1}^{15}(\sqrt{a(k+1)}-\sqrt{ak})$$
$$=\frac{1}{a}\{(\sqrt{2a}-\sqrt{a})+(\sqrt{3a}-\sqrt{2a})+\cdots+(\sqrt{16a}-\sqrt{15a})\}$$
$$=\frac{1}{a}(4\sqrt{a}-\sqrt{a})$$
$$=\frac{3\sqrt{a}}{a}=\frac{3}{\sqrt{a}}=2$$

따라서 $2\sqrt{a}=3$, $a=\frac{9}{4}$이므로

$a_4=4a=4\times\frac{9}{4}=9$

답 ④

69

$S_n=\frac{1}{n(n+1)}=\frac{1}{n}-\frac{1}{n+1}$이므로

$$\sum_{k=1}^{10}S_k=\sum_{k=1}^{10}\left(\frac{1}{k}-\frac{1}{k+1}\right)$$
$$=\left(\frac{1}{1}-\frac{1}{2}\right)+\left(\frac{1}{2}-\frac{1}{3}\right)+\cdots+\left(\frac{1}{10}-\frac{1}{11}\right)$$
$$=1-\frac{1}{11}=\frac{10}{11}$$

한편, $\sum_{k=1}^{10}a_k=S_{10}=\frac{1}{10\times11}=\frac{1}{110}$이므로

$$\sum_{k=1}^{10}(S_k-a_k)=\sum_{k=1}^{10}S_k-\sum_{k=1}^{10}a_k=\frac{10}{11}-\frac{1}{110}=\frac{99}{110}=\frac{9}{10}$$

답 ⑤

70

등비수열 $\{a_n\}$의 공비를 r이라 하면

$\frac{a_5}{a_3}=r^2=9$

이때 $r>0$이므로 $r=3$

따라서 $a_n=2\times3^{n-1}$이므로

$$\sum_{k=1}^{4}a_k=\sum_{k=1}^{4}(2\times3^{k-1})=\frac{2(3^4-1)}{3-1}=80$$

답 80

71

$\sum_{k=1}^{10}a_k-\sum_{k=1}^{7}\frac{a_k}{2}=56$ ...... ㉠

$\sum_{k=1}^{10}2a_k-\sum_{k=1}^{8}a_k=100$에서

$\sum_{k=1}^{10}a_k-\sum_{k=1}^{8}\frac{a_k}{2}=50$ ...... ㉡

㉠－㉡을 하면 $\frac{a_8}{2}=6$

따라서 $a_8=12$

답 12

72

$\sum_{k=1}^{10}a_k=A$, $\sum_{k=1}^{9}a_k=B$라 하면

$\sum_{k=1}^{9}2a_k=2\sum_{k=1}^{9}a_k=2B$

$A+B=137$, $A-2B=101$

에서 $A=125$, $B=12$이다.

따라서 $a_{10}=\sum_{k=1}^{10}a_k-\sum_{k=1}^{9}a_k=A-B=113$

답 113

73

x에 대한 이차방정식

$(n^2+6n+5)x^2-(n+5)x-1=0$

의 두 근의 합이 a_n이므로

이차방정식의 근과 계수의 관계에 의하여

$$a_n=-\frac{-(n+5)}{n^2+6n+5}=\frac{n+5}{(n+5)(n+1)}=\frac{1}{n+1}$$

따라서

$$\sum_{k=1}^{10}\frac{1}{a_k}=\sum_{k=1}^{10}(k+1)=\sum_{k=1}^{10}k+\sum_{k=1}^{10}1$$
$$=\frac{10(10+1)}{2}+1\times10=65$$

답 ①

74

$\sum_{k=1}^{10}(a_k+2b_k)=45$에서

$\sum_{k=1}^{10}a_k+2\sum_{k=1}^{10}b_k=45$ ...... ㉠

$\sum_{k=1}^{10}(a_k-b_k)=3$에서

$\sum_{k=1}^{10}a_k-\sum_{k=1}^{10}b_k=3$ ...... ㉡

㉠－㉡을 하면

$3\sum_{k=1}^{10}b_k=42$, $\sum_{k=1}^{10}b_k=14$

Ⅲ 수열

따라서

$\sum_{k=1}^{10}\left(b_k-\frac{1}{2}\right)=\sum_{k=1}^{10}b_k-10\times\frac{1}{2}=14-5=9$

답 9

75

$\sum_{n=1}^{9}ca_n=c\times\sum_{n=1}^{9}a_n$, $\sum_{n=1}^{9}(a_n+c)=\sum_{n=1}^{9}a_n+\sum_{n=1}^{9}c$

$\sum_{n=1}^{9}a_n=A$라 하면

$cA=16$ …… ㉠

$A+9c=24$ …… ㉡

㉠, ㉡을 연립하여 풀면

$A^2-24A+144=0$, $(A-12)^2=0$, $A=12$

따라서 $\sum_{n=1}^{9}a_n=12$

답 12

76

$x^2-5nx+4n^2=0$에서 $(x-n)(x-4n)=0$

$x=n$ 또는 $x=4n$

따라서

$$\sum_{n=1}^{7}(1-\alpha_n)(1-\beta_n)=\sum_{n=1}^{7}(1-n)(1-4n)$$
$$=\sum_{n=1}^{7}(1-5n+4n^2)$$
$$=7-5\times\frac{7\times8}{2}+4\times\frac{7\times8\times15}{6}$$
$$=427$$

답 427

77

$\sum_{k=1}^{5}k^2=\frac{5\times6\times11}{6}=55$

답 55

78

등차수열 $\{a_n\}$의 공차를 d $(d>0)$라 하면

$a_5=5$이므로 $a_3=5-2d$, $a_4=5-d$, $a_6=5+d$, $a_7=5+2d$

그러므로

$$\sum_{k=3}^{7}|2a_k-10|=|2a_3-10|+|2a_4-10|+|2a_5-10|+|2a_6-10|+|2a_7-10|$$
$$=|-4d|+|-2d|+0+|2d|+|4d|$$
$$=12d=20$$

따라서 $d=\frac{5}{3}$이므로

$a_6=5+d=\frac{20}{3}$

답 ②

79

등차수열 $\{a_n\}$의 공차를 d $(d<0)$라 하자.

a_6, d가 모두 정수이므로 등차수열 $\{a_n\}$의 모든 항은 정수이다.

$d=a_6-a_5=-2-a_5$이고 $d<0$이므로 $a_5>-2$

즉, $a_5=-1$ 또는 a_5는 음이 아닌 정수이다.

(i) $a_5=-1$일 때

$d=-2-a_5=-1$이므로 $a_n=-n+4$

$\sum_{k=1}^{8}a_k=-4$, $\sum_{k=1}^{8}|a_k|=16$이므로

$\sum_{k=1}^{8}|a_k|=\sum_{k=1}^{8}a_k+42$ …… ㉠

이 성립하지 않는다.

(ii) a_5는 음이 아닌 정수일 때

$n\le5$일 때 $a_n\ge0$이고 $|a_n|=a_n$

$n\ge6$일 때 $a_n<0$이고 $|a_n|=-a_n$

㉠에서 $-a_6-a_7-a_8=a_6+a_7+a_8+42$

$a_6+a_7+a_8=-21$

$a_6+(a_6+d)+(a_6+2d)=-21$, $a_6+d=-7$

$a_6=-2$이므로 $d=-5$

(i), (ii)에서 $d=-5$이고 $a_1=a_6-5d=-2+25=23$이다.

따라서

$\sum_{k=1}^{8}a_k=\frac{8\times\{2\times23+7\times(-5)\}}{2}=44$

답 ②

80

$\sum_{k=1}^{10}a_k=\sum_{k=1}^{10}(2b_k-1)=2\sum_{k=1}^{10}b_k-10$ …… ㉠

$\sum_{k=1}^{10}(3a_k+b_k)=33$에서

$3\sum_{k=1}^{10}a_k+\sum_{k=1}^{10}b_k=33$

$\sum_{k=1}^{10}b_k=-3\sum_{k=1}^{10}a_k+33$ …… ㉡

㉠을 ㉡에 대입하면

$\sum_{k=1}^{10}b_k=-3\left(2\sum_{k=1}^{10}b_k-10\right)+33$

$\sum_{k=1}^{10}b_k=-6\sum_{k=1}^{10}b_k+63$, $7\sum_{k=1}^{10}b_k=63$

따라서 $\sum_{k=1}^{10}b_k=9$

답 9

81

$\sum_{k=1}^{10} ka_k=36$에서

$a_1+2a_2+3a_3+\cdots+10a_{10}=36$ ······ ㉠

$\sum_{k=1}^{9} ka_{k+1}=7$에서

$a_2+2a_3+3a_4+\cdots+9a_{10}=7$ ······ ㉡

㉠－㉡을 하면

$$a_1+a_2+a_3+\cdots+a_{10}=\sum_{k=1}^{10} a_k$$
$$=36-7$$
$$=29$$

답 29

다른 풀이

$\sum_{k=1}^{9} ka_{k+1}=7$에서

$$\sum_{k=1}^{9} ka_{k+1}=\sum_{k=1}^{9} \{(k+1)a_{k+1}-a_{k+1}\}$$
$$=\sum_{k=1}^{9} (k+1)a_{k+1}-\sum_{k=1}^{9} a_{k+1}$$
$$=\sum_{k=2}^{10} ka_k-\sum_{k=2}^{10} a_k=7$$

즉, $\sum_{k=2}^{10} ka_k=\sum_{k=2}^{10} a_k+7$

$\sum_{k=1}^{10} ka_k=36$에서

$$\sum_{k=1}^{10} ka_k=a_1+\sum_{k=2}^{10} ka_k$$
$$=a_1+\sum_{k=2}^{10} a_k+7$$
$$=\sum_{k=1}^{10} a_k+7=36$$

따라서

$\sum_{k=1}^{10} a_k=36-7=29$

82

$a_n+a_{n+4}=12$이므로

$$\sum_{n=1}^{8} a_n=\sum_{n=1}^{4} (a_n+a_{n+4})$$
$$=\sum_{n=1}^{4} 12=12\times 4=48$$
$$\sum_{n=9}^{16} a_n=\sum_{n=9}^{12} (a_n+a_{n+4})$$
$$=\sum_{n=9}^{12} 12=12\times 4=48$$

따라서

$$\sum_{n=1}^{16} a_n=\sum_{n=1}^{4} (a_n+a_{n+4})+\sum_{n=9}^{12} (a_n+a_{n+4})$$
$$=48+48$$
$$=96$$

답 96

83

도형 R의 넓이가 3이므로 $2n$개의 도형 R을 겹치지 않게 빈틈없이 붙여서 만든 직사각형의 넓이는 $6n$이다.

따라서 $a_n=6n$이므로

$$\sum_{n=10}^{15} a_n=\sum_{n=10}^{15} 6n=\sum_{n=1}^{15} 6n-\sum_{n=1}^{9} 6n$$
$$=6\times\frac{15\times 16}{2}-6\times\frac{9\times 10}{2}$$
$$=450$$

답 ⑤

84

(i) $k=1,\ 4,\ 9,\ 16$일 때

$f(1)=1$이고 $f(x+1)=f(x)$이므로

$f(1)=f(2)=f(3)=f(4)=1$에서

$f(\sqrt{k})=1$

(ii) $k\neq 1,\ 4,\ 9,\ 16$일 때

$f(\sqrt{k})=3$

따라서

$\sum_{k=1}^{20} k=\frac{20\times 21}{2}=210$이고, $1+4+9+16=30$이므로

$$\sum_{k=1}^{20} \frac{k\times f(\sqrt{k})}{3}=\sum_{k=1}^{20} \left\{k\times\frac{f(\sqrt{k})}{3}\right\}$$
$$=(1+4+9+16)\times\frac{1}{3}$$
$$+\left\{\sum_{k=1}^{20} k-(1+4+9+16)\right\}\times\frac{3}{3}$$
$$=30\times\frac{1}{3}+(210-30)\times\frac{3}{3}$$
$$=10+180=190$$

답 ⑤

85

등차수열 $\{a_n\}$의 공차가 양수이고 조건 (가)에서

$a_5\times a_7<0$이므로

$a_5<0,\ a_7>0$

즉, $n\leq 5$일 때 $a_n<0$이고, $n\geq 7$일 때 $a_n>0$이다.

이때 조건 (나)에서

$$\sum_{k=1}^{6} |a_{k+6}|=6+\sum_{k=1}^{6} |a_{2k}|$$

이므로

$|a_7|+|a_8|+|a_9|+|a_{10}|+|a_{11}|+|a_{12}|$

$=6+|a_2|+|a_4|+|a_6|+|a_8|+|a_{10}|+|a_{12}|$

$a_7+a_9+a_{11}=6-a_2-a_4+|a_6|$

등차수열 $\{a_n\}$의 공차가 3이므로

Ⅲ 수열

$(a_1+18)+(a_1+24)+(a_1+30)$

$=6-(a_1+3)-(a_1+9)+|a_1+15|$

$|a_1+15|=5a_1+78$ …… ㉠

㉠에서 $a_1+15\ge0$이면

$a_1+15=5a_1+78$

$4a_1=-63$

$a_1=-\frac{63}{4}<-15$

이므로 조건을 만족시키지 않는다.

즉, $a_1+15<0$이므로 ㉠에서

$-a_1-15=5a_1+78$

$6a_1=-93$, $a_1=-\frac{31}{2}$

따라서

$a_{10}=a_1+9\times3=-\frac{31}{2}+27=\frac{23}{2}$

답 ③

86

n이 홀수이면 $n^2-16n+48$은 홀수이므로 홀수의 n제곱근 중 실수인 것의 개수는 항상 1이다.

즉, $f(3)=f(5)=f(7)=f(9)=1$

n이 짝수이면 $n^2-16n+48$은 짝수이므로 다음과 같은 경우로 나누어 생각할 수 있다.

(i) $n^2-16n+48>0$인 경우

$(n-4)(n-12)>0$에서 $n<4$ 또는 $n>12$

이때 $f(n)=2$이므로

$f(2)=2$

(ii) $n^2-16n+48=0$인 경우

$(n-4)(n-12)=0$에서 $n=4$ 또는 $n=12$

이때 $f(n)=1$이므로

$f(4)=1$

(iii) $n^2-16n+48<0$인 경우

$(n-4)(n-12)<0$에서 $4<n<12$

이때 $f(n)=0$이므로

$f(6)=f(8)=f(10)=0$

따라서

$\sum_{n=2}^{10}f(n)=4\times1+1\times2+1\times1+3\times0=7$

답 ①

87

등비수열 $\{a_n\}$의 첫째항이 양수, 공비가 음수이므로

$a_{2n-1}>0$에서 $|a_{2n-1}|+a_{2n-1}=2a_{2n-1}$

$a_{2n}<0$에서 $|a_{2n}|+a_{2n}=0$

수열 $\{a_{2n-1}\}$은 첫째항이 a_1, 공비가 $(-2)^2=4$인 등비수열이므로

$\sum_{k=1}^{9}(|a_k|+a_k)=2(a_1+a_3+a_5+a_7+a_9)$

$=2\times\frac{a_1(4^5-1)}{4-1}$

$=\frac{2\times1023\times a_1}{3}$

$=682a_1$

따라서 $682a_1=66$이므로

$a_1=\frac{3}{31}$

답 ①

88

$\sum_{k=1}^{n}\frac{1}{(2k-1)a_k}=n^2+2n$에서

$n=1$일 때

$\frac{1}{a_1}=3$이므로 $a_1=\frac{1}{3}$

$n\ge2$일 때

$\frac{1}{(2n-1)a_n}=\sum_{k=1}^{n}\frac{1}{(2k-1)a_k}-\sum_{k=1}^{n-1}\frac{1}{(2k-1)a_k}$

$=n^2+2n-\{(n-1)^2+2(n-1)\}$

$=2n+1$

이므로

$(2n-1)a_n=\frac{1}{2n+1}$에서

$a_n=\frac{1}{(2n-1)(2n+1)}$

이때 $n=1$일 때 $a_1=\frac{1}{3}$이므로

$a_n=\frac{1}{(2n-1)(2n+1)}$ $(n\ge1)$

따라서

$\sum_{n=1}^{10}a_n=\sum_{n=1}^{10}\frac{1}{(2n-1)(2n+1)}$

$=\frac{1}{2}\sum_{n=1}^{10}\left(\frac{1}{2n-1}-\frac{1}{2n+1}\right)$

$=\frac{1}{2}\left\{\left(1-\frac{1}{3}\right)+\left(\frac{1}{3}-\frac{1}{5}\right)+\left(\frac{1}{5}-\frac{1}{7}\right)+\cdots+\left(\frac{1}{19}-\frac{1}{21}\right)\right\}$

$=\frac{1}{2}\left(1-\frac{1}{21}\right)$

$=\frac{1}{2}\times\frac{20}{21}$

$=\frac{10}{21}$

답 ①

89

$\sum_{k=1}^{n} \frac{a_k}{b_{k+1}} = \frac{1}{2}n^2$ …… ㉠

㉠에 $n=1$을 대입하면

$\frac{a_1}{b_2} = \frac{1}{2}$

$a_1=2$이므로 $b_2=4$

등차수열 $\{b_n\}$에서 $b_1=2$, $b_2=4$이므로 $\{b_n\}$은 첫째항이 2, 공차가 2인 등차수열이다.

즉, $b_n=2n$

한편, ㉠의 양변에 n 대신 $n-1$을 대입하면

$\sum_{k=1}^{n-1} \frac{a_k}{b_{k+1}} = \frac{1}{2}(n-1)^2$ …… ㉡

㉠－㉡을 하면

$\frac{a_n}{b_{n+1}} = \frac{1}{2}n^2 - \frac{1}{2}(n-1)^2 = n - \frac{1}{2}$

$b_{n+1}=2(n+1)$이므로

$a_n = 2(n+1)\left(n-\frac{1}{2}\right)$

$= 2n^2+n-1$ $(n \geq 2)$

이때, $a_1=2$이므로

$a_n=2n^2+n-1$

따라서

$\sum_{k=1}^{5} a_k = \sum_{k=1}^{5} (2k^2+k-1)$

$= 2 \times \frac{5\times6\times11}{6} + \frac{5\times6}{2} - 1\times5$

$=120$

답 ①

90

$|a_6|=a_8$에서

$a_6=a_8$ 또는 $-a_6=a_8$ …… ㉠

등차수열 $\{a_n\}$의 공차가 0이 아니므로

$a_6 \neq a_8$ …… ㉡

㉠, ㉡에서 $-a_6=a_8$, 즉 $a_6+a_8=0$ …… ㉢

한편, $|a_6|=a_8$에서

$a_8 \geq 0$이고, $a_6+a_8=0$이므로

$a_6 < 0 < a_8$이다.

즉, 등차수열 $\{a_n\}$의 공차는 양수이다.

등차수열 $\{a_n\}$의 공차를 d $(d>0)$라 하면 ㉢에서

$(a_1+5d)+(a_1+7d)=0$

$a_1=-6d$ …… ㉣

한편, $\sum_{k=1}^{5} \frac{1}{a_k a_{k+1}} = \frac{5}{96}$에서

$\sum_{k=1}^{5} \frac{1}{a_k a_{k+1}}$

$= \sum_{k=1}^{5} \frac{1}{a_{k+1}-a_k}\left(\frac{1}{a_k} - \frac{1}{a_{k+1}}\right)$

$= \sum_{k=1}^{5} \frac{1}{d}\left(\frac{1}{a_k} - \frac{1}{a_{k+1}}\right)$

$= \frac{1}{d}\left\{\left(\frac{1}{a_1}-\frac{1}{a_2}\right)+\left(\frac{1}{a_2}-\frac{1}{a_3}\right)+\left(\frac{1}{a_3}-\frac{1}{a_4}\right)\right.$
$\left.+\left(\frac{1}{a_4}-\frac{1}{a_5}\right)+\left(\frac{1}{a_5}-\frac{1}{a_6}\right)\right\}$

$= \frac{1}{d}\left(\frac{1}{a_1}-\frac{1}{a_6}\right)$

$= \frac{1}{d}\left(\frac{1}{a_1}-\frac{1}{a_1+5d}\right)$

$= \frac{1}{d} \times \frac{5d}{a_1(a_1+5d)}$

$= \frac{5}{a_1(a_1+5d)}$

이므로

$\frac{5}{a_1(a_1+5d)} = \frac{5}{96}$, $a_1(a_1+5d)=96$ …… ㉤

㉣을 ㉤에 대입하면

$-6d \times (-d) = 96$, $d^2=16$

$d>0$이므로 $d=4$

$d=4$를 ㉣에 대입하면

$a_1=-24$

따라서

$\sum_{k=1}^{15} a_k = \frac{15\{2\times(-24)+14\times4\}}{2} = 60$

답 ①

91

$a_n=2n^2-3n+1$이므로

$\sum_{n=1}^{7} (a_n-n^2+n) = \sum_{n=1}^{7} (n^2-2n+1)$

$= \sum_{n=1}^{7} (n-1)^2$

$= \sum_{k=1}^{6} k^2 = \frac{6\times7\times13}{6}$

$=91$

답 91

92

$\sum_{k=1}^{m} a_k$

$= \sum_{k=1}^{m} \log_2 \sqrt{\frac{2(k+1)}{k+2}}$

$= \frac{1}{2} \sum_{k=1}^{m} \log_2 \frac{2(k+1)}{k+2}$

Ⅲ 수열

$=\frac{1}{2}\left\{\log_2 \frac{2\times 2}{3}+\log_2 \frac{2\times 3}{4}+\log_2 \frac{2\times 4}{5}+\cdots+\log_2 \frac{2\times(m+1)}{m+2}\right\}$

$=\frac{1}{2}\log_2\left\{\frac{2\times 2}{3}\times\frac{2\times 3}{4}\times\frac{2\times 4}{5}\times\cdots\times\frac{2\times(m+1)}{m+2}\right\}$

$=\frac{1}{2}\log_2 \frac{2^{m+1}}{m+2}$

$\sum_{k=1}^{m} a_k=N$ (N은 100 이하의 자연수)라 하면

$\frac{1}{2}\log_2 \frac{2^{m+1}}{m+2}=N$

$\frac{2^{m+1}}{m+2}=2^{2N}$, $2^{m+1-2N}=m+2$

따라서 $m+2$는 2의 거듭제곱이어야 한다.

(i) $m+2=2^2$, 즉 $m=2$일 때

$2^{3-2N}=2^2$

$3-2N=2$, $N=\frac{1}{2}$

N은 100 이하의 자연수이므로

$m\neq 2$

(ii) $m+2=2^3$, 즉 $m=6$일 때

$2^{7-2N}=2^3$

$7-2N=3$, $N=2$

(iii) $m+2=2^4$, 즉 $m=14$일 때

$2^{15-2N}=2^4$

$15-2N=4$, $N=\frac{11}{2}$

N은 100 이하의 자연수이므로

$m\neq 14$

(iv) $m+2=2^5$, 즉 $m=30$일 때

$2^{31-2N}=2^5$

$31-2N=5$, $N=13$

(v) $m+2=2^6$, 즉 $m=62$일 때

$2^{63-2N}=2^6$

$63-2N=6$, $N=\frac{57}{2}$

N은 100 이하의 자연수이므로

$m\neq 62$

(vi) $m+2=2^7$, 즉 $m=126$일 때

$2^{127-2N}=2^7$

$127-2N=7$, $N=60$

(vii) $m+2\geq 2^8$일 때

$N>100$

(i)~(vii)에서 $m=6$, 30, 126

따라서 모든 m의 값의 합은

$6+30+126=162$

답 ④

93

m^{12}의 n제곱근은 x에 대한 방정식

$x^n=m^{12}$ …… ㉠

의 근이다.

이때 m의 값에 따라 ㉠의 방정식이 정수인 근을 갖도록 하는 2 이상의 자연수 n의 개수를 구하면 다음과 같다.

(i) $m=2$일 때,

㉠의 방정식은

$x^n=2^{12}$

이 방정식의 근 중 정수가 존재하기 위한 n의 값은

2, 3, 4, 6, 12

이므로

$f(2)=5$

(ii) $m=3$일 때,

㉠의 방정식은

$x^n=3^{12}$

이 방정식의 근 중 정수가 존재하기 위한 n의 값은

2, 3, 4, 6, 12

이므로

$f(3)=5$

(iii) $m=4$일 때,

㉠의 방정식은

$x^n=4^{12}$

즉, $x^n=2^{24}$

이 방정식의 근 중 정수가 존재하기 위한 n의 값은

2, 3, 4, 6, 8, 12, 24

이므로

$f(4)=7$

(iv) $m=5$일 때,

㉠의 방정식은

$x^n=5^{12}$

이 방정식의 근 중 정수가 존재하기 위한 n의 값은

2, 3, 4, 6, 12

이므로

$f(5)=5$

(v) $m=6$일 때,

㉠의 방정식은

$x^n=6^{12}$

이 방정식의 근 중 정수가 존재하기 위한 n의 값은

2, 3, 4, 6, 12

이므로

$f(6)=5$

(vi) $m=7$일 때,

㉠의 방정식은

$x^n=7^{12}$

이 방정식의 근 중 정수가 존재하기 위한 n의 값은

2, 3, 4, 6, 12

이므로

$f(7)=5$

(vii) $m=8$일 때,

㉠의 방정식은

$x^n=8^{12}$

즉, $x^n=2^{36}$

이 방정식의 근 중 정수가 존재하기 위한 n의 값은

2, 3, 4, 6, 9, 12, 18, 36

이므로

$f(8)=8$

(viii) $m=9$일 때,

㉠의 방정식은

$x^n=9^{12}$

즉, $x^n=3^{24}$

이 방정식의 근 중 정수가 존재하기 위한 n의 값은

2, 3, 4, 6, 8, 12, 24

이므로

$f(9)=7$

따라서

$\sum_{m=2}^{9} f(m)$

$=f(2)+f(3)+\cdots+f(9)$

$=5+5+7+5+5+5+8+7$

$=5\times5+7\times2+8$

$=47$

답 ③

94

$\sum_{k=1}^{5} 2^{k-1}=\frac{2^5-1}{2-1}=31$

$\sum_{k=1}^{n} (2k-1)=2\times\frac{n(n+1)}{2}-n=n^2$

$\sum_{k=1}^{5} (2\times3^{k-1})=\frac{2\times(3^5-1)}{3-1}=242$

이므로 주어진 부등식에서 $31<n^2<242$이다.

따라서 부등식을 만족시키는 자연수 n의 값은

6, 7, 8, …, 15이고 그 합은

$\frac{10\times(6+15)}{2}=105$

답 105

95

$x^2-(2n-1)x+n(n-1)=0$

$(x-n)(x-n+1)=0$

$x=n$ 또는 $x=n-1$

이때 $\alpha_n=n$, $\beta_n=n-1$ 또는 $\alpha_n=n-1$, $\beta_n=n$

따라서

$$\begin{aligned}\sum_{n=1}^{81}\frac{1}{\sqrt{\alpha_n}+\sqrt{\beta_n}}&=\sum_{n=1}^{81}\frac{1}{\sqrt{n}+\sqrt{n-1}}\\&=\sum_{n=1}^{81}(\sqrt{n}-\sqrt{n-1})\\&=(1-0)+(\sqrt{2}-1)+(\sqrt{3}-\sqrt{2})+\cdots+(\sqrt{81}-\sqrt{80})\\&=\sqrt{81}=9\end{aligned}$$

답 9

96

점 $\mathrm{A}_n(n,\ n^2)$을 지나고 직선 $y=nx$에 수직인 직선의 기울기는

$-\frac{1}{n}$이므로 직선의 방정식은

$y-n^2=-\frac{1}{n}(x-n)$

$y=\boxed{-\frac{1}{n}}\times x+n^2+1$

즉, $\boxed{(\text{가})}=-\frac{1}{n}$

점 B_n의 좌표는 $-\frac{1}{n}x+n^2+1=0$에서 $(n^3+n,\ 0)$

점 A_n의 좌표는 $(n,\ n^2)$이므로

$S_n=\frac{1}{2}\times(n^3+n)\times n^2=\boxed{\frac{n^5+n^3}{2}}$

즉, $\boxed{(\text{나})}=\frac{n^5+n^3}{2}$

$$\begin{aligned}\sum_{n=1}^{8}\frac{S_n}{n^3}&=\sum_{n=1}^{8}\frac{n^5+n^3}{2n^3}\\&=\sum_{n=1}^{8}\frac{n^2+1}{2}\\&=\frac{1}{2}\sum_{n=1}^{8}n^2+\frac{1}{2}\sum_{n=1}^{8}1\\&=\frac{1}{2}\times\frac{8\times9\times17}{6}+\frac{1}{2}\times1\times8\\&=102+4=\boxed{106}\end{aligned}$$

즉, $\boxed{(\text{다})}=106$

따라서 $f(n)=-\frac{1}{n}$, $g(n)=\frac{n^5+n^3}{2}$, $r=106$이므로

$f(1)+g(2)+r=-1+20+106=125$

답 ⑤

97

36의 양의 약수는

1, 2, 3, 4, 6, 9, 12, 18, 36

이고,

$f(1)$, $f(4)$, $f(9)$, $f(36)$은 홀수,
$f(2)$, $f(3)$, $f(6)$, $f(12)$, $f(18)$은 짝수이다.
따라서

$$\sum_{k=1}^{9}\{(-1)^{f(a_k)}\times\log a_k\}$$
$$=-\log 1+\log 2+\log 3-\log 4+\log 6-\log 9+\log 12+\log 18-\log 36$$
$$=\log\frac{2\times3\times6\times12\times18}{1\times4\times9\times36}$$
$$=\log 6$$
$$=\log 2+\log 3$$

답 ①

98

$a_1=-45<0$ 이고 $d>0$이므로 조건 (가)를 만족시키기 위해서는
$a_m<0$, $a_{m+3}>0$
즉, $-a_m=a_{m+3}$에서 $a_m+a_{m+3}=0$
따라서
$\{-45+(m-1)d\}+\{-45+(m+2)d\}=0$
$-90+(2m+1)d=0$
$(2m+1)d=90$ ······ ㉠
이고 $2m+1$은 1보다 큰 홀수이므로 d는 짝수이다.
그런데 $90=2\times3^2\times5$이므로 ㉠을 만족시키는 90의 약수 중에서 짝수인 d는 2, 6, 10, 18, 30이다.
또한, 조건 (나)를 만족시키기 위해서는 첫째항이 -45이고 공차 d가 18 또는 30인 경우만 해당하므로 구하는 모든 자연수 d의 값의 합은
$18+30=48$

답 ②

99

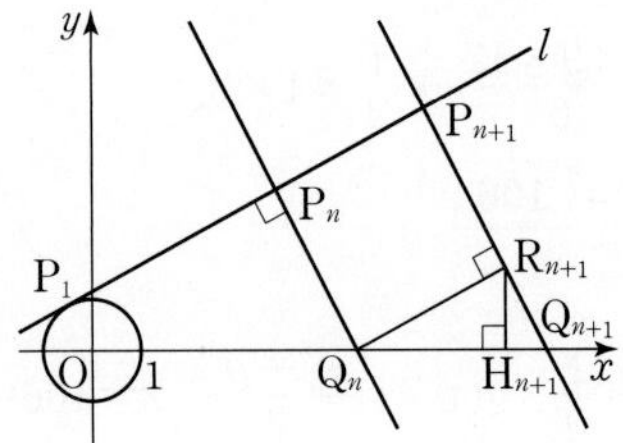

점 R_{n+1}에서 x축에 내린 수선의 발을 H_{n+1}이라 하면 직선 l의 기울기가 $\frac{1}{2}$이므로 직선 Q_nR_{n+1}의 기울기는 $\frac{1}{2}$이다.
즉, $\overline{Q_nH_{n+1}}:\overline{H_{n+1}R_{n+1}}=2:1$
직각삼각형 $Q_nR_{n+1}Q_{n+1}$과 직각삼각형 $Q_nH_{n+1}R_{n+1}$은 서로 닮음이므로
$\overline{Q_nR_{n+1}}:\overline{R_{n+1}Q_{n+1}}=2:1$에서
$\overline{R_{n+1}Q_{n+1}}=\frac{1}{2}\times\overline{Q_nR_{n+1}}$
$\overline{Q_nR_{n+1}}=\overline{P_nP_{n+1}}$이므로
$\overline{R_{n+1}Q_{n+1}}=\boxed{\frac{1}{2}}\times\overline{P_nP_{n+1}}$

그러므로 $\boxed{(가)}=\frac{1}{2}$
$\overline{P_{n+1}Q_{n+1}}=(1+\boxed{(가)})\times\overline{P_nQ_n}$
$=\frac{3}{2}\times\overline{P_nQ_n}$
이고 $\overline{P_1Q_1}=1$이므로 선분 P_nQ_n의 길이는 첫째항이 1, 공비가 $\frac{3}{2}$인 등비수열이다.
즉, $\overline{P_nQ_n}=\boxed{\left(\frac{3}{2}\right)^{n-1}}$
그러므로 $\boxed{(나)}=\left(\frac{3}{2}\right)^{n-1}$
$\overline{P_nP_{n+1}}=\overline{P_nQ_n}$이므로
$\overline{P_1P_n}=\sum_{k=1}^{n-1}\overline{P_kP_{k+1}}$
$$=\frac{1\times\left\{\left(\frac{3}{2}\right)^{n-1}-1\right\}}{\frac{3}{2}-1}=\boxed{2\left\{\left(\frac{3}{2}\right)^{n-1}-1\right\}}$$
그러므로 $\boxed{(다)}=2\left\{\left(\frac{3}{2}\right)^{n-1}-1\right\}$

따라서 $p=\frac{1}{2}$, $f(n)=\left(\frac{3}{2}\right)^{n-1}$, $g(n)=2\left\{\left(\frac{3}{2}\right)^{n-1}-1\right\}$이므로
$f(6p)+g(8p)=f(3)+g(4)=\frac{9}{4}+\frac{19}{4}=7$

답 ⑤

100

조건 (가)에서 S_n의 이차항의 계수를 a라 하자.
조건 (나), (다)에서 $S_{10}=S_{50}$이고 S_n은 $n=30$일 때 최댓값 410을 가지므로
$S_n=a(n-30)^2+410$
$S_{10}=10$이므로
$10=a(10-30)^2+410$에서 $a=-1$
따라서 $S_n=-(n-30)^2+410$
$S_m>S_{50}=S_{10}$을 만족시키는 자연수 m의 값의 범위는
$10<m<50$이므로
$p=11$, $q=49$
따라서
$$\sum_{k=p}^{q}a_k=\sum_{k=11}^{49}a_k=S_{49}-S_{10}$$
$$=\{-(49-30)^2+410\}-10=39$$

답 ①

유형 5 수열의 귀납적 정의

101

$a_{n+1}+a_n=(-1)^{n+1}\times n$

에서

$a_{n+1}=-a_n+(-1)^{n+1}\times n$

이때 $a_1=12$이므로

$a_2=-a_1+1=-11$

$a_3=-a_2-2=9$

$a_4=-a_3+3=-6$

$a_5=-a_4-4=2$

$a_6=-a_5+5=3$

$a_7=-a_6-6=-9$

$a_8=-a_7+7=16$

따라서 $a_k>a_1$을 만족시키는 k의 최솟값은 8이다.

답 ④

102

자연수 k에 대하여

$a_{2k}+a_{2k+1}=4k$, $a_{2k-1}+a_{2k}=4k-2$

이므로

$a_{2k+1}-a_{2k-1}=2$

즉, 수열 $\{a_{2k-1}\}$은 공차가 2인 등차수열이다.

그러므로

$a_{2k-1}=a_1+(k-1)\times 2$ ...... ㉠

㉠에 $k=11$을 대입하면

$a_{21}=a_1+20$ ...... ㉡

모든 자연수 n에 대하여 $a_n+a_{n+1}=2n$이므로

$n=21$을 대입하면

$a_{21}+a_{22}=42$ ...... ㉢

㉡을 ㉢에 대입하면

$(a_1+20)+a_{22}=42$

따라서 $a_1+a_{22}=22$

답 ⑤

103

$n=1, 2, 3, \cdots, 7$을 차례로 대입하면

$a_1=7$, $a_2=\frac{7+3}{2}=5$, $a_3=\frac{5+3}{2}=4$,

$a_4=4+3=7$, $a_5=\frac{7+3}{2}=5$, $a_6=\frac{5+3}{2}=4$,

$a_7=4+6=10$, $a_8=10+7=17$

답 ④

104

$a_{n+1}+a_n=3n-1$

이므로 n에 1, 2, 3, 4를 차례로 대입하면

$n=1$일 때, $a_2+a_1=2$

$n=2$일 때, $a_3+a_2=5$

$n=3$일 때, $a_4+a_3=8$

$n=4$일 때, $a_5+a_4=11$

$a_3=4$이므로

$a_4+a_3=8$에서 $a_4=4$

$a_5+a_4=11$에서 $a_5=7$

$a_3+a_2=5$에서 $a_2=1$

$a_2+a_1=2$에서 $a_1=1$

따라서 $a_1+a_5=1+7=8$

답 8

105

$a_{n+1}=-(-1)^n\times a_n+2^n=(-1)^{n+1}\times a_n+2^n$

$a_2=(-1)^2\times a_1+2^1=1+2=3$

$a_3=(-1)^3\times a_2+2^2=-3+4=1$

$a_4=(-1)^4\times a_3+2^3=1+8=9$

따라서

$a_5=(-1)^5\times a_4+2^4=-9+16=7$

답 ④

106

$a_1=1$이므로

$a_4=a_1+1=2$

$a_4=2$이므로

$a_{11}=2a_4+1=2\times 2+1=5$

$a_{12}=-a_4+2=-2+2=0$

$a_{13}=a_4+1=2+1=3$

따라서

$a_{11}+a_{12}+a_{13}=5+0+3=8$

답 ③

107

$a_{12}=\frac{1}{2}$이고 $a_{12}=\frac{1}{a_{11}}$이므로

$a_{11}=2$

또, $a_{11}=8a_{10}$이므로

$a_{10}=\frac{1}{4}$

Ⅲ 수열

또, $a_{10}=\frac{1}{a_9}$이므로

$a_9=4$

또, $a_9=8a_8$이므로

$a_8=\frac{1}{2}$

또, $a_8=\frac{1}{a_7}$이므로

$a_7=2$

또, $a_7=8a_6$이므로

$a_6=\frac{1}{4}$

또, $a_6=\frac{1}{a_5}$이므로

$a_5=4$

또, $a_5=8a_4$이므로

$a_4=\frac{1}{2}$

또, $a_4=\frac{1}{a_3}$이므로

$a_3=2$

또, $a_3=8a_2$이므로

$a_2=\frac{1}{4}$

또, $a_2=\frac{1}{a_1}$이므로

$a_1=4$

따라서

$a_1+a_4=4+\frac{1}{2}=\frac{9}{2}$

답 ⑤

108

$a_1=1$이므로 $a_2=2$

$a_2=2$이므로 $a_3=4$

$a_3=4$이므로 $a_4=8$

$a_4=8$이므로 $a_5=1$

$a_5=1$이므로 $a_6=2$

$a_6=2$이므로 $a_7=4$

$a_7=4$이므로 $a_8=8$

따라서

$\sum_{k=1}^{8} a_k=2\times(1+2+4+8)$

$=2\times 15$

$=30$

답 ①

109

(i) $1\le n\le 10$인 경우

$a_1=20$, $a_{n+1}=a_n-2$이므로

$a_n=20+(n-1)\times(-2)=-2n+22$

$\sum_{n=1}^{10} a_n=\sum_{n=1}^{10}(-2n+22)$

$=-2\times\frac{10\times 11}{2}+10\times 22$

$=110$

(ii) $11\le n\le 30$인 경우

$a_{10}=2$이므로 $a_n=\begin{cases} 0 & (n\text{이 홀수인 경우}) \\ -2 & (n\text{이 짝수인 경우}) \end{cases}$

$\sum_{n=11}^{30} a_n=(-2)\times 10=-20$

(i), (ii)에서

$\sum_{n=1}^{30} a_n=110+(-20)=90$

답 ②

110

$a_2=p$라 하면

$a_3=p+4$

$a_4=a_3+a_2=p+4+p=2p+4$

$2p+4=34$에서 $p=15$이므로

$a_2=p=15$

답 15

111

$a_3=a_2-a_1=-6$

$a_4=a_3-a_2=-9$

$a_5=a_4-a_3=-3$

$a_6=a_5-a_4=6$

$a_7=a_6-a_5=9$

$a_8=a_7-a_6=3$

즉, 수열 $\{a_n\}$의 각 항은 9, 3, −6, −9, −3, 6이 반복되므로 모든 자연수 n에 대하여

$a_n=a_{n+6}$

이 성립한다.

이때 9, 3, −6, −9, −3, 6 중에서 $|a_k|=3$을 만족시키는 항의 개수는 2이고 $100=6\times 16+4$이므로 구하는 100 이하의 자연수 k의 개수는

$16\times 2+1=33$

답 33

112

$a_{n+1}=\sum_{k=1}^{n} ka_k$에 $n=1$을 대입하면

$a_2=\sum_{k=1}^{1} ka_k=a_1$이므로

$a_2=2$

$n\ge2$일 때 $a_n=\sum_{k=1}^{n-1} ka_k$이므로

$a_{n+1}-a_n=\sum_{k=1}^{n} ka_k-\sum_{k=1}^{n-1} ka_k$

$\qquad=na_n$

그러므로 $a_{n+1}=(n+1)a_n$ (단, $n\ge2$)

위 식에 $n=50$을 대입하면

$a_{51}=51a_{50}$이므로

$\frac{a_{51}}{a_{50}}=51$

따라서 $a_2+\frac{a_{51}}{a_{50}}=2+51=53$

답 ④

113

조건 (가)에서

$a_3=a_1-3$

$a_4=a_2+3$

$a_5=a_3-3=a_1-6$

$a_6=a_4+3=a_2+6$

이므로

$\sum_{k=1}^{6} a_k=a_1+a_2+(a_1-3)+(a_2+3)+(a_1-6)+(a_2+6)$

$\qquad=3(a_1+a_2)$

조건 (나)에서

$\sum_{k=1}^{32} a_k=5\sum_{k=1}^{6} a_k+a_1+a_2=16(a_1+a_2)$

따라서 $16(a_1+a_2)=112$이므로

$a_1+a_2=7$

답 7

114

a_n이 홀수일 때, $a_{n+1}=2^{a_n}$은 자연수이고

a_n이 짝수일 때, $a_{n+1}=\frac{1}{2}a_n$은 자연수이다.

이때 a_1이 자연수이므로 수열 $\{a_n\}$의 모든 항은 자연수이다.

$a_6+a_7=3$에서

$a_6=1$, $a_7=2$ 또는 $a_6=2$, $a_7=1$이다.

(i) $a_6=1$, $a_7=2$인 경우

$a_6=1$일 때,

$a_5=0$(홀수라는 것에 모순) 또는 $a_5=2$(짝수)

$a_5=2$일 때,

$a_4=1$(홀수) 또는 $a_4=4$(짝수)

$a_4=1$일 때,

$a_3=0$(홀수라는 것에 모순) 또는 $a_3=2$(짝수)

$a_4=4$일 때,

$a_3=2$(홀수라는 것에 모순) 또는 $a_3=8$(짝수)

$a_3=2$일 때,

$a_2=1$(홀수) 또는 $a_2=4$(짝수)

$a_3=8$일 때,

$a_2=3$(홀수) 또는 $a_2=16$(짝수)

$a_2=1$일 때,

$a_1=0$(홀수라는 것에 모순) 또는 $\underline{a_1=2}$(짝수)

$a_2=4$일 때,

$a_1=2$(홀수라는 것에 모순) 또는 $\underline{a_1=8}$

$a_2=3$일 때, $\underline{a_1=6}$

$a_2=16$일 때,

$a_1=4$(홀수라는 것에 모순) 또는 $\underline{a_1=32}$(짝수)

따라서 a_1의 값은 2, 6, 8, 32이다.

(ii) $a_6=2$, $a_7=1$인 경우

$a_6=2$일 때,

$a_5=1$(홀수) 또는 $a_5=4$(짝수)

$a_5=1$일 때,

$a_4=0$(홀수라는 것에 모순) 또는 $a_4=2$(짝수)

$a_5=4$일 때,

$a_4=2$(홀수라는 것에 모순) 또는 $a_4=8$(짝수)

$a_4=2$일 때,

$a_3=1$(홀수) 또는 $a_3=4$(짝수)

$a_4=8$일 때,

$a_3=3$(홀수) 또는 $a_3=16$(짝수)

$a_3=1$일 때,

$a_2=0$(홀수라는 것에 모순) 또는 $a_2=2$(짝수)

$a_3=4$일 때,

$a_2=2$(홀수라는 것에 모순) 또는 $a_2=8$(짝수)

$a_3=3$일 때, $a_2=6$(짝수)

$a_3=16$일 때,

$a_2=4$(홀수라는 것에 모순) 또는 $a_2=32$(짝수)

$a_2=2$일 때,

$\underline{a_1=1}$(홀수) 또는 $\underline{a_1=4}$(짝수)

$a_2=8$일 때,

$\underline{a_1=3}$(홀수) 또는 $\underline{a_1=16}$(짝수)

Ⅲ 수열

$a_2=6$일 때, $\underline{a_1=12}$(짝수)

$a_2=32$일 때,

$\underline{a_1=5}$(홀수) 또는 $\underline{a_1=64}$(짝수)

따라서 a_1의 값은 1, 3, 4, 5, 12, 16, 64이다.

(i), (ii)에서 모든 a_1의 값의 합은

$(2+6+8+32)+(1+3+4+5+12+16+64)$

$=153$

답 ③

115

자연수 k에 대하여

$a_{n+1}=3k$ 또는 $a_{n+1}=3k-1$ (k는 자연수)이면

$a_{n+1}\neq 3a_n+1$이므로 $a_{n+1}=\frac{a_n}{n}$, $a_n=na_{n+1}$이다.

$a_6=2=3\times1-1$이므로 $a_5=5\times2=10$

$10=3\times3+1$이므로

$a_4=3$ 또는 $a_4=4\times10=40$

(i) $a_4=3$인 경우, $3=3\times1$이므로

$a_3=3\times3=9$, $a_2=2\times9=18$, $a_1=18$

(ii) $a_4=40$인 경우, $40=3\times13+1$이므로

$a_3=13$ 또는 $a_3=3\times40=120$

① $a_3=13$인 경우, $13=3\times4+1$이므로

$a_2=4$ 또는 $a_2=2\times13=26$

$a_2=4$인 경우, 2는 4의 약수이므로

$a_3=\frac{4}{2}=2$가 되어 $a_3\neq13$이다.

$a_2=26$인 경우, $a_1=26$

② $a_3=120$인 경우, $120=3\times40$이므로

$a_2=2\times120=240$, $a_1=240$

(i), (ii)에서 모든 a_1의 값의 합은

$18+26+240=284$

답 ④

116

a_5+a_4가 홀수이면 a_6이 홀수이므로 $a_6=34$에 모순이다.

따라서 a_5+a_4는 짝수이고 a_4, a_5는 모두 짝수이거나 모두 홀수이다.

a_4, a_5가 모두 짝수이면 a_3도 짝수이고, 마찬가지로 a_2, a_1도 모두 짝수이다.

이는 $a_1=1$에 모순이므로 a_4, a_5는 모두 홀수이다.

따라서 a_1, a_4는 모두 홀수이므로 가능한 a_2, a_3의 값은 다음과 같다.

(i) a_2, a_3이 모두 홀수인 경우

$a_2=2l-1$ (l은 자연수)라 하자.

$a_3=\frac{1}{2}(a_2+a_1)=l$

$a_4=\frac{1}{2}(a_3+a_2)=\frac{3}{2}l-\frac{1}{2}$

$a_5=\frac{1}{2}(a_4+a_3)=\frac{5}{4}l-\frac{1}{4}$

$a_6=\frac{1}{2}(a_5+a_4)=\frac{11}{8}l-\frac{3}{8}=34$

이므로 $l=25$이다.

따라서 $a_2=2\times25-1=49$

(ii) a_2는 짝수, a_3은 홀수인 경우

$a_2=2m$ (m은 자연수)라 하자.

$a_3=a_2+a_1=2m+1$

$a_4=a_3+a_2=4m+1$

$a_5=\frac{1}{2}(a_4+a_3)=3m+1$

$a_6=\frac{1}{2}(a_5+a_4)=\frac{7}{2}m+1=34$

이므로 m은 자연수가 아니다.

(iii) a_2는 홀수, a_3은 짝수인 경우

$a_2=2n-1$ (n은 자연수)라 하자.

$a_3=\frac{1}{2}(a_2+a_1)=n$

$a_4=a_3+a_2=3n-1$

$a_5=a_4+a_3=4n-1$

$a_6=\frac{1}{2}(a_5+a_4)=\frac{7}{2}n-1=34$

이므로 $n=10$이다.

따라서 $a_2=2\times10-1=19$

(i), (ii), (iii)에서 모든 a_2의 값의 합은

$49+19=68$

답 ③

117

자연수 k에 대하여

(i) $a_1=4k$일 때,

a_1은 짝수이므로 $a_2=\frac{a_1}{2}=\frac{4k}{2}=2k$

a_2도 짝수이므로 $a_3=\frac{a_2}{2}=\frac{2k}{2}=k$

① k가 홀수인 경우

$a_4=a_3+1=k+1$

이때 $a_2+a_4=2k+(k+1)=3k+1$이므로

$3k+1=40$에서 $k=13$이고,

$a_1=4k=4\times13=52$

② k가 짝수인 경우

$a_4=\frac{a_3}{2}=\frac{k}{2}$

이때 $a_2+a_4=2k+\frac{k}{2}=\frac{5}{2}k$이므로

$\frac{5}{2}k=40$에서 $k=16$이고,

$a_1=4k=4\times16=64$

(ii) $a_1=4k-1$일 때,

a_1은 홀수이므로 $a_2=a_1+1=4k$

a_2는 짝수이므로 $a_3=\frac{a_2}{2}=\frac{4k}{2}=2k$

a_3도 짝수이므로 $a_4=\frac{a_3}{2}=\frac{2k}{2}=k$

이때 $a_2+a_4=4k+k=5k$이므로

$5k=40$에서 $k=8$이고,

$a_1=4k-1=4\times8-1=31$

(iii) $a_1=4k-2$일 때,

a_1은 짝수이므로 $a_2=\frac{a_1}{2}=\frac{4k-2}{2}=2k-1$

a_2는 홀수이므로 $a_3=a_2+1=(2k-1)+1=2k$

a_3은 짝수이므로 $a_4=\frac{a_3}{2}=\frac{2k}{2}=k$

이때 $a_2+a_4=(2k-1)+k=3k-1$이므로

$3k-1=40$에서 $k=\frac{41}{3}$이고,

이것은 조건을 만족시키지 않는다.

(iv) $a_1=4k-3$일 때,

a_1은 홀수이므로 $a_2=a_1+1=(4k-3)+1=4k-2$

a_2는 짝수이므로 $a_3=\frac{a_2}{2}=\frac{4k-2}{2}=2k-1$

a_3은 홀수이므로 $a_4=a_3+1=(2k-1)+1=2k$

이때 $a_2+a_4=(4k-2)+2k=6k-2$이므로

$6k-2=40$에서 $k=7$이고,

$a_1=4k-3=4\times7-3=25$

(i)~(iv)에 의하여 조건을 만족시키는 모든 a_1의 값의 합은

$52+64+31+25=172$

답 ①

118

$a_4\le4$이면 $a_5=10-a_4=5$에서 $a_4=5$이므로 $a_4\le4$를 만족시키지 않는다. 그러므로 $a_4>4$이고 $a_4=a_5$에서 $a_4=5$이다.

$a_3>3$일 때, $a_3=a_4$에서 $a_3=5$이고

$a_3\le3$일 때, $a_4=7-a_3=5$에서 $a_3=2$이다.

(i) $a_3=5$인 경우

① $a_2>2$이면 $a_2=a_3$에서 $a_2=5$이다.

$a_1>1$일 때, $a_1=a_2$에서 $a_1=5$이고

$a_1\le1$일 때, $a_2=1-a_1=5$에서 $a_1=-4$이다.

② $a_2\le2$이면 $a_3=4-a_2=5$에서 $a_2=-1$이다.

$a_1>1$일 때, $a_1=a_2=-1$이므로 $a_1>1$을 만족시키지 않는다.

$a_1\le1$일 때, $a_2=1-a_1=-1$에서 $a_1=2$이므로 $a_1\le1$을 만족시키지 않는다.

(ii) $a_3=2$인 경우

① $a_2>2$이면 $a_2=a_3$에서 $a_2=2$이므로 $a_2>2$를 만족시키지 않는다.

② $a_2\le2$이면 $a_3=4-a_2=2$에서 $a_2=2$이다.

$a_1>1$일 때, $a_1=a_2$에서 $a_1=2$이고

$a_1\le1$일 때, $a_2=1-a_1=2$에서 $a_1=-1$이다.

(i), (ii)에서 $a_1=5$ 또는 $a_1=-4$ 또는 $a_1=2$ 또는 $a_1=-1$이다.

따라서 구하는 모든 a_1의 값의 곱은

$5\times(-4)\times2\times(-1)=40$

답 ③

119

$S_{n+1}=a_{n+1}+S_n$이므로

$a_{n+1}S_n=a_n(a_{n+1}+S_n)$

$(S_n-a_n)a_{n+1}=a_nS_n$

즉, $S_{n-1}a_{n+1}=a_nS_n\ (n\ge2)$ ...... ㉠

$a_1=S_1=2$, $a_2=4$이므로

$S_2=a_1+a_2=6$

㉠에서 $a_{n+1}=\frac{a_nS_n}{S_{n-1}}$ ...... ㉡

㉡에 $n=2, 3, 4$를 차례로 대입하면

$a_3=\frac{a_2S_2}{S_1}=\frac{4\times6}{2}=12$에서

$S_3=S_2+a_3=6+12=18$

$a_4=\frac{a_3S_3}{S_2}=\frac{12\times18}{6}=36$에서

$S_4=S_3+a_4=18+36=54$

$a_5=\frac{a_4S_4}{S_3}=\frac{36\times54}{18}=108$

따라서 $S_5=S_4+a_5=54+108=162$

답 162

120

조건 (가)에 의하여 $a_4=r$, $a_8=r^2$

조건 (나)에 의하여

$a_4=r$이고 $0<|r|<1$에서 $|a_4|<5$이므로

$a_5=a_4+3=r+3$

$|a_5|<5$이므로

$a_6=a_5+3=r+6$

$|a_6|\ge5$이므로

$a_7=-\frac{1}{2}a_6=-\frac{r}{2}-3$

$|a_7|<5$이므로

Ⅲ 수열

$a_8=a_7+3=-\frac{r}{2}$

그러므로 $r^2=-\frac{r}{2}$

$r\left(r+\frac{1}{2}\right)=0$

$r\neq0$이므로 $r=-\frac{1}{2}$

즉, $a_4=-\frac{1}{2}$

이때 $|a_3|<5$이면 $a_3=a_4-3=-\frac{1}{2}-3=-\frac{7}{2}$이고 이것은 조건을 만족시키며, $|a_3|\geq5$이면 $a_3=-2a_4=-2\times\left(-\frac{1}{2}\right)=1$인데 이것은 조건을 만족시키지 않으므로

$a_3=-\frac{7}{2}$

또, $|a_2|<5$이면 $a_2=a_3-3=-\frac{7}{2}-3=-\frac{13}{2}$인데 이것은 조건을 만족시키지 않고, $|a_2|\geq5$이면 $a_2=-2a_3=-2\times\left(-\frac{7}{2}\right)=7$이고 이것은 조건을 만족시키므로

$a_2=7$

또, $|a_1|<5$이면 $a_1=a_2-3=7-3=4$이고,

$|a_1|\geq5$이면 $a_1=-2a_2=-2\times7=-14$인데 조건 (나)에 의하여 $a_1<0$이므로

$a_1=-14$

따라서

$a_1=-14,\ a_2=7,\ a_3=-\frac{7}{2},\ a_4=-\frac{1}{2},$

$a_5=-\frac{1}{2}+3,\ a_6=-\frac{1}{2}+6,\ a_7=\frac{1}{4}-3,\ a_8=\frac{1}{4},$

$a_9=\frac{1}{4}+3,\ a_{10}=\frac{1}{4}+6,\ a_{11}=-\frac{1}{8}-3,\ a_{12}=-\frac{1}{8},\ \cdots$

이와 같은 과정을 계속하면

$|a_1|\geq5$이고, 자연수 k에 대하여 $|a_{4k-2}|\geq5$임을 알 수 있다.

그러므로 $|a_m|\geq5$를 만족시키는 100 이하의 자연수 m은

1, 2, 6, 10, ⋯, 98

이고, $2=4\times1-2$, $98=4\times25-2$이므로

$p=1+25=26$

따라서

$p+a_1=26+(-14)=12$

답 ③

121

(i) $a_6=3k$ (k는 자연수)인 경우

$a_7=\frac{a_6}{3}$

$a_6=3a_7=3\times40=120$

$a_7=40$이 3의 배수가 아니므로

$a_8=a_7+a_6=40+120=160$

$a_8=160$이 3의 배수가 아니므로

$a_9=a_8+a_7=160+40=200$

(ii) $a_6=3k-2$ (k는 자연수)인 경우

$a_7=a_6+a_5$

$a_5=a_7-a_6$

$=40-(3k-2)$

$=42-3k$

$=3(14-k)$

a_5는 자연수이므로

$3(14-k)>0$에서

$k<14$

한편, a_5는 3의 배수이므로

$a_6=\frac{a_5}{3}$

즉, $3k-2=\frac{3(14-k)}{3}$에서

$4k=16$

$k=4$

따라서

$a_6=3\times4-2=10$

이므로

$a_8=a_7+a_6$

$=40+10$

$=50$

$a_8=50$이 3의 배수가 아니므로

$a_9=a_8+a_7$

$=50+40$

$=90$

(iii) $a_6=3k-1$ (k는 자연수)인 경우

$a_7=a_6+a_5$

$a_5=a_7-a_6$

$=40-(3k-1)$

$=41-3k$

a_5는 자연수이므로

$41-3k>0$에서

$k<\frac{41}{3}$ …… ㉠

한편, a_5는 3의 배수가 아니므로

$a_6=a_5+a_4$에서

$a_4=a_6-a_5$

$=(3k-1)-(41-3k)$

$=6k-42$

$=3(2k-14)$

a_4가 자연수이므로

$3(2k-14)>0$에서

$k>7$ ...... ㉡

㉠, ㉡에서

$7<k<\frac{41}{3}$

한편, a_4는 3의 배수이므로

$a_5=\frac{a_4}{3}$

즉, $41-3k=\frac{3(2k-14)}{3}$에서

$5k=55$

$k=11$

따라서

$a_6=3\times 11-1=32$

이므로

$a_8=a_7+a_6$

$=40+32$

$=72$

$a_8=72$가 3의 배수이므로

$a_9=\frac{a_8}{3}=\frac{72}{3}=24$

(i), (ii), (iii)에서

a_9의 최댓값은 $M=200$이고 최솟값은 $m=24$이다.

따라서

$M+m=200+24=224$

답 ⑤

122

두 조건 (가), (나)에서 모든 자연수 n에 대하여

$a_{2n+1}=a_{2n}-3$ ...... ㉠

이 성립하므로

$a_3=a_2-3$ ...... ㉡

$a_5=a_4-3$

$a_7=a_6-3$ ...... ㉢

이다.

$a_7=2$이므로 ㉢에서

$a_6=5$

이때 조건 (가)에서

$a_6=a_2\times a_3+1=5$

즉, $a_2\times a_3=4$

이므로 ㉡에서

$a_2(a_2-3)=4$

$(a_2)^2-3a_2-4=0$

$(a_2+1)(a_2-4)=0$

따라서 $a_2=-1$ 또는 $a_2=4$

(i) $a_2=-1$일 때

조건 (가)에서

$a_2=a_2\times a_1+1$

이므로

$-1=-a_1+1$

따라서 $a_1=2$이므로 $0<a_1<1$이라는 조건에 모순이다.

(ii) $a_2=4$일 때

조건 (가)에서

$a_2=a_2\times a_1+1$

이므로

$4=4a_1+1$

따라서 $a_1=\frac{3}{4}$이므로 $0<a_1<1$이라는 조건을 만족시킨다.

(i), (ii)에서

$a_1=\frac{3}{4}$, $a_2=4$

이때 ㉠에서

$a_{25}=a_{24}-3$

이고 조건 (가)에서

$a_{24}=a_2\times a_{12}+1=4a_{12}+1$

이때

$a_{12}=a_2\times a_6+1=4a_6+1=4\times 5+1=21$

이므로

$a_{24}=4\times 21+1=85$

따라서

$a_{25}=a_{24}-3=85-3=82$

답 ③

123

$a_{n+1}=\begin{cases}-2a_n & (a_n<0)\\ a_n-2 & (a_n\geq 0)\end{cases}$ ...... ㉠

이고 $1<a_1<2$에서 $a_1\geq 0$이므로

$a_2=a_1-2<0$

$a_3=-2a_2=-2(a_1-2)>0$

$a_4=a_3-2=-2(a_1-2)-2=-2(a_1-1)<0$

$a_5=-2a_4=4(a_1-1)>0$

$a_6=a_5-2=4(a_1-1)-2=4a_1-6$

이때 ㉠에서 $a_6<0$이면 $a_7=-2a_6>0$이므로

$a_7=-1<0$에서 $a_6\geq 0$이다.

$a_7=a_6-2=(4a_1-6)-2=4a_1-8=-1$

$a_1=\frac{7}{4}$

Ⅲ 수열

따라서 $40\times a_1=40\times\frac{7}{4}=70$

답 70

124

$a_3\times a_4\times a_5\times a_6<0$이므로 a_3, a_4, a_5, a_6은 어느 것도 0이 될 수 없다.

$a_1=k>0$이므로

$a_2=a_1-2-k=-2<0$

$a_3=a_2+4-k=2-k$

(i) $a_3=2-k>0$인 경우

$2-k>0$에서 $k<2$, 즉 $k=1$이므로

$a_4=a_3-6-k=-6<0$

$a_5=a_4+8-k=1>0$

$a_6=a_5-10-k=-10<0$

따라서 $a_3\times a_4\times a_5\times a_6>0$이므로 주어진 조건을 만족시키지 않는다.

(ii) $a_3=2-k<0$인 경우

$2-k<0$에서 $k>2$이므로

$a_4=a_3+6-k=8-2k$

① $a_4=8-2k>0$인 경우

즉, $k<4$이므로 $2<k<4$에서 $k=3$일 때

$a_4=8-6=2$

$a_5=a_4-8-k=-9<0$

$a_6=a_5+10-k=-2<0$

따라서 $a_3\times a_4\times a_5\times a_6<0$이므로 주어진 조건을 만족시킨다.

② $a_4=8-2k<0$인 경우

즉, $k>4$이므로

$a_5=a_4+8-k=16-3k$

㉠ $a_5=16-3k>0$인 경우

즉, $k<\frac{16}{3}$에서 $4<k<\frac{16}{3}$이므로 $k=5$일 때

$a_5=16-3k=1$

$a_6=a_5-10-k=-14<0$

따라서 $a_3\times a_4\times a_5\times a_6<0$이므로 조건을 만족시킨다.

㉡ $a_5=16-3k<0$인 경우

즉, $k>\frac{16}{3}$이므로 $k\geq6$인 경우이다.

이때 $a_6=a_5+10-k=26-4k$이고

$a_3\times a_4\times a_5\times a_6<0$이기 위해서는 $a_6>0$이어야 하므로

$a_6=26-4k>0$에서 $k<\frac{13}{2}$

즉, $6\leq k<\frac{13}{2}$에서 $k=6$

(i), (ii)에서 주어진 조건을 만족시키는 모든 k의 값의 합은

$3+5+6=14$

답 ②

125

조건 (나)에서 $a_3>a_5$이므로

a_3이 4의 배수인 경우와 4의 배수가 아닌 경우로 나누어 생각하자.

(i) a_3이 4의 배수인 경우

$a_3=4k$ (k는 자연수)라 하면

$a_4=2k+6$

㉠ k가 홀수일 때 a_4는 4의 배수이고

$a_5=k+11$, $a_4+a_5=3k+17$이므로

$50<3k+17<60$, $11<k<\frac{43}{3}$

$a_3>a_5$에서 $4k>k+11$, $k>\frac{11}{3}$

k는 홀수이므로 $k=13$이고 $a_3=52$

㉡ k가 짝수일 때 a_4는 4의 배수가 아니고

$a_5=2k+14$, $a_4+a_5=4k+20$이므로

$50<4k+20<60$, $\frac{15}{2}<k<10$

$a_3>a_5$에서 $4k>2k+14$, $k>7$

k는 짝수이므로 $k=8$이고 $a_3=32$

따라서 $a_3=52$ 또는 $a_3=32$이므로

$a_3=52$인 경우 $a_2=96$이고

$a_1=94$ 또는 $a_1=188$

$a_3=32$인 경우 $a_2=56$이고

$a_1=54$ 또는 $a_1=108$

(ii) a_3이 4의 배수가 아닌 경우

㉠ $a_3=4k-1$ 또는 $a_3=4k-3$ (k는 자연수)일 때

a_3, a_4, a_5는 모두 홀수이고

$a_5=a_4+8=a_3+14>a_3$

이므로 조건 (나)를 만족시키지 못한다.

㉡ $a_3=4k-2$ (k는 자연수)일 때

$a_4=4k+4$, $a_5=2k+10$이고

$a_4+a_5=6k+14$이므로

$50<6k+14<60$, $6<k<\frac{23}{3}$

$a_3>a_5$에서 $4k-2>2k+10$, $k>6$

이때 $k=7$이므로 $a_3=26$

따라서 $a_2=22$ 또는 $a_2=44$

$a_2=22$인 경우 $a_1=40$

$a_2=44$인 경우 $a_1=42$ 또는 $a_1=84$

(i), (ii)에서 $M=188$, $m=40$이므로

$M+m=228$

답 ②

126

$a_1=0$이므로

$a_2=a_1+\frac{1}{k+1}=\frac{1}{k+1}$

$a_2>0$이므로

$a_3=a_2-\frac{1}{k}=\frac{1}{k+1}-\frac{1}{k}$

$a_3<0$이므로

$a_4=a_3+\frac{1}{k+1}=\frac{2}{k+1}-\frac{1}{k}=\frac{k-1}{k(k+1)}$

이때 $k=1$이면 $a_4=0$이므로

$n=3m-2$ (m은 자연수)일 때 $a_n=0$이다.

즉, $a_{22}=0$이므로 $k=1$은 조건을 만족시킨다.

한편, $k>1$이면 $a_4>0$이므로

$a_5=a_4-\frac{1}{k}=\frac{2}{k+1}-\frac{2}{k}$

$a_5<0$이므로

$a_6=a_5+\frac{1}{k+1}=\frac{3}{k+1}-\frac{2}{k}=\frac{k-2}{k(k+1)}$

이때 $k=2$이면 $a_6=0$이므로

$n=5m-4$ (m은 자연수)일 때 $a_n=0$이다.

즉, $a_{22}\neq0$이므로 $k=2$는 조건을 만족시키지 않는다.

$k>2$이면 $a_6>0$이므로

$a_7=a_6-\frac{1}{k}=\frac{3}{k+1}-\frac{3}{k}$

$a_7<0$이므로

$a_8=a_7+\frac{1}{k+1}=\frac{4}{k+1}-\frac{3}{k}=\frac{k-3}{k(k+1)}$

마찬가지 방법으로 계속하면

$k=3$이면 $a_8=0$이고 이때 $a_{22}=0$이다.

$k=4$이면 $a_{10}=0$이고 이때 $a_{22}\neq0$이다.

$5\leq k\leq9$이면 $a_{22}\neq0$이다.

$k=10$이면 $a_{22}=0$이다.

$k\geq11$이면 $a_{22}\neq0$이다.

따라서 조건을 만족시키는 모든 k의 값은 1, 3, 10이므로

구하는 모든 k의 값의 합은

$1+3+10=14$

답 ②

127

조건 (가)에서

$a_4=(a_2)^2+1$

$a_8=a_2\times a_4+1$

$\quad=a_2\times\{(a_2)^2+1\}+1$

$\quad=(a_2)^3+a_2+1$

조건 (나)에서

$a_3=a_2\times a_1-2$ …… ㉠

조건 (가)에서

$a_2=a_2\times a_1+1$이므로

$a_2\times a_1=a_2-1$ …… ㉡

㉠, ㉡에서

$a_3=a_2-3$

또,

$a_7=a_2\times a_3-2$

$\quad=a_2\times(a_2-3)-2$

$\quad=(a_2)^2-3a_2-2$

$a_{15}=a_2\times a_7-2$

$\quad=a_2\times\{(a_2)^2-3a_2-2\}-2$

$\quad=(a_2)^3-3(a_2)^2-2a_2-2$

이때 $a_8-a_{15}=63$이므로

$\{(a_2)^3+a_2+1\}-\{(a_2)^3-3(a_2)^2-2a_2-2\}=63$

$(a_2)^2+a_2-20=0$

$(a_2+5)(a_2-4)=0$

$a_2=-5$ 또는 $a_2=4$

(i) $a_2=-5$일 때,

㉡에서

$a_1=\frac{6}{5}$

이므로 주어진 조건을 만족시키지 않는다.

(ii) $a_2=4$일 때,

㉡에서

$a_1=\frac{3}{4}$

이므로 주어진 조건을 만족시킨다.

(i), (ii)에서

$a_1=\frac{3}{4}$, $a_2=4$

따라서 $a_8=4^3+4+1=69$이므로

$\frac{a_8}{a_1}=\frac{69}{\frac{3}{4}}=92$

답 ②

128

등비수열 $\{a_n\}$의 공비를 r (r은 정수)이라 하면 첫째항이 2이므로

$a_n=2r^{n-1}$

$a_2=2r$, $a_3=2r^2$이므로 조건 (가)에서

$4<2r+2r^2\leq12$

$2<r+r^2\leq6$

$r^2+r>2$에서

$r^2+r-2=(r+2)(r-1)>0$이므로

$r<-2$ 또는 $r>1$ …… ㉠

$r^2+r\le 6$에서

$r^2+r-6=(r+3)(r-2)\le 0$이므로

$-3\le r\le 2$ …… ㉡

㉠, ㉡에서 $-3\le r<-2$ 또는 $1<r\le 2$

이때 r은 정수이므로

$r=-3$ 또는 $r=2$

(i) $r=-3$인 경우 조건 (나)에서

$$\sum_{k=1}^{m} a_k=\sum_{k=1}^{m}\{2\times(-3)^{k-1}\}$$
$$=\frac{2\{1-(-3)^m\}}{1-(-3)}$$
$$=\frac{1-(-3)^m}{2}$$

$\frac{1-(-3)^m}{2}=122$에서

$1-(-3)^m=244$, $(-3)^m=-243$

즉, $(-3)^m=(-3)^5$이므로

$m=5$

(ii) $r=2$인 경우 조건 (나)에서

$$\sum_{k=1}^{m} a_k=\sum_{k=1}^{m}(2\times 2^{k-1})$$
$$=\frac{2(2^m-1)}{2-1}$$
$$=2(2^m-1)$$

$2(2^m-1)=122$에서

$2^m-1=61$, $2^m=62$

이때 $2^m=62$를 만족시키는 자연수 m의 값은 존재하지 않는다.

(i), (ii)에서 $r=-3$, $m=5$이므로

$a_m=a_5=2\times(-3)^4=162$

답 162

129

$b_1=\sum_{k=1}^{1}(-1)^{k+1}a_k=a_1$

$b_2=\sum_{k=1}^{2}(-1)^{k+1}a_k=a_1-a_2$

이때 등차수열 $\{a_n\}$의 공차를 d라 하면 $b_2=-2$이므로

$a_1-a_2=-d=-2$

따라서 $d=2$

또한

$$b_3=\sum_{k=1}^{3}(-1)^{k+1}a_k$$
$$=a_1-a_2+a_3$$
$$=-d+a_3$$
$$=a_3-2$$

$$b_7=\sum_{k=1}^{7}(-1)^{k+1}a_k$$
$$=a_1-a_2+a_3-a_4+a_5-a_6+a_7$$
$$=-3d+a_7$$
$$=a_7-6$$

이므로 $b_3+b_7=0$에서

$(a_3-2)+(a_7-6)$

$=a_3+a_7-8$

$=(a_1+2\times 2)+(a_1+6\times 2)-8$

$=(a_1+4)+(a_1+12)-8$

$=2a_1+8=0$

따라서 $a_1=-4$

즉 $a_n=-4+(n-1)\times 2=2n-6$이므로

$b_1=a_1=-4$

$b_2=a_1-a_2=-2$

$b_3=a_1-a_2+a_3=-2$

$b_4=a_1-a_2+a_3-a_4=-4$

$b_5=a_1-a_2+a_3-a_4+a_5=0$

$b_6=a_1-a_2+a_3-a_4+a_5-a_6=-6$

$b_7=a_1-a_2+a_3-a_4+a_5-a_6+a_7=2$

$b_8=a_1-a_2+a_3-a_4+\cdots+a_7-a_8=-8$

$b_9=a_1-a_2+a_3-a_4+\cdots+a_7-a_8+a_9=4$

따라서

$b_1+b_2+b_3+\cdots+b_9$

$=-4+(-2)+(-2)+(-4)+0+(-6)+2+(-8)+4$

$=-20$

답 ②

다른 풀이

$b_{2n}=(a_1-a_2)+(a_3-a_4)+\cdots+(a_{2n-1}-a_{2n})$

$=-dn=-2n$

$b_{2n-1}=a_1+(a_3-a_2)+(a_5-a_4)+\cdots+(a_{2n-1}-a_{2n-2})$

$=a_1+(n-1)d=-4+2(n-1)=2n-6$

따라서

$$\sum_{n=1}^{9} b_n=\sum_{n=1}^{5} b_{2n-1}+\sum_{n=1}^{4} b_{2n}$$
$$=\sum_{n=1}^{5}(2n-6)+\sum_{n=1}^{4}(-2n)$$
$$=2\times\frac{5\times 6}{2}-6\times 5-2\times\frac{4\times 5}{2}$$
$$=30-30-20$$
$$=-20$$

유형 6 수학적 귀납법

130

(i) $n=1$일 때, (좌변)$=3$, (우변)$=3$이므로 $(*)$이 성립한다.

(ii) $n=m$일 때, $(*)$이 성립한다고 가정하면

$$\sum_{k=1}^{m} a_k=2^{m(m+1)}-(m+1)\times 2^{-m}$$

이다. $n=m+1$일 때,

$$\begin{aligned}\sum_{k=1}^{m+1} a_k&=\sum_{k=1}^{m} a_k+a_{m+1}\\&=2^{m(m+1)}-(m+1)\times 2^{-m}\\&\quad+\{2^{2(m+1)}-1\}\times 2^{(m+1)m}+m\times 2^{-(m+1)}\\&=2^{m(m+1)}-(m+1)\times 2^{-m}\\&\quad+(2^{2m+2}-1)\times \boxed{2^{m(m+1)}}+m\times 2^{-(m+1)}\\&=\boxed{2^{m(m+1)}}\times\boxed{2^{2m+2}}-\frac{m+2}{2}\times 2^{-m}\\&=2^{(m+1)(m+2)}-(m+2)\times 2^{-(m+1)}\end{aligned}$$

이다. 따라서 $n=m+1$일 때도 $(*)$이 성립한다.

즉, $f(m)=2^{m(m+1)}$, $g(m)=2^{2m+2}$이므로

$$\frac{g(7)}{f(3)}=\frac{2^{16}}{2^{12}}=2^4=16$$

답 ④

131

(i) $n=1$일 때, (좌변)$=1$, (우변)$=1$이므로 $(*)$이 성립한다.

(ii) $n=m$일 때, $(*)$이 성립한다고 가정하면

$$\sum_{k=1}^{m}\frac{(-1)^{k-1}{}_{m}\mathrm{C}_k}{k}=\sum_{k=1}^{m}\frac{1}{k}$$

이다. $n=m+1$일 때,

$$\begin{aligned}&\sum_{k=1}^{m+1}\frac{(-1)^{k-1}{}_{m+1}\mathrm{C}_k}{k}\\&=\sum_{k=1}^{m}\frac{(-1)^{k-1}{}_{m+1}\mathrm{C}_k}{k}+\boxed{\frac{(-1)^m}{m+1}}\\&=\sum_{k=1}^{m}\frac{(-1)^{k-1}({}_{m}\mathrm{C}_k+{}_{m}\mathrm{C}_{k-1})}{k}+\boxed{\frac{(-1)^m}{m+1}}\\&=\sum_{k=1}^{m}\frac{1}{k}+\sum_{k=1}^{m+1}\left\{\frac{(-1)^{k-1}}{k}\times\frac{\boxed{m!}}{(m-k+1)!(k-1)!}\right\}\\&=\sum_{k=1}^{m}\frac{1}{k}+\sum_{k=1}^{m+1}\left\{\frac{(-1)^{k-1}}{\boxed{m+1}}\times\frac{(m+1)!}{(m-k+1)!k!}\right\}\\&=\sum_{k=1}^{m}\frac{1}{k}+\frac{1}{m+1}\\&=\sum_{k=1}^{m+1}\frac{1}{k}\end{aligned}$$

이다. 따라서 $n=m+1$일 때도 $(*)$이 성립한다.

(i), (ii)에 의하여 모든 자연수 n에 대하여 $(*)$이 성립한다.

따라서 $f(m)=\frac{(-1)^m}{m+1}$, $g(m)=m!$, $h(m)=m+1$이므로

$$\frac{g(3)+h(3)}{f(4)}=(3!+4)\times 5=50$$

답 ③

132

집합 A_k의 원소의 개수는 k 이하의 자연수 중에서 2개를 선택하는 조합의 수와 같으므로

$\boxed{(가)}={}_{k}\mathrm{C}_2=\frac{k(k-1)}{2}$

집합 $\{(1, k+1), (2, k+1), \cdots, (k, k+1)\}$에서

$k+1$이 k개이므로 그 합은 $k(k+1)$

즉, $\boxed{(나)}=k(k+1)$

그러므로 $f(k)=\frac{k(k-1)}{2}$, $g(k)=k(k+1)$

따라서

$f(10)+g(9)=45+90=135$

답 ③

도전 1등급 문제

본문 108~112쪽

01 ①	02 ④	03 58	04 ④	05 ②
06 ①	07 8	08 142	09 477	10 19
11 164	12 231	13 64		

01

정답률 **29.0%**

정답 공식 **개념만 확실히 알자!**

수열의 귀납적 정의
주어진 조건으로부터 처음 몇 개의 항을 구하고 이웃한 항 사이의 관계를 구하여 수열의 규칙성을 찾는다.

풀이 전략 수열의 귀납적 정의를 이용하여 조건을 만족시키는 항을 나열한다.

문제 풀이

[STEP 1] $a_5+a_6=0$을 만족시키는 a_5, a_6의 값을 추론해 본다.

먼저 a_5의 값을 구해 보자.

(i) $-1\le a_5<-\frac{1}{2}$이면 $a_6=-2a_5-2$이므로

$a_5+a_6=0$에서 $-a_5-2=0$

즉, $a_5=-2$이고 이것은 조건을 만족시키지 않는다.

(ii) $-\frac{1}{2}\le a_5\le\frac{1}{2}$이면 $a_6=2a_5$이므로

$a_5+a_6=0$에서 $3a_5=0$

즉, $a_5=0$

(iii) $\frac{1}{2}<a_5\le 1$이면 $a_6=-2a_5+2$이므로

$a_5+a_6=0$에서 $-a_5+2=0$

즉, $a_5=2$이고 이것은 조건을 만족시키지 않는다.

그러므로 $a_5=0$이고 $a_5=0$일 때 $a_6=2a_5=0$에서

$a_6=0$

[STEP 2] $a_5=0$임을 이용하여 조건을 만족시키는 a_4, a_3, a_2, a_1을 거꾸로 추론해 본다.

$a_5=0$이면 주어진 관계식에 의하여

$-2a_4-2=0$에서 $a_4=-1$

또는 $2a_4=0$에서 $a_4=0$

또는 $-2a_4+2=0$에서 $a_4=1$

한편, $0\le a_{n+1}\le 1$일 때

$a_{n+1}=2a_n$ 또는 $a_{n+1}=-2a_n+2$에서

$a_n=\frac{1}{2}a_{n+1}$ 또는 $a_n=1-\frac{1}{2}a_{n+1}$

(i) $a_4=-1$인 경우

$a_3<0$, $a_2<0$, $a_1<0$이므로 조건을 만족시키지 않는다.

(ii) $a_4=0$인 경우

㉠ $a_3=-1$인 경우

$a_2<0$, $a_1<0$이므로 조건을 만족시키지 않는다.

㉡ $a_3=0$인 경우

$a_2=0$ 또는 $a_2=1$이고,

$a_2=0$일 때 $a_1=1$이면 조건을 만족시키고,

$a_2=1$일 때 $a_1=\frac{1}{2}$이고, 이 경우도 조건을 만족시킨다.

㉡ $a_3=1$인 경우

$a_2=\frac{1}{2}$이고, 이때 $a_1=\frac{1}{4}$ 또는 $a_1=\frac{3}{4}$이며, 이것은 조건을 만족시킨다.

(iii) $a_4=1$인 경우

$a_3=\frac{1}{2}$이고, 이때 $a_2=\frac{1}{4}$ 또는 $a_2=\frac{3}{4}$

㉠ $a_2=\frac{1}{4}$인 경우

$a_1=\frac{1}{8}$ 또는 $a_1=\frac{7}{8}$이고, 이것은 조건을 만족시킨다.

㉡ $a_2=\frac{3}{4}$인 경우

$a_1=\frac{3}{8}$ 또는 $a_1=\frac{5}{8}$이고, 이것은 조건을 만족시킨다.

[STEP 3] 조건을 만족시키는 모든 a_1의 값의 합을 구한다.

따라서 조건을 만족시키는 모든 a_1의 값의 합은

$1+\frac{1}{2}+\frac{1}{4}+\frac{3}{4}+\frac{1}{8}+\frac{7}{8}+\frac{3}{8}+\frac{5}{8}=\frac{9}{2}$

답 ①

수능이 보이는 강의

이 문제는 대부분의 학생이 a_1의 값을 적당한 수로 잡고 식에 대입하여 a_2의 값을 찾고, a_2의 값을 대입하여 a_3의 값을 찾고, 이런 식으로 a_5, a_6의 값을 찾아서 주어진 조건 $a_5+a_6=0$을 만족시키는지 알아보는 문제라고 생각할 수 있어. 하지만 정의된 수열의 식이 범위에 따라 세 개로 나뉘어져 있으므로 대입하여 값을 찾기란 쉽지 않아. 그리고 이 문제는 모든 a_1의 값의 합을 구하는 문제이므로 a_1의 값을 어느 특정한 하나의 값으로 생각하여 대입해서 푸는 문제는 아닐 거라고 판단해야 해. 따라서 조건 $a_5+a_6=0$을 이용하여 a_5, a_6의 값을 먼저 파악한 후 역추적하는 방법으로 a_1의 값을 구하는 문제로 접근하도록 하자.

02

정답률 28.5%

정답 공식 **개념만 확실히 알자!**

수열의 귀납적 정의
주어진 조건으로부터 처음 몇 개의 항을 구하고 이웃한 항 사이의 관계를 구하여 수열의 규칙성을 찾는다.

풀이 전략 등비수열의 합 공식을 이용한다.

문제 풀이

[STEP 1] 조건 (가), (나)를 이용하여 항의 값을 구한다.

$a_{20}=a_{10}-1$이고 $a_{20}=1$이므로

$a_{10}=2$

또, $a_{10}=a_5-1$에서

$a_5=3$

$a_5=2a_2+1$에서

$a_2=1$

$a_2=a_1-1$에서

$a_1=2$

[STEP 2] 조건 (나)를 이용하여 수열 $\{a_n\}$의 합에 대한 규칙을 찾는다.

$a_{2n}+a_{2n+1}=(a_n-1)+(2a_n+1)=3a_n$

$a_2+a_3=3a_1$

$a_4+a_5+a_6+a_7=\underline{3a_2+3a_3=3^2a_1}$

→ $3a_2+3a_3=3(a_2+a_3)=3\times3a_1=3^2a_1$

$a_8+a_9+\cdots+a_{15}=\underline{3a_4+3a_5+3a_6+3a_7=3^3a_1}$

→ $3a_4+3a_5+3a_6+3a_7=3(a_4+a_5+a_6+a_7)=3\times3^2a_1=3^3a_1$

$a_{16}+a_{17}+\cdots+a_{31}=3a_8+3a_9+\cdots+3a_{15}=3^4a_1$

$a_{32}+a_{33}+\cdots+a_{63}=3a_{16}+3a_{17}+\cdots+3a_{31}=3^5a_1$

[STEP 3] 등비수열의 합 공식을 이용하여 $\sum_{n=1}^{63}a_n$의 값을 구한다.

$$\begin{aligned}\sum_{n=1}^{63}a_n&=a_1+(a_2+a_3)+(a_4+\cdots+a_7)+(a_8+\cdots+a_{15})\\&\quad+(a_{16}+\cdots+a_{31})+(a_{32}+\cdots+a_{63})\\&=a_1(\underline{1+3+3^2+3^3+3^4+3^5})\\&=2\times\frac{3^6-1}{3-1}\\&=728\end{aligned}$$

→ 첫째항이 1, 공비가 3인 등비수열의 첫째항부터 제6항까지의 합

답 ④

03

정답률 25.2%

정답 공식 **개념만 확실히 알자!**

수열의 합 S_n과 일반항 a_n의 관계
수열 $\{a_n\}$의 첫째항부터 제n항까지의 합을 S_n이라 하면
$a_1=S_1$, $a_n=S_n-S_{n-1}$ (단, $n=2, 3, 4, \cdots$)

풀이 전략 수열의 합과 일반항의 관계를 이용한다.

문제 풀이

[STEP 1] 수열의 합과 일반항의 관계를 이용하여 $\sum_{k=1}^{n}b_k$에서 b_1의 값과 일반항 b_n을 구한다.

$n=1$일 때, $\frac{1}{a_1}=9$

$n\geq2$일 때,

$$\begin{aligned}\frac{4n-3}{a_n}&=\sum_{k=1}^{n}\frac{4k-3}{a_k}-\sum_{k=1}^{n-1}\frac{4k-3}{a_k}\\&=2n^2+7n-\{2(n-1)^2+7(n-1)\}\\&=4n+5\end{aligned}$$

이것은 $n=1$일 때도 성립하므로

$\frac{4n-3}{a_n}=4n+5\ (n\geq1)$

[STEP 2] 수열 $\{a_n\}$의 일반항 a_n을 구한 후 p, q의 값을 구한다.

$a_n=\frac{4n-3}{4n+5}$이므로

$a_5\times a_7\times a_9=\frac{17}{25}\times\frac{25}{33}\times\frac{33}{41}=\frac{17}{41}$

따라서

$p+q=41+17=58$

답 58

수능이 보이는 강의

이 문제의 핵심은 $\frac{4n-3}{a_n}$을 새로운 수열 $\{b_n\}$의 일반항 b_n으로 놓는 거야.
즉, $b_n=\frac{4n-3}{a_n}$으로 놓으면 주어진 식은 $\sum_{k=1}^{n}b_k=2n^2+7n$이 되고 수열의 합과 일반항의 관계를 이용할 수 있게 간단해져.
일반항 b_n에 대한 식을 이끌어내고 a_n으로 정리하면 일반항 a_n의 식을 구할 수 있어.

Ⅲ 수열

04

정답률 **24.7%**

정답 공식 **개념만 확실히 알자!**

등차수열의 합
첫째항이 a, 공차가 d인 등차수열의 첫째항부터 제n항까지의 합 S_n은

$$S_n=\frac{n\{2a+(n-1)d\}}{2}$$

풀이 전략 등차수열의 합 공식을 이용한다.

문제 풀이

[STEP 1] 등차수열의 합 공식을 이용하여 S_n을 구한다.

$$S_n=\frac{n\{2\times 50+(n-1)\times(-4)\}}{2}$$
$$=-2n^2+52n$$
$$=-2(n-13)^2+2\times 13^2$$

[STEP 2] 이차함수의 그래프의 성질을 이용하여 $\sum_{k=m}^{m+4} S_k$의 값이 최대가 되는 m의 값을 구한다.

S_n의 값은 $n=13$일 때 최대이다.

따라서 $\sum_{k=m}^{m+4} S_k$의 값은 $m=11$일 때 최대가 된다.

→ S_n이 $n=13$을 기준으로 대칭이다.

답 ④

수능이 보이는 강의

S_n은 n에 대한 이차식이므로 $n=13$일 때 최댓값을 가져. 즉, 직선 $n=13$이 이 이차함수의 그래프의 축이야. 따라서 그래프의 대칭성에 의하여 $n=12$, $n=14$일 때 함숫값이 같고, $n=11$, $n=15$일 때 함숫값이 같아.
이때 구하는 값은 $S_m+S_{m+1}+S_{m+2}+S_{m+3}+S_{m+4}$의 최댓값이니까 $m+2=13$, 즉 $m=11$이 되어야 주어진 값이 최대가 됨을 알 수 있어.

05

정답률 **20.2%**

정답 공식 **개념만 확실히 알자!**

수열의 귀납적 정의
주어진 조건으로부터 처음 몇 개의 항을 구하고 이웃한 항 사이의 관계를 구하여 수열의 규칙성을 찾는다.

풀이 전략 귀납적으로 정의된 수열의 규칙을 이용한다.

문제 풀이

[STEP 1] $a_1\le a_2$ 또는 $a_1>a_2$일 때로 나눠서 a_1의 값을 구한다.

(i) $a_1\le a_2$일 때,

$a_3=2a_1+a_2=2$ …… ㉠

이므로

$a_2>0$

① $a_1\ge 0$일 때

$a_2\le a_3$이므로 → ㉠에서 $a_3-a_2=2a_1\ge 0$이므로 $a_3\ge a_2$

$a_4=2a_2+a_3=2a_2+2$

$a_3<a_4$이므로 → 위의 식에서 $a_4-a_3=2a_2>0$이므로 $a_4>a_3$

$a_5=2a_3+a_4=2a_2+6$

$a_4<a_5$이므로 → 위의 식에서 $a_5-a_4=2a_3>0$이므로 $a_5>a_4$

$a_6=2a_4+a_5=6a_2+10$

이때 $a_6=19$이므로

$6a_2+10=19$, $a_2=\frac{3}{2}$

$a_2=\frac{3}{2}$을 ㉠에 대입하면

$2a_1+\frac{3}{2}=2$, $a_1=\frac{1}{4}$

② $a_1<0$일 때

$a_2>a_3$이므로 → $a_1<0$이므로 ㉠에서 $a_3-a_2=2a_1<0$이므로 $a_3<a_2$

$a_4=a_2+a_3=a_2+2$

$a_3<a_4$이므로 → 위의 식에서 $a_4-a_3=a_2>0$이므로 $a_4>a_3$ 이런 식으로 다음의 두 항 사이의 대소 관계도 파악한다.

$a_5=2a_3+a_4=a_2+6$

$a_4<a_5$이므로

$a_6=2a_4+a_5=3a_2+10$

이때 $a_6=19$이므로

$3a_2+10=19$, $a_2=3$

$a_2=3$을 ㉠에 대입하면

$2a_1+3=2$, $a_1=-\frac{1}{2}$

(ii) $a_1>a_2$일 때

$a_3=a_1+a_2=2$ …… ㉡

이므로

$a_1>0$

$a_2<a_3$이므로

$a_4=2a_2+a_3=2a_2+2$

① $a_2\ge 0$일 때

$a_3\le a_4$이므로

$a_5=2a_3+a_4=2a_2+6$

$a_4<a_5$이므로

$a_6=2a_4+a_5=6a_2+10$

이때 $a_6=19$이므로

$6a_2+10=19$, $a_2=\frac{3}{2}$

$a_2=\frac{3}{2}$을 ㉡에 대입하면

$a_1+\frac{3}{2}=2$, $a_1=\frac{1}{2}$

이때 $a_1<a_2$가 되므로 주어진 조건을 만족시키는 a_1의 값은

존재하지 않는다.

② $a_2<0$일 때

$a_3>a_4$이므로

$a_5=a_3+a_4=2a_2+4$

$a_4<a_5$이므로

$a_6=2a_4+a_5=6a_2+8$

이때 $a_6=19$이므로

$6a_2+8=19$, $a_2=\frac{11}{6}$

이때 $a_2>0$이 되므로 주어진 조건을 만족시키는 a_2와 a_1의 값은 존재하지 않는다.

(i), (ii)에서

$a_1=\frac{1}{4}$ 또는 $a_1=-\frac{1}{2}$

[STEP 2] a_1의 값의 합을 구한다.

따라서 모든 a_1의 값의 합은

$\frac{1}{4}+\left(-\frac{1}{2}\right)=-\frac{1}{4}$

답 ②

수능이 보이는 강의

이 문제는 이웃하는 두 항 사이의 대소 관계에 따라 항의 값이 달라짐을 알고 두 항 사이의 대소 관계를 경우에 따라 나누어 놓고 풀어가는 문제야. 주어진 조건인 $a_3=2$라는 것에서 a_3에 대한 등식을 a_1과 a_2로 나타낼 때, $a_1\le a_2$ 또는 $a_1>a_2$인 경우로 나누어야 해. 또한 $a_1\le a_2$에서 a_1이 양수인지 음수인지 나누고, $a_1>a_2$에서는 a_2가 양수인지 음수인지 나누어서 생각해야 해. 그래야 모든 경우를 빠짐없이 생각하게 되므로 조금은 복잡하더라도 천천히 풀어 나가도록 해 보자.

06

정답률 18%

정답 공식 개념만 확실히 알자!

수열의 합 S_n과 일반항 a_n의 관계

수열 $\{a_n\}$의 첫째항부터 제n항까지의 합을 S_n이라 하면

$a_1=S_1$, $a_n=S_n-S_{n-1}$ (단, $n=2, 3, 4, \cdots$)

풀이 전략 수열의 합과 일반항의 성질을 이용한다.

문제 풀이

[STEP 1] 주어진 조건을 이용하여 식을 세운 후 p의 값에 자연수를 대입하여 만족시키는 최솟값 p_1을 구한다.

S_n이 주어진 조건을 만족시키면 $i\ne j$인 임의의 두 자연수 i, j에 대하여 $S_i-S_j\ne 0$이므로

$S_i-S_j=(pi^2-36i+q)-(pj^2-36j+q)$

$=(i-j)(pi+pj-36)\ne 0$

즉, $pi+pj-36\ne 0$이므로 $i+j\ne\frac{36}{p}$

$p\le 4$이면 $i+j=\frac{36}{p}$인 서로 다른 두 자연수 i, j가 존재한다.

→ $p=1$이면 $i+j=36$, $p=2$이면 $i+j=18$, $p=3$이면 $i+j=12$, $p=4$이면 $i+j=9$이므로 서로 다른 두 자연수 i, j가 존재한다.

$p=5$이면 $i+j=\frac{36}{p}$인 서로 다른 두 자연수 i, j가 존재하지 않는다. 따라서 p의 최솟값은 5, 즉 $p_1=5$이다.

[STEP 2] 수열의 합과 일반항 사이의 관계를 이용하여 일반항 a_n을 구한다.

$p=5$일 때 $S_n=5n^2-36n+q$이므로

$a_1=S_1=q-31$

$n\ge 2$일 때,

$a_n=S_n-S_{n-1}=10n-41$

[STEP 3] $|a_k|<a_1$을 만족시키는 자연수 k의 개수가 3개일 때의 a_k의 값을 구하여 식을 세워 q의 값의 범위와 그 합을 구한다.

$a_2=-21$, $a_3=-11$, $a_4=-1$, $a_5=9$, $a_6=19$, $a_7=29$, $\cdots$,

$|a_k|<a_1$을 만족시키는 자연수 k의 개수가 3이므로 k의 값은 3, 4, 5이다.

→ $|a_k|$의 수열은 1, 9, 11, 19, 21, $\cdots$이고 항이 3개인 a_k는 a_3, a_4, a_5이다.

즉, $11<a_1\le 19$에서 $11<q-31\le 19$

$42<q\le 50$

따라서 모든 q의 값의 합은

$43+44+\cdots+50=\frac{8\times(43+50)}{2}=372$

답 ①

수능이 보이는 강의

이 문제는 먼저 주어진 조건을 이용하여 수열 $\{a_n\}$의 일반항을 구하는 것이 중요해. S_n의 형태를 보면 상수항이 존재하므로 수열 $\{a_n\}$은 둘째항부터 등차수열임을 알 수 있어. 즉, $S_1=a_1$의 값을 구하고, $k\ge 2$일 때의 a_k의 절댓값을 작은 순서대로 나열하였을 때 그 3개의 값을 구할 수 있으므로 이를 이용하여 $|a_k|<a_1$을 만족시키도록 식을 세우면 q의 값의 범위를 구할 수 있어.

Ⅲ 수열

07

정답률 **14.3%**

정답 공식 **개념만 확실히 알자!**

수열의 귀납적 정의

주어진 조건으로부터 처음 몇 개의 항을 구하고 이웃한 항 사이의 관계를 구하여 수열의 규칙성을 찾는다.

풀이 전략 귀납적으로 정의된 수열의 특정한 항의 값을 구할 수 있도록 한다.

문제 풀이

[STEP 1] a_1의 값과 a_n과 a_{n+1} 사이의 관계식을 가지고 a_2의 값을 구한다.

조건 (나)에서

$$\left(a_{n+1}-a_n+\frac{2}{3}k\right)(a_{n+1}+ka_n)=0$$

이므로

$$a_{n+1}-a_n+\frac{2}{3}k=0 \text{ 또는 } a_{n+1}+ka_n=0$$

즉, $a_{n+1}=a_n-\frac{2}{3}k$ 또는 $a_{n+1}=-ka_n$

$a_1=k$이므로

$$a_2=a_1-\frac{2}{3}k=k-\frac{2}{3}k=\frac{k}{3}$$

또는

$$a_2=-ka_1=-k\times k=-k^2$$

[STEP 2] $a_2=\frac{k}{3}$일 때, a_3, a_5의 값을 구하여 $a_5=0$이 되는 k의 값을 구한다.

$$a_3=a_2-\frac{2}{3}k=\frac{k}{3}-\frac{2}{3}k=-\frac{k}{3}$$

또는

$$a_3=-ka_2=-k\times\frac{k}{3}=-\frac{k^2}{3}$$

(ⓐ) $a_3=-\frac{k}{3}$일 때

$$a_2\times a_3=\frac{k}{3}\times\left(-\frac{k}{3}\right)=-\frac{k^2}{9}<0$$

이므로 조건 (가)를 만족시킨다.

$$a_4=a_3-\frac{2}{3}k=-\frac{k}{3}-\frac{2}{3}k=-k$$

또는

$$a_4=-ka_3=-k\times\left(-\frac{k}{3}\right)=\frac{k^2}{3}$$

(ⓐ-①) $a_4=-k$일 때,

$$a_5=a_4-\frac{2}{3}k=-k-\frac{2}{3}k=-\frac{5}{3}k$$

또는

$$a_5=-ka_4=-k\times(-k)=k^2$$

$a_5=-\frac{5}{3}k$일 때,

$a_5<0$

이고,

$a_5=k^2$일 때,

$a_5>0$이므로 $a_5=0$을 만족시키는 양수 k의 값은 존재하지 않는다.

(ⓐ-②) $a_4=\frac{k^2}{3}$일 때,

$$a_5=a_4-\frac{2}{3}k=\frac{k^2}{3}-\frac{2}{3}k$$

또는

$$a_5=-ka_4=-k\times\frac{k^2}{3}=-\frac{k^3}{3}$$

$a_5=\frac{k^2}{3}-\frac{2}{3}k$일 때,

$a_5=0$에서

$$\frac{k^2}{3}-\frac{2}{3}k=0$$

$$\frac{k(k-2)}{3}=0$$

$k>0$이므로

$k=2$

$a_5=-\frac{k^3}{3}$일 때,

$a_5<0$

이므로 $a_5=0$을 만족시키는 양수 k의 값은 존재하지 않는다.

(ⓑ) $a_3=-\frac{k^2}{3}$일 때

$$a_2\times a_3=\frac{k}{3}\times\left(-\frac{k^2}{3}\right)=-\frac{k^3}{9}<0$$

이므로 조건 (가)를 만족시킨다.

$$a_4=a_3-\frac{2}{3}k=-\frac{k^2}{3}-\frac{2}{3}k$$

, 또는

$$a_4=-ka_3=-k\times\left(-\frac{k^2}{3}\right)=\frac{k^3}{3}$$

(ⓑ-①) $a_4=-\frac{k^2}{3}-\frac{2}{3}k$일 때,

$$a_5=a_4-\frac{2}{3}k=\left(-\frac{k^2}{3}-\frac{2}{3}k\right)-\frac{2}{3}k$$
$$=-\frac{k^2}{3}-\frac{4}{3}k$$

또는

$$a_5=-ka_4=-k\times\left(-\frac{k^2}{3}-\frac{2}{3}k\right)=\frac{k^3}{3}+\frac{2}{3}k^2$$

$a_5=-\frac{k^2}{3}-\frac{4}{3}k$일 때,

$$a_5=-\frac{k(k+4)}{3}<0$$

이고

$a_5=\frac{k^3}{3}+\frac{2}{3}k^2$일 때,

$$a_5=\frac{k^2(k+2)}{3}>0$$

이므로 $a_5=0$을 만족시키는 양수 k의 값은 존재하지 않는다.

(ⓑ−②) $a_4=\frac{k^3}{3}$일 때,

$a_5=a_4-\frac{2}{3}k=\frac{k^3}{3}-\frac{2}{3}k$

또는

$a_5=-ka_4=-k\times\frac{k^3}{3}=-\frac{k^4}{3}$

$a_5=\frac{k^3}{3}-\frac{2}{3}k$일 때,

$a_5=0$에서

$\frac{k^3}{3}-\frac{2}{3}k=0$

$\frac{k(k^2-2)}{3}=0$

$k>0$이므로

$k=\sqrt{2}$

$a_5=-\frac{k^4}{3}$일 때,

$a_5=-\frac{k^4}{3}<0$

이므로 $a_5=0$을 만족시키는 양수 k의 값은 존재하지 않는다.

[STEP 3] $a_2=-k^2$일 때, a_3, a_4, a_5의 값을 구하여 $a_5=0$이 되는 양수 k의 값을 구한다.

$a_3=a_2-\frac{2}{3}k=-k^2-\frac{2}{3}k$

또는

$a_3=-ka_2=-k\times(-k^2)=k^3$

(ⓐ) $a_3=-k^2-\frac{2}{3}k$일 때,

$a_2\times a_3=-k^2\times\left(-k^2-\frac{2}{3}k\right)=k^2\left(k^2+\frac{2}{3}k\right)>0$

이므로 조건 (가)를 만족시키지 못한다.

(ⓑ) $a_3=k^3$일 때,

$a_2\times a_3=-k^2\times k^3=-k^5<0$

이므로 조건 (가)를 만족시킨다.

$a_3=k^3$이므로

$a_4=a_3-\frac{2}{3}k=k^3-\frac{2}{3}k$

또는

$a_4=-ka_3=-k\times k^3=-k^4$

(ⓑ−①) $a_4=k^3-\frac{2}{3}k$일 때,

$a_5=a_4-\frac{2}{3}k=\left(k^3-\frac{2}{3}k\right)-\frac{2}{3}k=k^3-\frac{4}{3}k$

또는

$a_5=-ka_4=-k\times\left(k^3-\frac{2}{3}k\right)=-k^4+\frac{2}{3}k^2$

$a_5=k^3-\frac{4}{3}k$일 때,

$a_5=0$에서

$k^3-\frac{4}{3}k=0$

$k\left(k^2-\frac{4}{3}\right)=0$

$k>0$이므로

$k=\sqrt{\frac{4}{3}}=\frac{2}{\sqrt{3}}$

$a_5=-k^4+\frac{2}{3}k^2$일 때,

$a_5=0$에서

$-k^4+\frac{2}{3}k^2=0$

$-k^2\left(k^2-\frac{2}{3}\right)=0$

$k>0$이므로

$k=\sqrt{\frac{2}{3}}$

(ⓑ−②) $a_4=-k^4$일 때,

$a_5=a_4-\frac{2}{3}k=-k^4-\frac{2}{3}k$

또는

$a_5=-ka_4=-k\times(-k^4)=k^5$

$a_5=-k^4-\frac{2}{3}k$일 때,

$a_5=-k\left(k^3+\frac{2}{3}\right)<0$

이고,

$a_5=k^5$일 때,

$a_5>0$

이므로 $a_5=0$을 만족시키는 양수 k의 값은 존재하지 않는다.

이상에서

k의 값은 2, $\sqrt{2}$, $\frac{2}{\sqrt{3}}$, $\sqrt{\frac{2}{3}}$

따라서 k^2의 값의 합은

$2^2+(\sqrt{2})^2+\left(\frac{2}{\sqrt{3}}\right)^2+\left(\sqrt{\frac{2}{3}}\right)^2=8$

답 8

Ⅲ 수열

08

정답률 13.2%

정답 공식 **개념만 확실히 알자!**

수열의 귀납적 정의
주어진 조건으로부터 처음 몇 개의 항을 구하고 이웃한 항 사이의 관계를 구하여 수열의 규칙성을 찾는다.

풀이 전략 a_1의 경우를 나누고 주어진 관계식에 n 대신에 2, 3, 4, 5를 대입한다.

문제 풀이

[STEP 1] a_1의 경우를 나누어 주어진 관계식에 n 대신에 2, 3, 4, 5를 대입한다.

주의 a_1은 짝수이지만 a_2가 짝수 또는 홀수가 될 수 있도록 a_1의 형태를 $4k$와 $4k'+2$로 잡는다.

a_1이 짝수이므로 $a_1=4k$인 경우와 $a_1=4k'+2$인 경우로 나누어 $a_5=5$가 되는 정수 k, k'의 값을 구하면 다음 표와 같다.

<table>
<tr><td>a_1</td><td colspan="2">$4k$</td><td colspan="2">$4k'+2$</td></tr>
<tr><td>a_2</td><td colspan="2">$2k$</td><td colspan="2">$2k'+1$</td></tr>
<tr><td>a_3</td><td colspan="2">k</td><td colspan="2">$2k'+4$</td></tr>
<tr><td rowspan="2">a_4</td><td>a_3이 홀수</td><td>a_3이 짝수</td><td colspan="2" rowspan="2">$k'+2$</td></tr>
<tr><td>$k+3$</td><td>$\frac{k}{2}$</td></tr>
<tr><td rowspan="2">a_5</td><td rowspan="2">$\frac{k+3}{2}$</td><td>a_4가 홀수 | a_4가 짝수</td><td>a_4가 홀수</td><td>a_4가 짝수</td></tr>
<tr><td>$\frac{k}{2}+3$ | $\frac{k}{4}$</td><td>$k'+5$</td><td>$\frac{k'+2}{2}$</td></tr>
</table>

[STEP 2] $a_5=5$임을 이용하여 가능한 a_1의 값을 모두 구한다.

$a_5=5$이므로 각 경우의 k, k'의 값은

$\frac{k+3}{2}=5$에서 $k=7$

$\frac{k}{2}+3=5$에서 $k=4$

$\frac{k}{4}=5$에서 $k=20$

$k'+5=5$에서 $k'=0$

$\frac{k'+2}{2}=5$에서 $k'=8$

$k=4$인 경우 $a_4=\frac{k}{2}$가 짝수이므로 $a_5\neq\frac{k}{2}+3$ → $a_5=\frac{k}{4}=1$이 되어 모순

$k'=0$인 경우 $a_4=k'+2$가 짝수이므로 $a_5\neq k'+5$ → $a_5=\frac{k'+2}{2}=1$이 되어 모순

그러므로 $k=7$ 또는 $k=20$ 또는 $k'=8$이고

a_1이 될 수 있는 수는 28, 80, 34이다.

[STEP 3] 첫째항이 될 수 있는 모든 수의 합을 구한다.

따라서 첫째항이 될 수 있는 모든 수의 합은

$28+34+80=142$

답 142

09

정답률 12.1%

정답 공식 **개념만 확실히 알자!**

등비수열의 일반항
첫째항이 a, 공비가 r인 등비수열 $\{a_n\}$의 일반항 a_n은
$a_n=ar^{n-1}$

풀이 전략 등비수열의 일반항을 이용한다.

문제 풀이

[STEP 1] $A(200)$의 의미를 파악한다.

$A(200)$은 조건의 등비수열에서 제k항이 3×2^{200}이 되는 모든 k의 값의 합이다.

[STEP 2] 등비수열의 일반항을 이용하여 공비와 k의 값을 구한다.

공비를 2^p이라 하면

$2^{200}=(2^p)^{\frac{200}{p}}$

이고 $\frac{200}{p}$은 자연수이어야 하므로 p는 200의 양의 약수이다.

그러므로 $3\times2^{200}=3\times(2^p)^{\frac{200}{p}}$은 첫째항이 3이고 공비가 2^p인 등비수열의 제$\left(\frac{200}{p}+1\right)$항이다.

→ 첫째항이 3, 공비가 2^p인 등비수열의 제n항은 $3\times(2^p)^{n-1}$이고 $n-1=\frac{200}{p}$이므로 제$\left(\frac{200}{p}+1\right)$항이다.

[STEP 3] $A(200)$의 값을 구한다.

$200=2^3\times5^2$이므로 200의 모든 양의 약수는

→ 모든 양의 약수의 개수는 $(3+1)(2+1)=12$

$1,\ 2,\ 2^2,\ 2^3,$

$5,\ 2\times5,\ 2^2\times5,\ 2^3\times5,$

$5^2,\ 2\times5^2,\ 2^2\times5^2,\ 2^3\times5^2$

따라서

$$\begin{aligned}A(200)&=(2^3\times5^2+1)+(2^2\times5^2+1)+\cdots+(2+1)+(1+1)\\&=(2^3\times5^2+2^2\times5^2+\cdots+2+1)+12\\&=465+12\\&=477\end{aligned}$$

→ $(1+2+2^2+2^3)(1+5+5^2)=465$

답 477

수능이 보이는 강의

k번째 항이 $a_k=3\times2^{200}$일 때, 제 p항이라고 생각할 수 있어야 해. 즉, 공비는 다양하게 나올 수 있겠지. 그 모든 경우는 2^{200}을 밑과 지수가 다른 거듭제곱으로 나타내는 걸 말해.

10

정답률 **12%**

정답 공식 **개념만 확실히 알자!**

1. 등차수열의 합

첫째항이 a, 공차가 d인 등차수열의 첫째항부터 제n항까지의 합 S_n은

$$S_n=\frac{n\{2a+(n-1)d\}}{2}$$

2. 자연수의 거듭제곱의 합

(1) $\sum_{k=1}^{n} k=1+2+3+\cdots+n=\frac{n(n+1)}{2}$

(2) $\sum_{k=1}^{n+1} k=1+2+3+\cdots+n+(n+1)=\frac{(n+1)(n+2)}{2}$

(3) $\sum_{k=1}^{n} k^2=\frac{n(n+1)(2n+1)}{6}$

풀이 전략 등차수열의 합의 공식을 이용하여 주어진 식에 S_n을 대입하여 방정식을 푼다.

문제 풀이

[STEP 1] 등차수열의 첫째항 a, 공차 d에 대하여 방정식을 세운다.

등차수열 $\{a_n\}$의 첫째항을 a, 공차를 d라 하자.

수열 $\{a_n\}$의 모든 항이 자연수이므로 a는 자연수이고 d는 0 이상의 정수이다.

$$S_n=\frac{n\{2a+(n-1)d\}}{2}$$
$$=\frac{d}{2}n^2+\left(a-\frac{d}{2}\right)n$$

이므로

$$\sum_{k=1}^{7} S_k=\sum_{k=1}^{7}\left\{\frac{d}{2}k^2+\left(a-\frac{d}{2}\right)k\right\}$$
$$=\frac{d}{2}\times\sum_{k=1}^{7}k^2+\left(a-\frac{d}{2}\right)\times\sum_{k=1}^{7}k$$
$$=\frac{d}{2}\times\frac{7\times8\times15}{6}+\left(a-\frac{d}{2}\right)\times\frac{7\times8}{2}$$
$$=70d+28\left(a-\frac{d}{2}\right)$$
$$=28a+56d$$

$28a+56d=644$에서

$a+2d=23$ ⋯⋯ ㉠

[STEP 2] a_7이 13의 배수임을 이용하여 첫째항 a에 대한 식을 세운다.

a_7이 13의 배수이므로 자연수 m에 대하여

$a+6d=13m$ ⋯⋯ ㉡

㉡$-$㉠에서

$4d=13m-23$

$4d+23+13=13m+13$

$4(d+9)=13(m+1)$

$d+9=\frac{13(m+1)}{4}$

이 값이 자연수가 되어야 하므로 $m+1$의 값은 4의 배수이어야 한다.

즉, m이 될 수 있는 값은

3, 7, 11, 15, ⋯ ⋯⋯ ㉢

한편, $d=\frac{13m-23}{4}$이므로 ㉡에서

($d+9=\frac{13(m+1)}{4}$에서 $d=\frac{13m-23}{4}$)

$$a=13m-6d$$
$$=13m-6\times\left(\frac{13m-23}{4}\right)$$
$$=13m-\frac{39}{2}m+\frac{69}{2}$$
$$=-\frac{13}{2}m+\frac{69}{2}$$

[STEP 3] 모든 항이 자연수라는 조건을 이용하여 a, d의 값을 구한다.

이 값이 양수이어야 하므로

$$-\frac{13}{2}m+\frac{69}{2}>0$$
$$m<\frac{69}{13}$$

㉢ 중에서 만족하는 m의 값은

$m=3$

이고, 이때 $d=4$이므로

$a=23-2d=15$

따라서

$a_2=a+d=15+4=19$

답 19

11

정답률 **8.6%**

정답 공식 **개념만 확실히 알자!**

자연수의 거듭제곱의 합

(1) $\sum_{k=1}^{n} k = 1+2+3+\cdots+n = \frac{n(n+1)}{2}$

(2) $\sum_{k=1}^{n+1} k = 1+2+3+\cdots+n+(n+1) = \frac{(n+1)(n+2)}{2}$

(3) $\sum_{k=1}^{n} k^2 = \frac{n(n+1)(2n+1)}{6}$

풀이 전략 $n=1, 2, 3, \cdots$을 대입하여 a_n의 규칙을 찾는다.

문제 풀이

[STEP 1] $n=1, 2, 3$일 때, a_1, a_2, a_3의 값을 구한다.

$n=1$일 때 삼각형 AOB의 내부에서 나올 수 있는 정사각형의 개수는 $a_1=1+2=3$

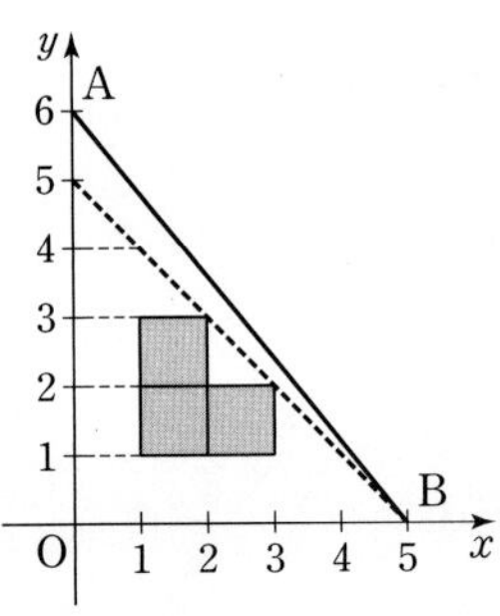

$n=2$일 때 삼각형 AOB의 내부에서 나올 수 있는 정사각형의 개수는 $a_2=1+2+3=6$

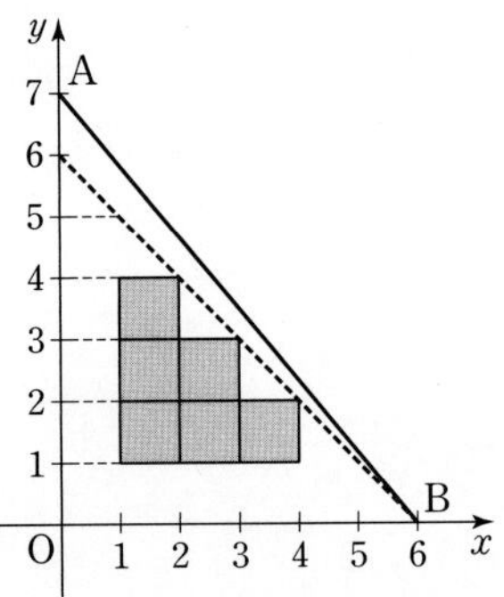

$n=3$일 때 삼각형 AOB의 내부에서 나올 수 있는 정사각형의 개수는 $a_3=1+2+3+4=10$

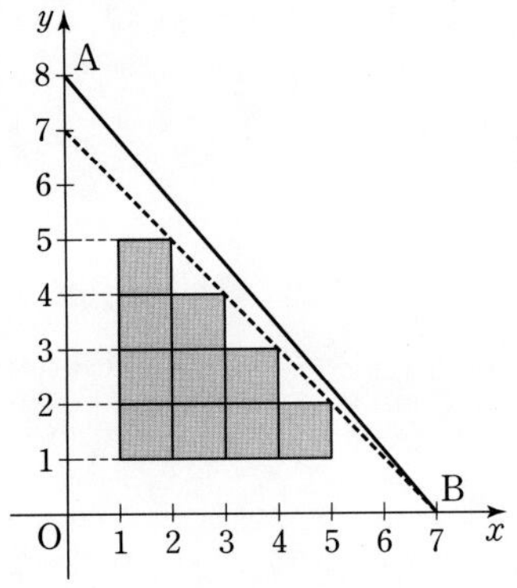

[STEP 2] a_n을 추론하여 식을 구한다.

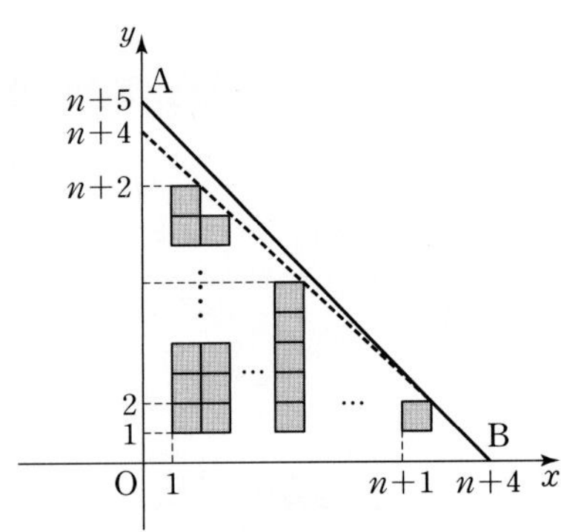

자연수 n에 대하여 삼각형 AOB의 내부에서 나올 수 있는 정사각형의 개수는

$$a_n = 1+2+3+\cdots+(n+1)$$
$$= \sum_{k=1}^{n+1} k$$
$$= \frac{1}{2}(n+1)(n+2)$$
$$= \frac{1}{2}(n^2+3n+2)$$

[STEP 3] $\sum_{n=1}^{8} a_n$의 값을 구한다.

$$\sum_{n=1}^{8} a_n = \frac{1}{2}\sum_{n=1}^{8}(n^2+3n+2)$$
$$= \frac{1}{2}\left(\frac{8\times9\times17}{6}+3\times\frac{8\times9}{2}+2\times8\right)$$
$$=164$$

답 164

수능이 보이는 강의

삼각형 AOB를 그리면 직선 AB 위의 점 중에서 x좌표, y좌표가 동시에 자연수가 되는 점은 없어. 만약 직선 AB의 기울기가 -1이면 동시에 자연수가 되는 좌표는 규칙적으로 존재하게 되지. 따라서 기울기가 -1이 되는 직선을 이용하여 그 직선 위의 점을 기준으로 정사각형의 개수의 규칙성을 찾으면 돼.

12

정답률 **7.6%**

정답 공식 **개념만 확실히 알자!**

수열의 귀납적 정의
주어진 조건으로부터 처음 몇 개의 항을 구하고 이웃한 항 사이의 관계를 구하여 수열의 규칙성을 찾는다.

풀이 전략 수열의 귀납적 정의를 이용하여 수열의 첫째항의 값을 구하도록 한다.

문제 풀이

[STEP 1] $\sqrt{n}$이 자연수가 아닌 경우의 a_n의 값을 구한다.

15 이하의 자연수 n에 대하여

$n\neq4$, $n\neq9$이면

$a_{n+1}=a_n+1$이므로 $a_n=a_{n+1}-1$

그러므로 $a_{15}=1$에서

$a_{14}=a_{15}-1=0$,

$a_{13}=a_{14}-1=-1$,

$a_{12}=a_{13}-1=-2$,

$a_{11}=a_{12}-1=-3$,

$a_{10}=a_{11}-1=-4$

[STEP 2] $\sqrt{n}$이 자연수이고 $a_9>0$일 때 a_n의 값을 구한다.

$a_9-\sqrt{9}\times a_{\sqrt{9}}=a_{10}=-4$

그러므로 $a_9=3a_3-4$에서 $a_5=3a_3-8$

(1) $a_4>0$일 때

$a_5=a_4-\sqrt{4}\times a_{\sqrt{4}}$이므로

$a_4-2a_2=3a_3-8$

즉, $a_4=3a_3+2a_2-8$

그러므로 $a_4=a_3+1$에서 $a_3=a_4-1$이므로

$a_3=3a_3+2a_2-9$

즉, $a_3+a_2=\frac{9}{2}$

$a_3=a_2+1$이므로

$a_2=\frac{7}{4}$, $a_3=\frac{11}{4}$

$a_9=\frac{33}{4}-4>0$,

$a_4=\frac{33}{4}+\frac{14}{4}-8>0$

그러므로 $a_1=-a_2=-\frac{7}{4}$

(2) $a_4\leq0$일 때

$a_4+1=a_5=3a_3-8$

그러므로 $a_4=3a_3-9$에서

$a_3=a_4-1=3a_3-9-1$

$a_3=3a_3-10$

즉, $a_3=5$

그런데 $a_3=5$이면 $a_4=6>0$이므로 모순이다.

[STEP 3] $\sqrt{n}$이 자연수이고 $a_9\leq0$일 때 a_n의 값을 구한다.

$a_9=a_{10}-1=-5$에서 $a_5=-9$

→ $a_8=-6$, $a_7=-7$, $a_6=-8$

(1) $a_4>0$일 때

$a_5=a_4-\sqrt{4}\times a_{\sqrt{4}}=a_4-2a_2$

즉, $a_4=a_5+2a_2$이므로 $a_4=2a_2-9$

또, $a_3=a_4-1=2a_2-9-1=2a_2-10$

그런데 $a_3=a_2+1$이므로

$a_2+1=2a_2-10$

$a_2=11$

$a_4=2\times11-9>0$

그러므로 $a_1=-a_2=-11$

(2) $a_4\leq0$일 때

$a_5=a_4+1=-9$

그러므로 $a_4=-10$에서

$a_3=-11$, $a_2=-12$

→ $a_3=a_4-1=-11$, $a_2=a_3-1=-12$

그러므로 $a_1=-a_2=12$

이상에서 모든 a_1의 값의 곱은

$-\frac{7}{4}\times(-11)\times12=231$

답 231

Ⅲ 수열

13

정답률 **4.6%**

정답 공식 **개념만 확실히 알자!**

수열의 귀납적 정의

주어진 조건으로부터 처음 몇 개의 항을 구하고 이웃한 항 사이의 관계를 구하여 수열의 규칙성을 찾는다.

풀이 전략 귀납적으로 정의된 수열을 이해하여 첫째항의 절댓값을 추론한다.

문제 풀이

조건 (나)에서 $|a_m|=|a_{m+2}|$를 만족시키는 자연수 m의 최솟값이 3이므로 다음의 경우로 나누어 생각할 수 있다.

[STEP 1] $|a_3|$이 홀수인 경우에 a_1의 값을 구한다.

$a_4=a_3-3$이고 짝수이다.

$a_5=\frac{1}{2}a_4=\frac{1}{2}(a_3-3)$

$|a_3|=|a_5|$에서

$|a_3|=\left|\frac{1}{2}(a_3-3)\right|$

$a_3=1$ 또는 $a_3=-3$

$a_3=1$이면 $a_4=-2$이고 1은 홀수이므로 a_2는 짝수이고 $a_2=2$이므로 $|a_2|=|a_4|$가 되어 조건 (나)를 만족시키지 않는다.

$a_3=-3$이면 $a_4=-6$이고 $a_2=-6$이므로 $|a_2|=|a_4|$가 되어 조건 (나)를 만족시키지 않는다.

[STEP 2] $|a_3|$이 0 또는 짝수인 경우에 a_1의 값을 구한다.

a_3	a_4	a_5
a_3	$\frac{1}{2}a_3$	$\frac{1}{2}a_3-3$
		$\frac{1}{4}a_3$

$|a_3|=\left|\frac{1}{4}a_3\right|$에서 $a_3=0$

$a_3=0$이면 3 이상의 모든 자연수 m에 대하여 $a_m=0$이고 a_2, a_1은 다음과 같다.

a_3	a_2	a_1
0	3	6
	0	

$a_2=0$이면 $|a_2|=|a_4|$가 되어 조건 (나)를 만족시키지 않으므로, 이때의 조건을 만족시키는 a_1의 값은 6이다.

한편, $|a_3|=\left|\frac{1}{2}a_3-3\right|$에서

$a_3=2$ 또는 $a_3=-6$

$a_3=2$이면 $a_4=1$이고 a_2, a_1은 다음과 같다.

a_3	a_2	a_1
2	5	10
	4	7
		8

이때 조건을 만족시키는 a_1의 값은 10, 7, 8이다.

$a_3=-6$이면 $a_4=-3$이고 a_2, a_1은 다음과 같다.

a_3	a_2	a_1
-6	-3	
	-12	-9
		-24

$a_2=-3$이면 $|a_2|=|a_4|$가 되어 조건 (나)를 만족시키지 않으므로, 이때의 조건을 만족시키는 a_1의 값은 -9, -24이다.

따라서 조건을 만족시키는 모든 수열 $\{a_n\}$에 대하여 $|a_1|$의 값의 합은

$6+(10+7+8)+(9+24)=64$

답 64

한눈에 보는 정답

Ⅰ 지수함수와 로그함수

수능 유형별 기출 문제

본문 8~37쪽

01 ④	02 ⑤	03 ①	04 ⑤	05 ⑤	06 ③
07 ③	08 ④	09 ④	10 ③	11 ⑤	12 ④
13 ①	14 ①	15 ⑤	16 ②	17 ③	18 ⑤
19 ⑤	20 ④	21 ②	22 ①	23 ②	24 ②
25 ⑤	26 ④	27 ③	28 ②	29 ⑤	30 ①
31 ②	32 ③	33 17	34 ②	35 ④	36 ②
37 ③	38 ②	39 ①	40 2	41 2	42 ①
43 2	44 2	45 4	46 3	47 5	48 ③
49 ②	50 ①	51 ④	52 ①	53 ④	54 ②
55 ②	56 5	57 22	58 ②	59 ③	60 ⑤
61 ②	62 426	63 4	64 ①	65 ②	66 ①
67 ②	68 ③	69 21	70 ①	71 ②	72 ③
73 ⑤	74 ②	75 18	76 ③	77 ④	78 ②
79 ③	80 ⑤	81 ③	82 ④	83 ⑤	84 54
85 ⑤	86 ③	87 ⑤	88 ⑤	89 ⑤	90 ⑤
91 ④	92 12	93 ④	94 7	95 12	96 10
97 7	98 7	99 6	100 10	101 6	102 7
103 6	104 2	105 3	106 ④	107 ④	108 ④
109 ②	110 ①	111 ⑤	112 ③	113 ⑤	114 6
115 ④	116 3	117 15	118 ②		

1등급 고난도 문제

본문 39~41쪽

01 9	02 ⑤	03 13	04 10	05 13	06 10
07 12	08 33	09 8	10 36	11 75	12 15
13 192	14 24	15 220	16 78		

Ⅱ 삼각함수

수능 유형별 기출 문제

본문 44~67쪽

01 ①	02 ④	03 ①	04 ②	05 ②	06 ②
07 ⑤	08 ⑤	09 ②	10 ②	11 ④	12 48
13 ①	14 ⑤	15 ②	16 ④	17 ①	18 ②
19 ⑤	20 ①	21 32	22 ④	23 80	24 ②
25 ③	26 6	27 ④	28 ④	29 ①	30 ③
31 ③	32 ②	33 ③	34 ③	35 ③	36 ④
37 ①	38 ③	39 ④	40 ④	41 15	42 ④
43 8	44 ④	45 ④	46 ②	47 ⑤	48 ②
49 ①	50 ③	51 32	52 36	53 ②	54 ②
55 ⑤	56 ③	57 21	58 ③	59 ①	60 ③
61 ②	62 ⑤	63 ①	64 ③	65 ③	66 ②
67 ①	68 98	69 ④	70 ①	71 ②	72 ①
73 ④	74 ⑤	75 ①	76 ②	77 ①	78 ②
79 ⑤					

1등급 고난도 문제

본문 68~71쪽

01 ②	02 10	03 40	04 24	05 84	06 84
07 6	08 15	09 63			

Ⅲ 수열

수능 유형별 기출 문제

본문 74~107쪽

01 ②	02 ①	03 ①	04 ④	05 ⑤	06 ⑤
07 ③	08 ②	09 ③	10 ④	11 ②	12 ④
13 ②	14 ③	15 ②	16 ⑤	17 ⑤	18 ③
19 ⑤	20 7	21 ①	22 ③	23 ⑤	24 ④
25 ③	26 ③	27 ①	28 ④	29 ③	30 ④
31 ⑤	32 ①	33 ②	34 ①	35 ⑤	36 4
37 ②	38 ⑤	39 9	40 36	41 257	42 ①
43 678	44 ①	45 12	46 64	47 ②	48 ②
49 ②	50 ②	51 ④	52 10	53 ⑤	54 ②
55 ③	56 110	57 22	58 3	59 2	60 ⑤
61 109	62 ⑤	63 160	64 13	65 ②	66 ④
67 24	68 ④	69 ⑤	70 80	71 12	72 113
73 ①	74 9	75 12	76 427	77 55	78 ②
79 ②	80 9	81 29	82 96	83 ⑤	84 ⑤
85 ③	86 ①	87 ①	88 ①	89 ①	90 ①
91 91	92 ④	93 ③	94 105	95 9	96 ⑤
97 ①	98 ②	99 ⑤	100 ①	101 ④	102 ⑤
103 ④	104 8	105 ④	106 ③	107 ⑤	108 ①
109 ②	110 15	111 33	112 ④	113 7	114 ③
115 ④	116 ③	117 ①	118 ③	119 162	120 ③
121 ⑤	122 ③	123 70	124 ②	125 ②	126 ②
127 ②	128 162	129 ②	130 ④	131 ③	132 ③

1등급 고난도 문제

본문 108~112쪽

01 ①	02 ④	03 58	04 ④	05 ②	06 ①
07 8	08 142	09 477	10 19	11 164	12 231
13 64					

고1~2, 내신 중점

구분	고교 입문		기초	기본	특화	단기
국어	고등예비과정		윤혜정의 개념의 나비효과 입문 편 + 워크북 어휘가 독해다! 수능 국어 어휘	기본서 올림포스	국어 특화 국어 독해의 원리 / 국어 문법의 원리	단기 특강
영어	고등예비과정	내 등급은?	정승익의 수능 개념 잡는 대박구문	올림포스 전국연합 학력평가 기출문제집	영어 특화 Grammar POWER / Listening POWER / Reading POWER / Voca POWER	단기 특강
영어	고등예비과정	내 등급은?	주혜연의 해석공식 논리 구조편	유형서 올림포스 유형편	영어 특화 고급영어독해	단기 특강
수학	고등예비과정	내 등급은?	기초 50일 수학 + 기출 워크북	유형서 올림포스 유형편	고급 올림포스 고난도	단기 특강
수학	고등예비과정	내 등급은?	매쓰 디렉터의 고1 수학 개념 끝장내기		수학 특화 수학의 왕도	단기 특강
한국사 사회	고등예비과정			기본서 개념완성	고등학생을 위한 多담은 한국사 연표	
과학	고등예비과정		50일 과학	개념완성 문항편	인공지능 수학과 함께하는 고교 AI 입문 수학과 함께하는 AI 기초	

과목	시리즈명	특징	난이도	권장 학년
전 과목	고등예비과정	예비 고등학생을 위한 과목별 단기 완성		예비 고1
국/영/수	내 등급은?	고1 첫 학력평가 + 반 배치고사 대비 모의고사		예비 고1
국/영/수	올림포스	내신과 수능 대비 EBS 대표 국어·수학·영어 기본서		고1~2
국/영/수	올림포스 전국연합학력평가 기출문제집	전국연합학력평가 문제 + 개념 기본서		고1~2
국/영/수	단기 특강	단기간에 끝내는 유형별 문항 연습		고1~2
한/사/과	개념완성&개념완성 문항편	개념 한 권 + 문항 한 권으로 끝내는 한국사·탐구 기본서		고1~2
국어	윤혜정의 개념의 나비효과 입문 편 + 워크북	윤혜정 선생님과 함께 시작하는 국어 공부의 첫걸음		예비 고1~고2
국어	어휘가 독해다! 수능 국어 어휘	학평·모평·수능 출제 필수 어휘 학습		예비 고1~고2
국어	국어 독해의 원리	내신과 수능 대비 문학·독서(비문학) 특화서		고1~2
국어	국어 문법의 원리	필수 개념과 필수 문항의 언어(문법) 특화서		고1~2
영어	정승익의 수능 개념 잡는 대박구문	정승익 선생님과 CODE로 이해하는 영어 구문		예비 고1~고2
영어	주혜연의 해석공식 논리 구조편	주혜연 선생님과 함께하는 유형별 지문 독해		예비 고1~고2
영어	Grammar POWER	구문 분석 트리로 이해하는 영어 문법 특화서		고1~2
영어	Reading POWER	수준과 학습 목적에 따라 선택하는 영어 독해 특화서		고1~2
영어	Listening POWER	유형 연습과 모의고사·수행평가 대비 올인원 듣기 특화서		고1~2
영어	Voca POWER	영어 교육과정 필수 어휘와 어원별 어휘 학습		고1~2
영어	고급영어독해	영어 독해력을 높이는 영미 문학/비문학 읽기		고2~3
수학	50일 수학 + 기출 워크북	50일 만에 완성하는 초·중·고 수학의 맥		예비 고1~고2
수학	매쓰 디렉터의 고1 수학 개념 끝장내기	스타강사 강의, 손글씨 풀이와 함께 고1 수학 개념 정복		예비 고1~고1
수학	올림포스 유형편	유형별 반복 학습을 통해 실력 잡는 수학 유형서		고1~2
수학	올림포스 고난도	1등급을 위한 고난도 유형 집중 연습		고1~2
수학	수학의 왕도	직관적 개념 설명과 세분화된 문항 수록 수학 특화서		고1~2
한국사	고등학생을 위한 多담은 한국사 연표	연표로 흐름을 잡는 한국사 학습		예비 고1~고2
과학	50일 과학	50일 만에 통합과학의 핵심 개념 완벽 이해		예비 고1~고1
기타	수학과 함께하는 고교 AI 입문/AI 기초	파이선 프로그래밍, AI 알고리즘에 필요한 수학 개념 학습		예비 고1~고2